초등 매일
독서의 힘

초등 매일 독서의 힘

'읽는 중학생'을 만드는 초등의 책 읽기

초판 발행 2022년 1월 10일
3쇄 발행 2022년 8월 10일

지은이 이은경 / **펴낸이** 김태헌
총괄 임규근 / **책임편집** 권형숙 / **기획편집** 김희정 / **교정교열** 박정수 / **디자인** 어나더페이퍼 / **일러스트** 공인영
영업 문윤식, 조유미 / **마케팅** 신우섭, 손희정, 박수미 / **제작** 박성우, 김정우

펴낸곳 한빛라이프 / **주소** 서울시 서대문구 연희로 2길 62
전화 02-336-7129 / **팩스** 02-325-6300
등록 2013년 11월 14일 제25100-2017-000059호 / **ISBN** 979-11-90846-31-8 13590
한빛라이프는 한빛미디어(주)의 실용 브랜드로 우리의 일상을 환히 비추는 책을 펴냅니다.

이 책에 대한 의견이나 오탈자 및 잘못된 내용에 대한 수정 정보는 한빛미디어(주)의 홈페이지나 아래 이메일로
알려 주십시오. 잘못된 책은 구입하신 서점에서 교환해 드립니다. 책값은 뒤표지에 표시되어 있습니다.
한빛미디어 홈페이지 www.hanbit.co.kr / 이메일 ask_life@hanbit.co.kr
한빛라이프 페이스북 facebook.com/goodtipstoknow / 포스트 post.naver.com/hanbitstory

지금 하지 않으면 할 수 없는 일이 있습니다.
책으로 펴내고 싶은 아이디어나 원고를 메일(writer@hanbit.co.kr)로 보내 주세요.
한빛라이프는 여러분의 소중한 경험과 지식을 기다리고 있습니다.

'읽는 중학생'을 만드는 초등의 책 읽기

초등 매일 독서의 힘

이은경 지음

한빛라이프

겨우 성적 하나만을 위해서가 아니에요

안녕하세요, 반갑습니다. 이은경입니다. (첫 줄만 읽어도 목소리가 들리시죠?) 남편이 근무하던 초등학교에 존경하는 교감 선생님이 계셨습니다. 저희 아이들은 어린이집도 다니기 전이었는데, 그분의 아들과 딸은 나란히 미국 존스홉킨스대학교에서 의학을 전공하고 있었습니다. 한국에서 고등학교를 마치고 미국 대학으로 진학한 대단한 실력자들이었습니다.

초보 엄마인 저는 궁금함을 숨기지 못하고 여쭤봤습니다. 아이들이 어릴 때 뭘 해주셨냐고 말이죠. 틈날 때마다 서점에 갔고, 갈 때마다 책을 한 권씩 사주었고, 그 책을 집에 들고 와 편안하게 읽게 해주었다고 하셨습니다. 실망했어요. 그 정도는 저도 하려던 거였고, 어디선가 들어봤던 얘기라, 훨씬 특별한 무언가가 있었을 거라 예상했거든요. 다른 건 없느냐고 재차 물었지만 아이들이 초등학생일 때 해준 건 그게 전부라고 하셨습니다.

귀가 무척이나 얇은 저는 그분의 말씀을 기억하며 흉내 내기 시작했습니다. 저희 형편에 때마다 새 책을 사주긴 어려워 주로 중고 서점을 갔고, 명절이나 성탄절에는 모처럼 새 책을 사주며 기분을 냈습니다. 이렇게 하는 게 아이가 공부를 잘하는 데에 분명히 도움이 된다고 하셨고, 아이들도 그런 시간을 싫어하지 않았기에 지속할 수 있었습니다. 그렇게 일상이 되었고, 습관이 되었습니다.

이런 일상과 습관이 성적이나 합격이라는 결과물을 만들어내려면 아직 한참 멀었지만, 그럼에도 이 책을 쓰기로 결심한 데에는 특별하고도 중요한 이유가 있습니다. 겨우 성적 하나 때문에 그토록 노력을 기울여 온 게 아닙니다. 성적은 독서에 관한 이 모든 여정을 시작하게 만든 강력한 동기임에 분명했지만, 그 여정 위에서 또 다른 명확한 목표가 생겼고 지나고 보니 그게 진짜였습니다. 초등 아이를 둔 부모가 지향해야 할 분명한 목표는 '읽는 중학생'입니다. 그 이유와 방법, 그러니까 '모르고 키우면 대단히 손해 보는' 이야기들을 시작하겠습니다.

1부에는 초등 시기가 독서의 결정적 시기인 이유를 정리했습니다. 독서가 성적과 연결된다는 명백한 사실과 더불어 읽는 중학생으로 키워야 하는 절실한 이유를 정리했습니다.

2부에는 '어떻게 읽게 할 것인가?'에 관한 구체적인 이야기를 담았습니다. 여기서 아이의 독서 단계를 분명하게 확인할 수 있을 겁니다. 다음 단계에 닿고 안착하기 위해 어떤 부분을 어떤 방법으로 도와야 할지를 다룬 초등 독서의 5단계 로드맵과 읽는 중학생으로 안내하는 구체적인 방법을 담았습니다.

3부에는 단계에 맞춰 독서를 지도하다 보면 만나게 되는 다양하고 구체적인 사례에 관한 처방전을 담았습니다. 우리 아이만의 문제로 느껴지는 독특하고, 부족하고, 좋지 않아 보이는 독서 유형을 어떻게 바라봐야 하는지, 어떤 말과 행동으로 반응하고 교정해야 할지에 관한 이야기입니다.

5년 전 첫 책을 내고 '독자' 분들과 인연을 맺기 시작했고, 지난 2년이 넘는 시간 동안 매일 영상을 통해 언니, 친구, 동생처럼 복작대며 소통하고 있습니다. 시간이 흘러 정이 쌓이니 이제는 제 자식만 귀하지 않습니다. 독자 분들의 아이도 제 자식 같습니다. 제가 만든 책으로 글을 쓰고 공부하던 우리 반 아이들 같습니다.

이 책은 정말 남 같지 않은 마음으로 드리는, 진심을 담은 편지라고 생각해주세요. 초등 아이를 둔 부모가 가져야 할 정보 중 가장 중요한 '독서'라는 영역을 제 모든 경험, 정보, 자료, 생각, 소신으로 정리하여 담았습니다. 아이의 성적을 올리기 위해 나열하기도 힘든 수많은 시도를 하며 고군분투 중인 부모들이 이 책을 읽고 나서 아이의 독서 시간을 10분이라도 늘리기로 결심하고 실천에 옮긴다면 성공입니다.

아이가 공부라는 여정을 본격적으로 시작하는 초등학교 입학 즈음이 되면 학부모가 얻는 정보의 양과 수준은 경쟁적으로 높아집니다. 다가올 겨울을 위해 도토리를 차곡차곡 주워 모으는 다람쥐처럼 교육 정보를 모아가는 부모님들을 보면 대단하다는 생각이 듭니다. 이처럼 열성적인 부모를 향한 우리 사회의 부정적인 시선을 모르진 않습니다. 극성스러워 보이고, 욕심 많아 보입니다. 저도 그런 얘기를 많이 듣는 엄마입니다. 그렇다 해도 결코 중단할 마음이 없습니다. 정보가 많을수록 무조건 유리하다는 사실을 알기 때문입니다.

잘 모르면 몰라서 불안하고, 불안감이 높은 부모는 아이를 잡거나 무언가를 결제하는 것으로 마음을 다스릴 수밖에 없는 게 대한민국 교육의 현실입니다. 그래서 초등 독서에 관한 쓸모 있는 정보를 제대로 정리하는 데에 주력했고, 정보만으로 그치지 않도록 지독한 독서가인 저만의 소신과 경험을 아낌없이 담았습니다.

그렇습니다. 저는 대한민국의 얼마 되지 않는 '읽는 어른'입니다.

제 가장 큰 자랑입니다. 매일 읽고, 틈나면 읽고, 툭하면 읽고, 바빠도 읽고, 쉴 때도 읽습니다. 넷플릭스나 유튜브보다 책 속 다음 쪽 내용이 훨씬 궁금합니다. 원래 그런 사람이었냐 하면 그건 아닙니다. 모두 제 두 아이 덕분입니다. 오랜 시간, 틈만 나면 교실 앞 칠판에 '재미있는 책 꺼내 읽기'라는 안내를 써두던 교사였지만, 막상 제 두 아이에게는 제가 걸어온 독서의 길을 아이 눈높이와 단계에 맞게 적절하게 제시하기가 쉽지 않았습니다. 읽어야 한다고 말만 해서는 되지 않았고, 정말 읽고 싶은 책을 미리 알아서 적절히 들이밀어야 했고, 엄마가 진심으로 재미있게 읽는 모습을 보여야 했기 때문입니다.

그 모든 노력과 수고 덕분에 저는 아이들보다 조금 앞서 책의 맛을 알게 되었고, 결국 이렇게 책을 쓰는 사람이 되었습니다. 그러는 사이 두 아이는 저보다 훨씬 더 지독한 독서가가 되어 서로 경쟁하듯 책을 읽고 있습니다.

책의 힘으로 성적을 높여가면서도 책을 진심으로 좋아하고 가까이하는 어른으로 성장하도록 돕고 싶다면 제대로 찾아오셨습니다. 우리 아이가 어떻게 하면 조금 더 즐겁게 읽을 수 있도록 도울까, 어떻게 하면 바쁜 하루에도 책을 놓지 않는 중학생이 되도록 키울까에 관한 다정한 조언을 시작하겠습니다.

다람쥐가 도토리를 모으듯 재활용 분리수거장을 부지런히 오가며 누군가 내다 놓은 책들을 집으로 실어 나르는 일에 흔쾌히 함께해준 사랑하는 가족 이성종, 이규현, 이규민에게 감사를 전합니다. 또, 한결같은 섬세한 조언으로 쓸모 있는 책을 만들도록 돕는 한빛라이프와 계속 쓰도록 떠밀어주며 응원과 격려를 아끼지 않는 슬기로운 모든 독자님께 진심이 담긴 감사를 전합니다.

겨울이 시작되는 책상에서
이은경 드림

contents

1부

왜 읽어야 할까?
: 책을 읽는다는 것

이렇게 읽어도 될까?
: 독서 유형별 처방전

왜 읽어야 할까?

: 책을 읽는다는 것

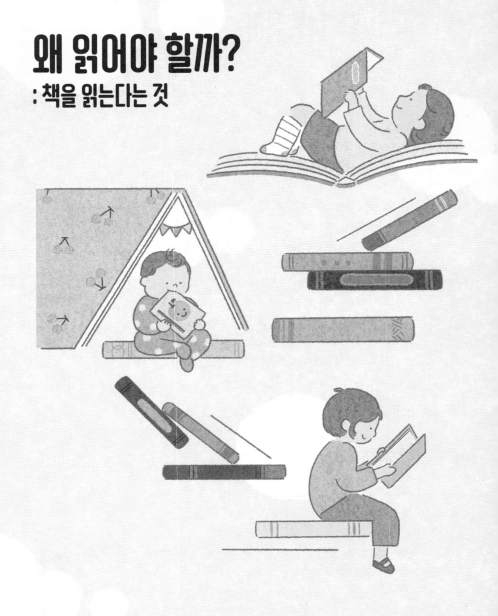

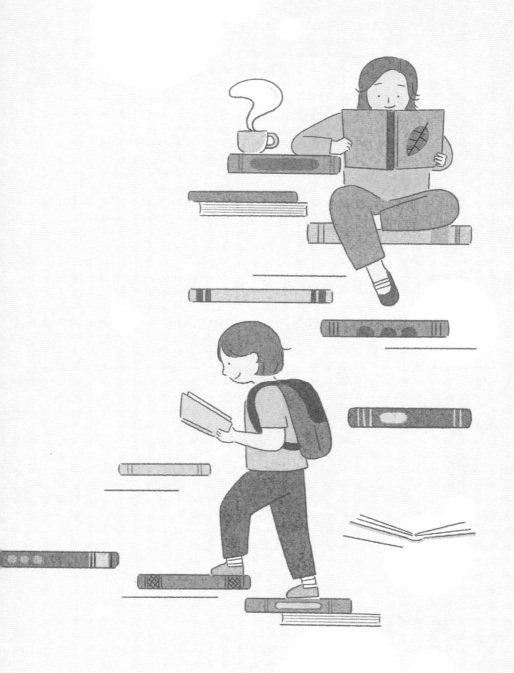

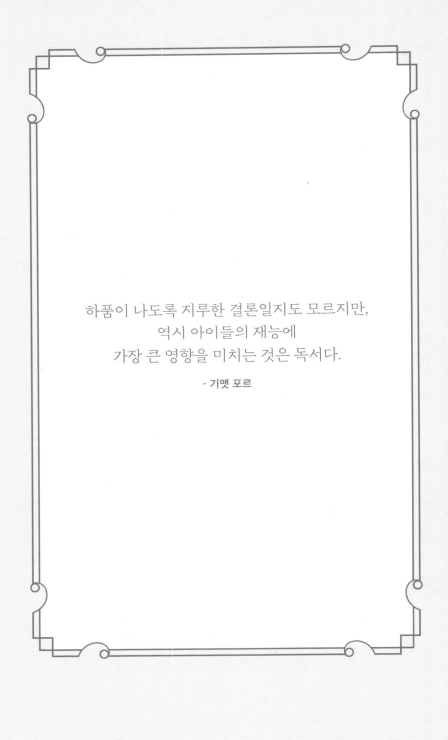

하품이 나도록 지루한 결론일지도 모르지만,
역시 아이들의 재능에
가장 큰 영향을 미치는 것은 독서다.

- 기맷 포르

01

초등교사의 속사정

숨겨둔 제 지난 이야기를 하나 꺼냅니다.

이 이야기가 제 독서 교육의 이유고 시작이기 때문인데요, 어디까지나 제 개인적인 결론으로 제대로 된 통계 하나 없고 자칫 초등교사 전체가 욕을 먹거나 시샘을 받을 수 있는 민감한 주제인지라 쓰면서도 고민스럽습니다. 그럼에도 이 이야기가 결국 책에 실리고 누군가를 달라지게 할 수 있다면 저를 향한 날 선 시선은 기꺼이 감당하겠습니다.

어쩌다 독서에 꽂혀 지금껏 책을 끼고 뒹굴며 아이들에게 책 권하는 엄마로 살고 있는지에 관한 지극히 개인적인 이야기, 시작해보겠습니다.

엄마가 교사면 아이가 대학을 잘 갈까?

저는 교육대학교를 졸업한 그해에 발령을 받아 15년이 넘는 긴 시간 동안 경기도 평택, 이천, 용인 등지에서 초등교사로 근무했습니다. (물론 경력 기간 중 육아 휴직 기간도 상당히 길었습니다.) 학교생활을 하는 동안 저만의 즐거움이 있었는데, 그건 바로 같은 학교에 근무하는 선배 교사들의 교실을 기웃거리며 다니는 것이었습니다.

옆 반 선생님이자 교직 선배이자 직장 상사이기도 한, 20년 차가 넘는 현직 교사들과 살아가는 이야기를 나누다 보면 이분들이 자녀를 어떻게 기르는지 자연스레 알게 되고, 뭐라도 하나씩 새롭게 배울 수 있었거든요. 가진 건 없지만 교육열 하나만큼은 뒤지지 않는 극성 엄마인 제가 일부러 시간을 내어 선배 교사들의 교실을 찾아가 공부 잘하는 자녀로 키우는 법을 묻고 다닌 시간은 결국 제 인생 최고의 재산이 되었습니다. 그분들이 실천하는 부모로서의 역할을 눈과 머리에 새기면서 동시에 아이의 초등·중등·고등 시기마다 무엇이 가장 중요할까에 관한 고민을 시작했습니다.

그즈음 서울대 입학생 엄마의 직업 1위가 전업주부, 2위가 초등교사라는 통계가 실린 기사를 접했습니다. 그 이유를 알아내고 싶었고, 결국 저는 제 나름의 결론에 이르렀습니다. 그래서 그 비법을 알려드리고 싶습니다.

그런데요, 엄마가 교사면 아이가 정말 대학을 잘 갈까요?

적어도 제가 지켜본 바로는 확실히 잘 갔습니다. 어쩜 그렇게도 척척 합격하는지 신기할 정도였습니다. 대학 입시 결과가 속속 공개되는 겨울의 교무실은 해마다 벅찬 소식으로 달뜨곤 했습니다. 저 같은 후배들은 자녀의 합격 소식을 전하며 기분 좋게 떡과 피자를 돌리는 선배들을 진심으로 축하하고 부러워했습니다.

몇 년 후에는 내게도 이런 일이 일어났으면 좋겠다는 야심찬 꿈을 꾸며 본 적도 없는 옆 반 부장 선생님 자녀의 입시 결과에 진심으로 기뻐했습니다. 물론 함께 근무한 분들의 자녀가 일제히 명문대학에 합격한 건 아니었으며, 제 통계치에 들어오는 총 인원은 아무리 많아도 오백 명을 넘기 어렵습니다. 맞습니다, 제 사심이 가득 들어간 어설픈 통계입니다.

그렇다 해도 제 주변에서 가장 우수한 입시 결과를 보이는 집단이 교무실의 그들인 건 확실했기에 저는 그들에게서 뭐라도 알아내야 했습니다. 물론 엄마가 교사면 똑똑한 머리에 경제적인 여유도 있으니 자녀의 입시 결과가 좋을 거라는 추측도 해볼 만합니다만, 당시 초등교사라는 직군은 다른 전문직에 비하면 학벌 수준이 높지 않았습니다. 지금보다는 상대적으로 교대 입시 등급이 낮았거든요. 등급이 껑충 뛰어버린 지금은 저더러 가라고 하면 절대로 못 들어갈 곳이 되어버렸습니다.

또 교사들이 다 같이 명문 학군지에 모여 사는 것도 아니며, 사교육에 쏟아부을 경제력이 충분하지 않은 것도 명백했습니다. 교사 월급이 박봉인 건 다 아실 거고요, 실제로 남편의 경제력이 높거나 유산을 넉넉히 받은 덕분에 여유롭게 사는 몇몇 분은 학교마다 부러움과 소문의 대상이 될 만큼 흔하지 않았습니다. 그러니 만약 애써 알아낸 비결이 결국 학군이거나 사교육이었다면 저는 일찌감치 관심을 접었을 겁니다. 제가 해줄 수 없는 부분이기도 했고, 그게 맞다면 그 시간에 차라리 학원 정보를 모으는 게 더 유리할 테니까요.

다행히도 선배 선생님들께는 지능, 학군, 사교육 말고 초등 자녀 교육에 관한 두 가지 공통점이 있었습니다.

생계도 재능도 취미도 교육인 사람들의 자녀 교육

평균적으로 볼 때, 초등교사 집단은 본인이 성실하게 공부해본 전력이 있고, 교육열이 높은 편이며, 교육 현장에 오랜 시간 머무르는 사람들의 집단입니다. 초등교육에 관한 높은 관심과 압도적인 정보를 바탕으로, 교실에서 해본 유익한 활동들을 자녀에게 그대로 적용하여 자신이 입시를 치를 때보다 업그레이드된 입시 결과를 평균적으로 배출해내는 집단이 맞습니다.

배경은 단순합니다. 교사에게 초등교육은 생계라서 그렇습니다. 먹고살려니 교육에 관한 관심과 열정과 정보력이 원치 않아도 점점 높아지고 쌓이는 게 당연합니다. 그렇게 생긴 교육에 관한 관심과 열정과 정보를 자녀에게 쏟는 일은 지극히 자연스럽습니다.

헤어 디자이너인 엄마가 딸의 머리를 더 예쁘게 스타일링해줄 확률이 당연히 높고, 공대 출신 아빠는 아이와 코딩 프로그램을 다루면서 시간을 보낼 확률이 높으며, 운동하는 아빠라면 유독 아이의 운동 실력에 관심이 많을 수밖에 없습니다. 아이 셋을 키우는 한의사 부부와 대화를 나눈 적이 있었는데, 그분들은 아이들이 분유를 먹던 시절부터 좋다는 약재를 밥에 섞어주었다고 하더군요.

부모는 누구나 본인이 가진 것이 어떤 종류의 것이든 아이를 기르는 일에 최대한 유용하게 활용하며 살아갑니다. 그래서 초등교사인 엄마 아빠는 초등 아이의 공부에 관심과 정성을 쏟을 수밖에 없습니다. 배운 게 그거고, 맨날 하는 일이 그거고, 거의 유일하게 자신 있는 일이 그거라서 그렇습니다. 생계도 재능도 취미도 교육인 사람들의 교육이 다를 수밖에 없는 이유입니다.

초등교사로 근무하다 보면 교육에 관심이 적거나 미혼인 교사라도 자연스럽게 알게 되는 사실이 있습니다. 초등 시기에 '독서의 즐거움을 느낀 덕분에 시키지 않아도 책을 찾아 읽던 아이'와 '이미 아는 내용이라도 수업에 집중하는 예의와 성실을 갖춘 아이'의 입시 결과는 기대해볼 만하다는 점입니다. 평범해서 놀라셨겠지만 원래 진리는 복잡하거나 유별나지 않습니다. 비교와 경쟁을 견디지 못한 부모가 초등 아이에게 백화점식 학원 쇼핑을 부추기는 사이, 이 당연하고 평범한 두 가지가 준비된 중학생의 수는 빠르게 줄어들었고, 준비된 중학생들이 교실 안에서 빛나기 시작했습니다.

제가 곁에서 지켜본 선배들의 자녀는 이 두 가지를 가진 비중이 높았습니다. 초등 시기에 독서와 공부가 몸과 마음에 배어 일상의 습관이 되도록 만들어놓은 후, 본인의 공부에 관한 의지와 적기 사교육의 조력으로 중·고등 시기의 공부량과 수준을 압도적으로 높여가도록 돕는 것, 비밀은 여기에 있었습니다. 교사인 부모는 오랜 시간 동안 무수히 많은 사례를 지켜보는 과정에서 '결국 무엇이 가장 유리한가'를 자연스레 터득하게 된 사람들입니다.

초등에서 중요하다는 건 너무 많은데 그걸 다 할 수는 없습니다. 그러면 망합니다. 더 중요한 것과 덜 중요한 것이 명백하기 때문에 그걸 제대로 알아서 더 중요한 것, 가장 중요한 것에 아이의 시간과 부모의 돈을 쓰는 전략이 필요합니다. 초등 시기에 차근차근 준비해 두었을 때 가장 유리한 것은 비중을 높이고, 아닌 것은 과감히 포기할 줄 알아야 합니다.

'책을 읽히라'는 말에 담긴 진짜 의미

교직 10년 차가 지나면서 어슴푸레 깨닫게 된 저만의 결론에 닿자, 학부모 상담에서 만나는 저희 반 어머님들께 이 중요한 사실을 전하기 시작했습니다. 누가 보면 복음 전하는 선교사인 줄 알았을 정도로 침 튀기며 열정적으로 전했습니다.

그런데 소용이 없었습니다. 이 진지한 조언을 받아들여 초등학생 자녀에게 적용하는 부모가 거의 없었습니다. 너무 당연하고 뻔한 얘기로 느꼈기 때문이겠죠. 하지만 가장 중요한 걸 놓친 상태에서 상대적으로 덜 중요한 것에 시간과 에너지를 쏟다 보면, 열심히 하고 돈을 많이 써도 기대한 효과를 얻을 수 없습니다. 누구나 당연하게 생각하는 지점에는 아주 중요한 메시지가 담겨 있습니다.

'아이에게 책을 많이 읽혀라'라는 조언을 '아이가 행복한 게 최고니 초등 때 공부 좀 덜 시키고 책 읽게 하고, 놀게 해주어라'라는 물정 모르는 소리로 해석하고 흘려버리지 않았으면 합니다. 그게 아니거 든요. 초등 시기에 책을 조금이라도 더 많이 읽을 수 있도록 고민하 라는 조언은 '공부를 덜 시키라'가 아니라 '공부를 제대로 시키라'는 의미입니다. 열심히 하지만 말고 잘할 수 있도록 도와야 합니다. 제 대로 유리한 길을 보여줘야 합니다. 아이 키우는 일에는 연습이 없습 니다. 부모의 교육관에 따라 아이의 공부와 성적은 천차만별, 우왕좌 왕이 된다는 사실을 이미 지난 몇 년의 경험으로 절감했을 겁니다.

애써 정보를 채우세요

MBC 예능 프로그램인 〈라디오 스타〉에는 MC 김구라 씨의 지식 자랑용 폴더가 자주 등장합니다. 김구라 씨가 본인의 풍부한 상식과 정보를 과시하는 듯한 멘트를 날리면 사회, 철학, 예능, 경제 등 주제 별로 정리된 폴더 그림이 불쑥 등장하며 웃게 만듭니다. 어디서 어떻 게 모았는지 궁금해지는 다양한 정보들이 폴더 안에 수북하게 담겨 있습니다. 이 정보들은 절묘한 순간마다 잊지 않고 툭툭 튀어나와 대 화를 풍성하게 합니다. 대단하다고 생각합니다.

부모인 우리에게도 자녀 교육에 관해서만큼은 이런 폴더가 하나씩 있었으면 합니다. 애 하나 공부시키는 게 뭐가 이렇게 복잡하냐고 투 덜대고 싶겠지만 그런다고 달라지는 게 없기 때문입니다. 폴더를 가 지런히 만들어놓은 다음 그 안에 새로운 정보를 하나씩 채워나가고 필요 없는 정보는 잽싸게 삭제할 수 있어야 여유가 생깁니다. 되도록 많은 정보를 모아두되 당장 아이에게 강요하지만 않는다면 정보만큼 힘이 되는 건 없습니다. 아이가 고분고분 협조하진 않을 거라는 전제만 확실히 인지한다면 그 모든 정보는 언젠가 반드시 약이 됩니다.

제가 회식 자리에서 선배 선생님들과 친해지려고 애를 썼던 이유, 바쁜 일상을 쪼개어 입시·교육 정보가 담긴 책을 찾아 읽는 이유는 제 폴더를 채우기 위해서입니다. 또 돈도 안 되는 책 쓴다고 이 좋은 가을날 원고와 씨름하는 이유는 독자님들의 독서 폴더를 채워드리고 싶은 마음 때문입니다.

초등교사가 아니라서 아이 교육에 불리하다는 생각만으로 달라지거나 나아지는 건 하나도 없습니다. 상대적으로 유리한 집단의 특징과 그들이 가진 정보를 최대한 많이 알아내고, 그들이 가진 폴더를 어느 정도 비슷하게 갖기 위해 노력하면 됩니다. 시간이 조금 더 걸리더라도 그 폴더들을 하나씩 채워봅시다.

서울대 합격생의 부모 직업 2위는 초등교사지만 1위는 전업주부입니다. 지금 하던 일을 당장 그만두라는 말이 아닙니다. 누구든 자녀 교육에 관심을 기울이고 정보를 쌓으면 조금 더 잘하는 아이로 키울 수 있다는 긍정적이고 간절한 메시지입니다.

굳이 초등교사가 애 키우는 속사정까지 들고 와 털어놓기로 작정했을 때는 그만큼 중요하고 절박한 사연임을 알아주셨으면 합니다. 독서의 중요성을 알고 있으면서도 학원 수업에 밀려 결국 독서 시간부터 줄여가는 모습을 안타깝게 지켜보면서, 어떤 말로 설득해야 초등 아이들의 하루가 달라질 수 있을지 오래 고민했습니다. 수많은 전문가가 독서의 중요성을 강조하지만 정작 초등 아이의 일상은 조금도 달라지지 않고 있음을 오랜 시간 지켜보며 제 결심의 이유를 나눠야겠다고 마음먹었습니다.

공부 진짜 잘하게 될 아이들은 지금, 책을 읽고 있습니다.

02

초등 독서는 정말 성적을 올려줄까?

　제 독서 교육의 시작이자 가장 강력한 원동력인 성적에 대해 이야기하지 않을 수 없습니다. 아이의 성적만이 목적이어도 괜찮으니 초등 아이들이 독서를 시작했으면 합니다.

　초등교사 시절, 반 아이들에게 30대인 제가 각 잡고 인생 선배 놀이를 하고 싶은 날이 있었습니다. (그런 날이 꽤 많았습니다.) 아이들이 수업하기 싫어하는 건 당연하지만, 교사도 수업을 대단히 좋아서 하는 건 아닙니다. 공부 안 하고 첫사랑 얘기할 때가 훨씬 재밌는 건 교사도 같습니다. 제가 인생 선배 놀이를 하는 날의 키워드는 주로 '똑똑함'과 '독서'였습니다. 이유는 분명합니다. 아이들은 저보다, 엄마보다, 아빠보다 훨씬 더 공부를 '잘'하고 싶어 하기 때문입니다.

　학부모 상담을 하다 보면 "애는 공부에 관심도 없는데 엄마인 나만 답답해하는 것 같다"라는 하소연을 자주 듣습니다. 엄마들의 완벽한 착각입니다. 믿기 어렵겠지만 백 점을 가장 원하는 건 아이 본인입니다. 아이는 공부를 못해서 교실에서 얼마나 창피하고, 속상하고, 안타깝고, 실망스러운지 굳이 전하지 않을 뿐입니다.

반 아이들과 함께하는 시간이 깊어지고 그 절실한 마음을 알게 되면서부터 '똑똑해지는 법'에 관한 이야기를 자주 꺼냈습니다. 성적을 불문하고 거의 모든 아이가 눈을 반짝이며 듣습니다. (공부하는 게 아니라서 반짝였을 가능성이 높긴 합니다.) 열심히 공부해도 결과가 안 나오니까 다시 해볼 엄두가 안 나는 거지, 잘하고 싶지 않아서가 아님을 확인하는 기회였습니다.

어른은 아이를 도와야 합니다. 알아서 하라고 하지 말고, 길을 보여주면서 힘드니까 같이 가자고 손을 내밀어야 합니다. 어디로 가야 하는지 알려주고 성실하게 가라고 격려해야 합니다. 아이가 안 하겠다는 것도 아니고 안 하는 것도 아니라는 걸, 부모인 우리는 묵직하게 알아줘야 합니다. 부모가 아니면 누가 아이의 마음을 헤아려줄 수 있을까요. 부모가 아니라면 아이는 누구에게 이해받아야 하는 걸까요. 아직 어려서 잘 모르고, 의지도 약하고, 실력으로 증명할 때가 되지 않은 아이를 붙들고 결과를 논하며 속상해할 필요가 없습니다. 부모가 할 일은 학원비 결제와 성적에 관한 잔소리만이 아닙니다.

뜨거운 키워드, 독서

최근 2~3년간 대한민국 초등교육이 '독서'라는 키워드로 뜨겁습니다. 조금 더 정확히 말하면 '문해력'이라는 키워드입니다. 수년 전만 해도 낯선 용어였던 '문해력'도 어느새 평범해졌습니다. '문해력이라는 개념이 있는데, 매우 중요한 거구나, 공부에 필요한 거구나'를 알게 된 학부모가 많아졌다는 의미입니다.

학원과 문제집에 몰두하던 대한민국 학부모의 관심이 독서로 향하기 시작한 흐름이 저는 매우 반갑습니다. 저는 지독한 독서가이자 매일 책 읽기를 우선으로 강조하던 초등교사였고, 제 아이들을 읽는 어른으로 키우는 일에 가장 큰 공을 들이는 사람입니다. 그러니 이런 흐름이 얼마나 반갑게 느껴졌을지 이해되실 겁니다.

이런 흐름을 반영하듯 독서의 중요성을 강조하는 책과 강연이 넘쳐납니다. 제가 받은 출간 제안 중 절반 이상이 '초등 독서'라는 주제고, 운영하는 유튜브 채널에 초등 독서와 관련한 영상을 올리면 조회수가 평균을 훨씬 웃돕니다. 아직 책을 내지도 않았는데 '초등 독서'에 관한 강연을 해달라는 기관 의뢰도 종종 있습니다. 그만큼 학부모의 높은 관심을 느낍니다.

그런데 이런 흐름이 반갑지만은 않은 부모도 속속 생겨나고 있습니다. 책을 안 읽으면 큰일 난다는 무서운 얘기는 들었는데 정작 내 아이는 읽지 않으니 불안한 겁니다. 책만 읽으면 성적, 공부, 입시, 영어, 수학에 관한 모든 고민이 완전히 해결된다는 얘기가 사방에서 들리는데 내 아이는 책에 관심을 보이지 않습니다. 그런 아이를 보면 애가 타다가 결국 화가 납니다.

연산도 아니고 영어 독해 문제집도 아닌 한글 독서 때문에 아이에게 소리를 지르고 온 집안을 뒤집는 일이 생기기 시작했습니다. 급한 마음에 뭐라도 일단 들이밀고는 있는데, 아이가 순순히 협조하지 않으니 불안만 높아집니다. 조급하고 불안해진 부모는 결국 강제로라도 책을 읽게 해준다는 사교육으로 눈을 돌리기 시작했고, 독서 사교육 시장은 무한대로 성장 중입니다. (업계 관계자의 이야기를 전해 들었습니다.)

부모의 기대와 바람은 충분히 이해합니다. 그런데 짚을 건 제대로 짚고 결제합시다. 안 읽던 아이가 읽도록 하는 수업에 등록해주는 것이 부모의 최선인지 말입니다. 강제 독서를 통해 국어 성적을 올리는 것만이 유일한 방법인가에 관해서도 말이죠.

먼저 대한민국 학부모가 가장 좋아하는 단어인 '최상위권'의 조건을 생각해보겠습니다.

최상위권의 두 가지 조건

상위권은 태어나지만, 최상위권은 만들어진다고 저는 믿고 있습니다. 공부머리를 타고난 아이라면 상위권까지는 무난히 가능할지 모르나, 최상위권을 장담하기는 어렵습니다. 그 많던 초등 교실 속 우등생들이 중·고등학교에서 자취를 감춰버리는 건, 운 좋게 공부머리는 가지고 태어났지만 아쉽게도 최상위권이 될 정도의 준비와 노력은 부족했기 때문입니다.

제가 생각하는 최상위권은 초등 시기 독서와 중·고등 시기 학습량, 이 두 가지로 결정됩니다. 초등 시기에 열심을 내어 책 읽던 아이들 가운데 중·고등학교 때 압도적인 양으로 성실히 제대로 공부한 아이가 최상위권이 될 가능성이 높다는 의미입니다. 바꿔서 생각하면 초등 시기에 열심히 책을 읽었더라도 중·고등 시기에 학습량과 성실함이 동반되지 않으면 최상위권은 결국 불가능하다는 말입니다. 만약 중·고등학교에서 제대로 성실히 공부하는데도 결과가 나오지 않는다면 초·중등 시기에 독서를 너무 일찍 중단했을 가능성이 높습니다.

중학생 때는 초등 시기의 독서 습관을 지속하면서 제대로 된 공부 습관을 정착시키고 학습량을 늘려가야 합니다. 고등학생이 되면 독서를 통해 착실히 쌓은 문해력, 사고력, 어휘력과 잘 쌓은 공부 습관, 문제 풀이 능력으로 학습량의 정점을 찍어 결과로 증명해야 합니다. 어른에게 독서는 낚시, 넷플릭스 시청, 농구처럼 수많은 취미 중 하나일 수 있지만 공부하는 아이, 더 정확히 표현하자면 '공부 잘하고 싶은 아이'에게는 독서가 생존인 이유입니다.

공부를 하려면 500쪽 정도 되는 책을 읽고 내용을 요약할 수 있는 수준에는 도달해야 한다. 여기가 목표다. 그것도 한 가지 주제에 일관된 내용이 담긴 책을 읽어내야 한다. '읽어내야 한다'는 말에는 의무감에 억지로 읽는다는 어감이 느껴지지만, 그보다는 읽기에 도전하여 독파한다는 뜻으로 받아들여야 한다. - 《공부머리는 문해력이다》 중에서

성적은 뭐, 아시잖아요?

그렇다면 독서는 정말 족집게 과외처럼 아이의 성적을 유의미하게 올려줄 수 있을까요? 책을 읽으면 정말 공부를 잘하게 될까요?

'아니요'라는 답을 기대했겠지만 맞습니다. 공부를 정말로 잘하게 됩니다. 의심의 여지가 없습니다. 요즘 나오는 산타페 자동차 광고를 보면 아주 부드럽고 여유로운 목소리로 "연비는 뭐, 아시잖아요?"라는 카피가 나오는데요, 딱 이 느낌입니다. 산타페라는 차의 연비가 좋다는 건 너도 알고 나도 아는 당연한 사실, 즉 기본이고, 그 밖의 새로운 기능도 많음을 이 한 줄 카피로 표현했습니다.

독서와 성적의 관계가 딱 이렇습니다. 독서를 하면 '성적은 뭐, 아시잖아요?'라는 당연한 결론에 닿게 됩니다. 성적에는 당연히 도움이 되고요, 그 밖에도 다양한 순기능이 있으니 그것도 알고 지도하자는 겁니다.

독서가 어떻게 성적에 기여하는지에 관한 전문가들의 조언이 가득 담긴 좋은 책을 추천해드립니다. 아직 읽지 않았다면 꼭 읽어보세요. 저도 빠짐없이 읽었고, 100% 공감했습니다. 이 책들을 읽다 보면 정신이 번쩍 듭니다. 당장 뭐라도 막 꺼내서 읽혀야 할 것 같은 사례와 통계가 워낙 상세히 잘 설명되어 있어 한 줄도 뺄 것이 없습니다.

공부를 요리에 비유하자면 초보 독서가는 요리를 처음 해보는 자취생과 같습니다. 이 자취생이 요리를 하려면 먼저 인터넷으로 레시피부터 찾은 후 필요한 재료가 무엇인지 알아보고, 마트에 가서 요리 재료를 사서 돌아온 후에야 어설프게나마 요리를 시작할 수 있습니다. 반면 숙련된 독서가는 유능한 팀원이 10명쯤 딸린 특급 음식점의 주방장과 같습니다. 필요한 재료는 이미 냉장고 안에 완벽하게 준비돼 있고, 레시피는 머릿속에 빈틈없이 정리돼 있습니다. 일단 요리가 시작되면 재료 손질과 같은 기초 조리 과정은 팀원들이 알아서 대령합니다. 주방장은 오로지 요리 자체에만 집중하면 되죠. 빠른 시간 안에, 큰 힘 들이지 않고, 훌륭한 결과물을 만들어냅니다. - 《공부머리 독서법》 중에서

최승필 | 책구루   김윤정 · EBS당신의문해력제작팀   전병규 | 알에이치코리아
　　　　　　　　　　　 | EBS BOOKS

독서가 성적을 어떻게 끌어올리는지 원리와 과정을 상세하게 풀어놓은 책

그런데 말입니다

그런데 말입니다. 독서가 성적으로 보답하는 원리와 과정을 소상히 보여주는 이 책들에서 해결해주지 못한 안타까운 지점이 있습니다. 독서가 책을 읽는 모든 아이에게 일제히 최상위권의 성적을 보장

해주지는 못한다는 점입니다. 어떤 아이가 독서를 아무리 열심히 했다 해도 반드시 다른 아이들보다 더 높은 압도적인 성적을 받게 되는 건 아니라는 거예요. 성적은 독서 혹은 문해력 하나만으로 결정되지 않기 때문입니다.

초등 시기의 독서량과 대학 입시 결과가 정비례한다면 초등학교 때 책을 정말 열심히 읽은 저와 제 남편은 서울대학교에서 만났어야 말이 되는데, 저희는 간신히 춘천교대에 합격했습니다. 그 오랜 독서는 최상위권을 보장해주지 못했습니다.

대학 입시 결과는 초등 시기의 독서량만으로 결정되지 않습니다. 저희처럼 어렸을 때 책을 많이 읽으셨던 분들도 계실 거예요. 그 결과, 서울대 수석 입학에 성공하셨나요? '어릴 때 책을 참 좋아했는데' 정도의 추억을 안고 평범한 성적으로 아쉬움이 남는 학창 시절을 조용히 마감하는 사람이 훨씬 많습니다. 독서만으로 어렵다는 건 우리의 지나온 삶이 증명합니다.

그래서 정확하게 표현해야 합니다. '독서를 열심히 하기만 하면 최상위권이 될 수 있다'가 아니라, '독서를 꾸준히 하면 안 했을 때에 비해 성적이 잘 나올 가능성이 상당히 높아진다'가 정확한 표현입니다. 독서로 다져진 기반 위에서 본격적인 공부를 시작한다면, 독서를 배제하고 공부만 했을 때에 비해 나은 결과를 기대할 수 있는 건 확실합니다. 다만 다른 아이들과의 상대적 비교가 아닌 개인에 관한 전후 비교로 해석해야 맞습니다.

책을 열심히 읽는 아이인데도 기대에 못 미치는 아쉬운 성적을 받아왔다면, 책을 읽은 덕분에 이만큼이라도 성적이 나온 거라고 짐작하면 되고요, 책을 읽지 않았는데도 괜찮은 성적을 받아온 아이라면 책을 더 읽었더라면 이보다는 확실히 나은 성적이었을 거라 짐작하면 됩니다.

독서는 내 아이의 공부력을 보다 강화해주는 굉장한 도구임이 확실하지만, 모두에게 최상위권을 보장하는 만능열쇠가 아닙니다. 대학 입시는 절대 독서 하나만으로 결정되는 단순한 과정이 아닙니다.

그래서 우리는 이런 질문에 닿습니다. 최상위권을 보장받지 못한다면 아이는 왜 책을 읽어야 할까요?

03

아이가 읽어야 하는 진짜 이유

제 독서 교육의 시작과 동기는 명백하게 성적입니다. 가르친 아이들 중 유독 책을 즐겨 눈여겨보게 된 아이들이 있는데, 그중 일부가 좋은 대학에 합격했다는 소식을 듣고는 더 깊은 열정을 담아 어린 두 아들에게 책을 읽어주기 시작했습니다. 책을 많이 읽어주면 공부를 잘한다는 선배 선생님들의 말을 듣고 어설픈 흉내를 내기 시작했던 게 시작이었습니다. 몸이 아파 누웠을 때도 책은 읽어줬습니다.

독서량과 성적이 비례한다면 저희 아이들은 분리수거장에서 주워다 읽힌 책의 양만으로도 너끈히 서울대에 합격해야 할 정도입니다. 하지만 저희 아이들은 이제 겨우 중학생이고 최상위권도 아닙니다. 훗날 대학 입시 결과는 나와봐야 알겠지만, 어떤 결과가 나오든 제 지난 모든 노력을 후회할 생각은 조금도 없습니다. 그 수고의 목표가 서울대 합격은 아니기 때문입니다.

저는 초등 시기의 독서가 최상위권을 반드시 보장하지 않는다는 사실과 최상위권을 결정짓는 요소가 너무나 다양하다는 사실을 인정하면서도 독서를 멈추지 않았습니다. 오히려 더 열을 냈습니다. 틈나는 대로 서점에 들러 책을 고르게 하고, 책 읽는 시간을 떼어내 학원에 가거나 문제집 푸는 시간으로 돌리지 않으려고 마음을 다스렸고, 읽은 책에 관한 대화를 밥 먹듯 자연스레 나누는 노력을 계속하고 있습니다.

제 아이들은 책을 진심으로 좋아하고 즐깁니다. 고분고분한가보다 생각할 수 있는데요, 그런 아이들은 아닙니다. 읽으란다고 읽을 순둥이들이 아닙니다. 사춘기는 절정을 향하고 있고, 매일 대치 중입니다. 안 읽어도 억지로 읽게 할 수 없고, 비싼 돈 들여 새 책을 사줘도 거들떠보지 않을 나이입니다. 그런 아이들이 읽고 있습니다. 내키는 일이 아니면 한 발자국도 꿈쩍하지 않는 아이들이 거실에 모여 각자의 책을 붙들고 빠져들어 읽습니다. 목적이 달랐기 때문에 방법이 달랐고, 그 덕분에 정말 책이 좋아서 읽는 아이들이 되었습니다.

성적은 독서 교육을 시작하는 힘이었을 뿐 최종 목적은 아니었습니다. 겨우 성적 하나 때문에 그 숱한 시간 동안 안 읽겠다는 아이들을 얼러가며 책과 씨름한 게 아닙니다. 마찬가지로 지금 저는 겨우 성적 하나 때문에 안 그래도 달궈진 초등 독서라는 불난 집에 뻔한 부채질을 하려는 게 아닙니다. 초등 시기에 읽은 책의 힘으로 목표했던 성적을 얻을 수 있다면 그보다 뿌듯한 일은 없겠지만, 그렇지 못하더라도 저는 초등 아이를 둔 부모들에게 독서를 강권할 겁니다.

진짜 이유는 따로 있기 때문입니다.

초등 독서의 진짜 목적지

진짜 목적은 '읽는 어른이 되는 것'입니다. 초등 시기에 맛본 책의 즐거움을 잊지 않고 지속하여 '읽는 중학생'이 되고 입시를 마친 후 어른이 되어도 책을 놓지 않는 사람이 되게 하는 게 제 진짜 목적이었습니다. 우리 반 아이들이 매일 한 쪽, 다만 10분이라도 더 읽도록 애를 썼던 이유이기도 합니다.

책을 많이 읽고 공부 잘하게 되기를 바라는 마음도 당연히 있었지만, 그보다 훨씬 더 간절하게 이 아이가 '읽는 어른'으로 자라길 바랐습니다. 중학생이 되고, 어른이 되어서도 입시를 위한 독서가 아닌 자발적인 독서를 지속하길 진심으로 바랐습니다.

대한민국 성인 10명 중 4명은 일 년에 책을 단 한 권도 읽지 않는다는 2020년 통계가 있습니다. 어제오늘 일이 아닙니다. 어른들이 책을 읽지 않는 건 시간이 없어서가 아니라 책을 대신하여 시간을 보낼 콘텐츠가 너무 많아졌기 때문입니다. 유튜브와 넷플릭스를 켜기만 하면 한두 시간은 순식간에 사라집니다.

다음은 코로나19로 인한 사회적 거리 두기 기간 동안 늘어난 유튜브·넷플릭스 결제 금액을 보여주는 그래프입니다. 요즘 어른들이 유독 바쁘거나 책 살 돈이 없어서 책을 안 보는 게 아닙니다. 책의 진짜 즐거움을 모르기 때문에 생긴 일입니다. 지금 대한민국에는 '읽는 어른'이 급격한 속도로 사라지고 있습니다. 읽지 않는 어른, 넷플릭스에 빠진 어른들과 한집에 사는 초등 아이에게 독서는 지루하고 대충 끝내고 싶은 숙제가 되어버렸습니다.

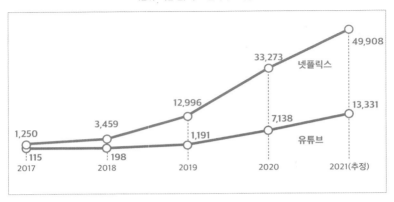

유튜브 · 넷플릭스 결제 금액 추이
(단위: 백만 원, 자료: 현대카드 제공)

넷플릭스

49,908

33,273

12,996

1,250

3,459

1,191

7,138

13,331

유튜브

115

198

2017

2018

2019

2020

2021(추정)

지금 초등 아이의 독서 습관을 잡기 위해 부모인 우리가 쏟고 있는 이 모든 수고의 최종 목적지가 수능과 내신 성적을 한 등급이라도 올리기 위함인지 짚어봤으면 합니다. 그렇다면 좋은 대학에 갈 계획이 없는 아이는 책 없이 살아도 괜찮은 걸까요? 책이 아닌 다른 방법으로 성적을 올려 명문대에 보낼 수 있다면 책은 그만 읽어도 괜찮은 걸까요? 예체능 분야나 연예계 등 명확하고 남다른 진로가 정해졌기 때문에 기술을 연마하는 아이라면 책 없이 살아가도 괜찮은 건가요?

이게 대한민국 독서 교육의 가장 큰 함정입니다.

성적 하나만 보고 책을 읽혔기 때문에 성적이라는 유일한 목표가 사라지고 나면 자연스레 독서를 멈추도록 내버려둡니다. 성적만이 목표였기 때문에 성적을 더욱 확실히 보장해준다는 학원 숙제가 늘어나면 독서 시간부터 줄이고 없애기 시작합니다. 아이는 부모가 시켜서 책을 읽었기 때문에 안 시키니까 안 읽습니다. 이제 막 책의 진짜 즐거움을 알고 책 수준을 본격적으로 높여갈 결정적인 시기인 초등 중·고학년 아이들이 약속이나 한 듯 책 읽기를 멈춥니다. 책을 읽는 중학생은 반에 한둘도 보기 어렵습니다.

이 아이들은 초등 중학년 정도에서 멈춘 문해력과 사고력으로 남은 입시를 힘겹게 버티다가 결국 읽지 않는 어른으로 살아가게 될 겁니다. 문해력과 사고력이 초등 중학년 수준에서 멈춘 아이와 성인 수준으로 높아진 아이가 같은 교실에서 같은 문제를 풀며 등급을 경쟁합니다. 누가 유리할지는 말할 필요도 없습니다.

대한민국 청년 대다수가 초등 고학년까지 10년 남짓 읽어온 그림책과 동화책이 독서의 전부라고 말합니다. 그대로 책 없는 인생을 살아갑니다. 이들은 여전히 읽지 않는 어른으로 살다가 아이 성적 때문에 다급한 마음으로 독서를 강요하는 부모가 됩니다.

읽는 어른으로 살아간다는 것

저는 '읽는 어른'입니다. 매일 읽습니다. 글을 못 쓰는 날은 있어도 안 읽는 날은 없습니다. 뭐 이런 책까지 읽나 싶을 만큼 다양한 책을 온 집 안 구석구석마다 박아놓고 끊임없이 읽습니다. 시간이 남아도느냐하면 그렇지 않습니다. 돌봐야 할 가정이 있고, 한창 사랑과 관심을 쏟아야 할 사춘기 아들이 둘 있고, 운영해야 할 여러 채널과 써야 할 원고와 직원이 다섯인 회사도 있습니다. 시간은 어차피 늘 없습니다.

그런데 매일 읽습니다. 충분히 가치 있는 일이라 생각하고, 진심으로 즐겁습니다. 그래서 시간을 쪼개어 챙겨 읽습니다. 취미이자 생존입니다. 읽지 않았다면 유튜브와 넷플릭스를 거뜬히 능가하는 깊고 달콤한 즐거움을 도대체 어디서 얻었을 것이며, 어떻게 닥친 일의 해결 방법을 찾아내고, 살아갈 길을 만들고, 결국 이겨냈을까 싶습니다. 엄마이기에 혼자만 읽지는 않습니다. 두 아이에게 강남의 아파트를 한 채씩 물려주는 핑크빛 꿈을 꾸는 평범한 엄마지만, 그보다 확실한 유산인 책 읽는 습관을 물려주기 위해 더 따뜻한 정성을 쏟고 있습니다.

우리가 지금 기르는 모든 아이는 결국 어른이 될 것이고, 그 아이 중 극히 일부가 '읽는 어른'이 됩니다. '읽는 어른'이 된다는 사실은 그 자체만으로 인생의 많은 부분을 결정짓습니다. 어느 정도의 성적, 실력, 학벌, 직업, 능력으로 살아가든 처한 그 상황에서 남다른 삶을 살게 만드는 건 오직 책의 힘입니다. 읽는 사람이냐 아니냐에 따라 운신의 폭, 생각의 깊이, 능력의 한계가 압도적으로 달라집니다.

읽는 사람에게 책은 재미있는 놀거리이자 확실한 취미입니다. 책을 통해 삶의 지혜를 얻고, 힘들 때 위안을 받으며, 다른 사람의 생각과 경험을 내 것으로 만들면서 남다른 속도로 성장해갑니다. 책은 아이에게 인생을 살아갈 강력하고 확실한 무기가 되어줄 겁니다. 그러기 위해 어른이자 부모인 우리가 함께 노력해야 합니다.

책에 관심 없던 아이가 부모님과 선생님 덕분에 떠밀리듯 '읽는 어른'으로 성장해야 합니다. 겨우 성적을 올릴 목적만으로 문제집을 풀듯 한동안 책에 열심을 내는 것으로 그치지 않아야 합니다. 책이 주는 진짜 즐거움과 유익함을 모른 채 결국 '안 읽는 어른'으로 살아가지 않기를 간절히 바랍니다.

지금 대한민국은 부동산, 주식, 코인 바람으로 벼락부자와 벼락거지가 넘쳐나고 있습니다. 웬만한 정도의 재산으로는 성공과 재력을 운운할 수 없는 시대가 되어버렸습니다. 그저 남들 따라 시간을 보낸다면 내 아이의 인생도 나와 다르지 않을 것입니다. 그런데 우리가 지금 아이에게 쏟는 정성과 노력과 돈은 냉정히 말해 '내 아이가 적어도 나보다는 조금 더 나은 삶을 살았으면 좋겠다'라는 소망에 기반하고 있을 겁니다. 저 역시 그렇습니다. 그래서 저보다 더 넓게, 많이 읽도록 하는 일에 지대한 관심을 쏟고 있습니다.

어찌하여 흙수저는 흙에서 태어나 흙으로 돌아가게 되는가를 묵상하며 안타까운 마음에 속이 쓰려본 적이 있다면 내 아이만큼은 읽는 어른, 진짜 독서가로 길러내야 합니다. 내가 겪은 못내 억울하고 곤한 하루를 내 아이가 반복하지 않길 바란다면 가장 확실한 방법은 책입니다.

모든 사람이 매일 같은 시간을 살지만 모두 같은 인생을 살지 않습니다. 내 아이가 같은 일을 경험해도 더 깊은 통찰력으로 탁월한 성장을 이뤄가려면 부모인 우리가 단단한 기반을 만들어줘야 합니다. 기름진 땅에서는 웬만한 것들이 곧잘 뿌리를 내리고 무성한 열매를 맺습니다. 우리 아이는 지금 어떤 상태의 땅인지 생각해봤으면 합니다. 척박한 땅을 기름지게 만들려면 오랜 시간과 꽤 큰 노력이 들지만 일단 만들어놓으면 반드시 나은 결과물이 나옵니다.

이것이 제 아이들을 진짜 독서가로 키우는 진짜 이유입니다. 제 아이들이 부모보다 훨씬 탁월하고 깊이 있고 영향력 있는 어른으로 살아갈 것을 확신하는 이유도 바로 여기에 있습니다.

04

독서의 골든타임, 왜 초등 시기일까?

평생에 영향을 미치는 결정적 시기라는 것이 있습니다. 독서에도 결정적 시기가 존재합니다. 읽는 아이로 만들겠다고 결심했다면 초등 시기를 놓치지 않았으면 합니다. 책을 만날 기회가 공평하게 열려 있는 시기가 초등 시기이기 때문입니다.

한 사람의 인생을 통틀어 책을 만날 기회는 자주 오지 않습니다. 초등 시기에 책과 데면데면하던 아이가 중·고등학생이 되어 새삼스레 독서를 시작하거나 읽는 어른으로 살아갈 가능성은 제로에 가깝습니다. 책벌레였던 일부 아이들조차 본격적인 입시를 준비하면서 어쩔 수 없이 한동안 책과 멀어집니다. 책의 진짜 재미를 알지만 시간에 쫓겨 못 읽던 일부 아이들이 수능 시험을 마치고 미뤄둔 책을 폭식하듯 읽어치운다고 합니다. 그들 중 또 일부가 먹고살기 바쁘고 힘든 일상 중에도 책을 옆에 두는 어른으로 살아가면서 깊어지고 성숙해지다가 자녀에게 책의 즐거움과 가치를 전하는 부모가 됩니다. (다행히도 엄마라는 사람들의 인생에는 또 한 번 책을 만날 기회가 주어지는데 육아를 하며 곤경에 처한 순간입니다. 육아라는 너무 곤란한 벽 앞에서 결국 책을 찾는 엄마들이 많습니다. 아이한테 고마워할 일입니다.)

초등 시기 내내 독서를 위해 노력해야 하는 이유는 분명합니다. 언제 시작했느냐, 얼마만큼 지속했느냐가 너무나도 중요한 조건이 되기 때문입니다. 복리로 이자가 붙는 적금이라면 하루라도 빨리 가입하는 게 무조건 유리합니다. 가입만 해두면 시간은 내 편입니다. 이자가 몇 퍼센트냐보다 중요한 건 언제 가입했느냐고, 가입해두었다면 오르내리는 금리에 크게 신경 쓰지 않아도 됩니다. 그게 복리의 매력이고 무서움입니다.

독서는 철저한 복리 상품입니다. 그래서 초등 시기에 책의 맛을 알게 했는지 아닌지가 적금 가입을 해뒀는지 아닌지처럼 결정적입니다. 중·고등 시기를 버틸 사고력과 문해력을 기를 수 있을 때까지 지속해야 합니다. 평생을 '읽는 어른'으로 살지 말지가 결정되는 때가 초등 시기입니다. 시작만 해서는 안 됩니다. 쉽게 중단하지 말아야 합니다.

단시간에 끝낼 수 있는 과목, 범위가 넓지 않은 과목, 집중하여 암기하면 성적을 기대해볼 만한 과목에 신경 쓰는 건 초등 시기인 지금이 아니어도 기회가 있습니다. 그것들에 매달릴 때가 아닙니다. 오래 걸리고, 결과가 당장 보이지 않는 것일수록 빠른 출발이 유리합니다. 중단하지 않는 것이 용기입니다.

아이가 공부를 잘할 수 있도록 뭐든 하겠다는 다짐으로 육아와 직장 생활을 병행하고, 생활비를 아끼며 학원비를 마련하는 일이 부모 노릇의 기본 값이 되어버렸습니다. 아이를 위해 그 정도의 수고도 흔쾌히 감내하겠다는 의지라면 아이의 일상 곳곳에서 책과 친해질 기회를 주는 것이야말로 최고의 전략이 될 것입니다.

문해력의 결정적 시기

초등 시기가 독서의 골든타임인 가장 큰 이유는 이때가 문해력의 결정적 시기이기 때문입니다. 공부할 때는 과목의 특성을 파악해서 전략을 세워야 합니다. 과목 중에는 결국 암기해야만 끝나는 과목이 있습니다. 머리에 넣어야 한다는 거죠. 성실하게 공부하는 아이들은 열심히 외웁니다. 문제는 '어떻게 외웠느냐'입니다.

성실히 외우는 아이 중에는 오직 외우기만 열심히 하는 아이가 있습니다. 이해한 내용을 외워야 하는데, 이해가 안되어도 열심히 외웁니다. 잘 모르는 내용이지만 일단 외워버리면 문제는 풀 수 있으니 외국어처럼 깜깜한 내용을 우직하게 입력시킵니다. 안타깝게도 이해하지 못한 채 암기에만 집중했던 것들은 머릿속에서 쉽게 사라져버립니다. 그렇게 힘들게 외웠는데 사라져버리니 문제 풀이에 적용되지 않고, 문제를 못 푸니 점수가 높게 나올 리 없습니다.

그래서 공부의 출발은 이해입니다. 교과서의 핵심 개념을 외우기에 앞서 무슨 의미인지 알아야 합니다. 그 어떤 시험도 교과서 내용을 벗어나지 않습니다. 기본 개념을 얼마나 확장하고 응용하여 만들어낸 문제인가의 차이일 뿐, 문제에서 다루는 핵심은 교과서 본문에 담겨 있습니다. 수능 만점자들의 인터뷰에 단골로 등장하는 "교과서 위주로 공부했다"라는 말은 거짓이 아닙니다. 교과서로만 공부하지 않았을 뿐 교과서를 공부하지 않고는 결코 만점을 얻을 수 없습니다. (만점을 얻으려면 교과서를 공부해야 하고요. 교과서로만 공부해서는 안 됩니다.)

열심히 공부했는데 왜 성적이 제자리인지 답답하다면 공부 전략을 짚어야 합니다. 똑똑한 엄마들은 공부 전략도 잘 맞춰 세워주고 좋겠다며 부러워하면서 노력도 안 해보고 포기하며 자괴감에 빠지는 부모가 많습니다만, 똑똑한 엄마는 그냥 하늘에서 뚝 떨어지지 않습니다. 지극히 평범해 보이는 경제적 여건과 보통 수준의 학군에서 구슬을 꿰듯 정보를 모아가며 내 아이를 위한 전략을 고민하던 선배 교사들과 자녀들이 그 증거입니다.

교과서에 발목 잡히는 이유

한때 마음을 굳게 먹고 죽어라 공부하면 성적이 어느 정도 나와주던 시절도 있었습니다. 단순 암기가 통하고, 단편적인 지식을 객관식 문항으로 확인하던 학력고사가 대표적입니다. 그 시절, 팽팽 놀다가 고등학교 2·3학년 때부터 공부했는데 되더라는 기적의 주인공이 심심찮았습니다. 안타깝게도 지금의 입시 제도로는 불가능합니다.

이유는 교과서에서 찾을 수 있습니다. 교과서에서 암기해야 할 내용은 크게 달라지지 않았는데, 그걸 외워서 성적을 올리겠다고 마음 먹은 아이들의 문해력이 예전에 비해 훨씬 떨어져 있기 때문입니다. 서점에 나가면 초등 문제집만 보지 마시고요, 중·고등학교 교과서와 문제집을 한 번씩 펼쳐보고 오세요.

분명히 한글인데 무슨 말인지 정확하게 파악하기 어려울 거예요. 국어라서 어려운가 싶어 다른 과목 문제집도 들춰보면 사회, 과학, 역사도 이해하기 쉽지 않을 겁니다. 공부 경험과 자신감이 부족하지만 이제라도 늦지 않았다는 마음으로 결심한 아이들이 최초로 도전하는 과목이 역사, 지리, 생물 등 소위 말하는 암기 과목인데요, 마음만 먹으면 될 줄 알았던 과목에서 덜컥 발목이 잡힙니다. 얼마나 어이없게 교과서에 발목이 잡히는지, 그 과정을 조금 더 자세히 소개하겠습니다.

아래는 중학교 1학년 1학기 사회 교과서 중 하나인 금성 교과서 사회 39쪽 본문입니다. 이제 막 초등학생 티를 벗은 아이들이 중학교 생활 첫 달에 공부할 내용이라는 뜻입니다. 찬찬히 읽어보세요.

2단계 | 내용 알기	① 온대 기후 지역의 위치와 특색은 어떠할까?

중위도 지역에 주로 나타나는 온대 기후는 연중 기온이 온화하며 강수량이 적당하고 계절의 변화가 뚜렷하다. 이로 인해 인간이 생활하기 가장 쾌적한 조건을 갖추고 있으며 많은 인구가 거주하고 있는 기후 지역이다. 그러나 같은 온대 기후 지역이라도 계절별 기온과 강수량의 차이에 의해 생활양식이 다르게 나타난다.

영국, 독일 등 북서 유럽에서 주로 나타나는 **서안 해양성 기후**는 *편서풍과 난류의 영향으로 다른 온대 지역에 비해 여름이 서늘하고 겨울은 온화하며 연중 고른 강수량이 나타난다. 이탈리아, 그리스 등 지중해 연안 지역을 중심으로 나타나는 **지중해성 기후**는 여름이 덥고 건조하지만, 겨울은 온화하며 여름보다 강수량이 많다. 우리나라를 비롯한 대륙의 동쪽 지역은 *계절풍의 영향을 많이 받아 여름은 덥고 습하며, 겨울은 춥고 건조한 **온대 계절풍 기후**가 나타난다.

괜찮으신가요? 술술 읽히면서 모든 문장이 편안하게 이해되는지, 어려운 어휘는 없었는지 궁금합니다. 또 다 읽고 나서 핵심 내용을 찾아내고 요약해서 설명할 수 있었는지도 궁금합니다. 저는 안 괜찮았습니다. 초등교사로 살면서 이런 식의 모르는 어휘 대잔치인 교과서를 기반으로 수업 준비를 하는 일에 이력이 난 사람입니다만, 그 모든 경력이 부끄럽게도 위의 본문이 부드럽게 읽히지 않았고 간결하게 요약하기도 어려웠습니다. 교사였던 건 그렇다 치고, 지금은 책 쓴답시고 매일 책을 읽고 글을 쓰며 텍스트와 씨름하는 사람임에도 편치 않았습니다. 몇 군데에서 턱턱 걸렸습니다.

독서는 일찌감치 중단했고 공부 스트레스를 풀기 위해 유튜브 중독, 게임 중독, 카톡 중독이 되어버린 평범한 중학생 아이들의 사정이 저보다 크게 나을 거라 짐작하기는 어렵습니다. 교과서가 편안하게 읽히지 않고, 다 읽었는데 머릿속에 남는 내용이 없고, 수업 시간에 아무리 집중해봐도 알아듣기 어려운 수준의 문해력을 가진 아이가 공부를 잘하고 싶다는 의지를 품은들 이미 늦은 결심입니다.

수업 시간이 괴로운 이유

수업 시간은 왜 이렇게 괴로운 걸까요?

일단 내용이 재미가 없습니다. 초·중·고등학교 12년 동안 교과서라는 책에 아이들이 흥미를 느낄 만한 내용이 나오는 걸 본 적이 거의 없습니다. 교육과정에 포함되어 알아야 하는 내용일 뿐, 정말 재미가 없어도 너무 없습니다. 5·6학년 교실에서 6교시에 사회 수업을 하다 보면 아이들 몸이 뒤틀리는 게 눈에 보입니다. 참는 게 대견할 정도입니다. 교사가 봐도 교과서 내용은 정말 재미가 없습니다.

재미가 없는데, 내용도 어렵습니다. 새로운 어휘가 계속 등장하고, 소설책처럼 문장으로 나열되어 있는데 읽다 보면 무슨 뜻인지 모르겠고, 문장은 해가 갈수록 길고 복잡해집니다. 쉬운 내용이라도 꼼짝 않고 앉아 듣기는 힘든 일인데, 이해하기 어려운 내용을 듣고 있자니 죽을 맛일 겁니다. 한참 움직이고 싶고 놀고 싶은 아이들이 재미없고 어려운 수업 내용을 견디고 이해하는 일에는 너무나 큰 에너지가 들어갑니다.

그래서 자습서가 탄생했습니다. 핵심 내용이 문장으로 표현된 교과서가 버거운 아이들을 위해 문제집과 자습서에는 친절한 '핵심 개념 정리'가 있습니다. '문장'을 읽었는데 무슨 말인지 이해되지 않는 아이들, 이해는 했지만 핵심이 무엇인지 파악되지 않는 아이들, 핵심은 찾았는데 요약하여 정리할 수 없는 아이들을 위해 교과서 본문을 뚝 떨어지게 정리해서 떠먹여주는 거지요. 덕분에 단편적인 공부도 가능해졌습니다. 교과서는 이해하지 못해도, 자습서에 중요하다고 표시된 부분을 달달 외우는 공부는 가능합니다.

문제는 이런 식의 공부가 익숙해져 버린 아이에게 교과서는 너무 낯설고 어렵게 느껴진다는 점입니다. 교과서가 편안하게 읽히면서 중요한 개념이 눈에 들어오고 그것들에 관한 선생님의 설명이 궁금해지고 재미있어야 비로소 이 수업이 내 것이 됩니다. 다 알고 한 가지만 모르는 내용이 나오면 질문을 할 수 있는데, 뭘 모르는지도 모르게 죄다 깜깜하면 질문도 못 합니다.

초·중·고등학교를 막론하고 중요하다고 강조한 내용을 받아 적고 밑줄을 그으며 설명에 귀 기울이면서 질문까지 해주는 학생이 있으면 한 번이라도 더 쳐다보게 되고 눈빛을 쏘며 설명하는 게 교사의 본능입니다. 엎드려 자는 아이들과 안 듣고 딴생각하는 아이들 사이에서 고개를 세우고 반짝이며 들어주는 아이 한 명이 얼마나 고맙고 의지가 되는지는 한 번이라도 누군가를 가르쳐본 경험이 있다면 쉽게 동의할 겁니다.

아이 공부와 입시 결과는 결국 가능성의 문제입니다. 반드시 어떻게 될 거라는 결과를 장담할 수 없습니다. 전국 최상위권 학생들도 합격이 결정되기 전까지는 사정이 같습니다. 우리가 집중할 것은 어떻게 하면 원하는 목표에 닿을 가능성을 최고로 높일 수 있느냐입니다. 수능 고득점으로 정시 공략을 목표로 한다고 해도 모두에게 주어지는 기회인 학생부 종합 전형과 교과 전형도 놓치지 말아야 합니다.

그렇다면 열쇠는 적극적인 학교생활입니다.

수업 태도는 기본 중 기본입니다. 내신 성적과 수행평가 점수는 수업을 얼마나 열심히 들었고, 선생님의 지시와 가르침을 얼마나 이해했느냐로 결정됩니다. 그 중요한 과정이 시작되는 지점이 다름 아닌 교과서임을 기억해야 합니다. 적어도, 아이가 중학생이 되었을 때 수업 중의 교과서 내용이 바로 이해될 정도로 문해력을 키워주는 게 초등학생을 둔 부모가 해줘야 할 가장 중요한 일입니다.

어휘를 쌓아가는 시기

문해력과 더불어 입시 결과에 상당한 영향을 미치는 '어휘력'에 관한 이야기를 빼놓을 수 없겠죠. 평생의 어휘력 중 상당히 많은 부분을 차지하는 게 초등 시기에 쌓은 어휘력이기 때문입니다. 모국어 실력은 표현력과 사고력의 전제 조건이며 언어 학습의 기본입니다. 모국어의 어휘력은 영어에도 영향을 미치는데요, 영어 공부를 아무리 해도 성적이 나오지 않는다면 국어를 돌아봐야 합니다. 외국어 실력의 기본은 모국어 실력이며, 모국어 실력이 전제되지 않은 상태에서는 외국어 실력을 장담하기 어렵습니다.

대한민국 아이들은 모두 영어를 공부합니다. 더 정확히 말하면 거의 모든 아이가 영어 학원에 다닙니다. 엄청난 분량의 단어를 외우고 문법 구문을 연습하고 빽빽한 독해 문제집을 죽죽 풀어냅니다. 열심히 합니다. 하지만 아쉽게도 안 하는 아이는 없는데 못하는 아이가 많습니다. 안 해서 못하면 억울할 게 없습니다. 문제는 열심히 하는데 결과가 나오지 않는 안타까운 아이들입니다. 이런 애석한 일을 막아야 합니다.

아래는 2022학년도 수능 영어 영역에서 오답률이 매우 높았던 3점짜리 34번 지문입니다. 빈칸에 넣을 알맞은 항목을 골라보세요.

Precision and determinacy are a necessary requirement for all meaningful scientific debate, and progress in the sciences is, to a large extent, the ongoing process of achieving ever greater precision. But historical representation puts a premium on a proliferation of representations, hence not on the refinement of one representation but on the production of an ever more varied set of representations. Historical insight is not a matter of a continuous "narrowing down" of previous options, not of an approximation of the truth, but, on the contrary, is an "explosion" of possible points of view. It therefore aims at the unmasking of previous illusions of determinacy and precision by the production of new and alternative representations, rather than at achieving truth by a careful analysis of what was right and wrong in those previous representations. And from this perspective, the development of historical insight may indeed be regarded by the outsider as a process of creating ever more confusion, a continuous questioning of _____, rather than, as in the sciences, an ever greater approximation to the truth. [3점]

* proliferation: 증식

① criteria for evaluating historical representations

② certainty and precision seemingly achieved already

③ possibilities of alternative interpretations of an event

④ coexistence of multiple viewpoints in historical writing

⑤ correctness and reliability of historical evidence collected

---

어떠세요? 얼핏 보고는 '영어 단어를 더욱 열심히 외우게 해야겠네'라고 생각하셨을지 모르겠습니다. 혹은 '영어 독해 문제집을 더 많이 풀려야겠다'라고 생각하셨을 수도 있고요. 그런데 아래 한글 번역을 확인하면 생각이 달라질 겁니다. 앞에서 본 지문과 문제 항목을 번역해보았습니다.

정확성과 확정성은 모든 의미 있는 과학 토론에서 필수 요건이며, 과학의 발전은 대부분 정확성에 더 가깝게 다가가기 위한 지속적인 과정이다. 반면 역사적 진술은 진술을 확산하는 데 더 가치를 둔다. 그래서 한 가지 진술을 정교화하는 것보다 훨씬 더 다양한 진술을 넓히는 것에 중점을 둔다. 역사적 통찰은 진실에 가깝게 다가가는 것, 즉 이전의 선택지들을 계속 "좁혀나가는" 게 아니라 가능하면 더 "확산시키는" 데 가치를 둔다. 그러므로 그것은 이전의 진술에서 무엇이 옳고 그른지 주의 깊게 분석하여 진실에 도달하도록 이끌기보다 새롭고 대안적인 진술을 만들어내면서 확정성과

정확성에 대한 과거의 환상을 벗기는 것을 목표로 한다. 이러한 관점에서 보자면, 외부인에게는 역사적 통찰의 발전이 과학처럼 진실에 가깝게 다가가는 과정이라기보다 _____에 대한 끊임없는 질문과 혼란을 일으키는 과정으로 간주될 수 있다.

① 역사적 진술을 평가하는 기준
② 이미 달성된 것으로 보이는 확정성과 정확성
③ 사건에 대한 대안적 해석의 가능성
④ 역사적 저술에 담긴 다양한 관점의 공존
⑤ 수집된 역사적 증거의 정확성과 신뢰성

이게 도대체 무슨 의미인지 이해되지 않는 분들이 많을 겁니다. 평범한 어른에게도 어렵게 느껴지는 내용입니다. 한글인데 이해가 안되는 거죠. 이걸 영어로 읽고 이해하여 문제 풀이까지 성공하려면 국어의 어휘력과 문해력이 뒷받침되어야 합니다.

번역문에서 유심히 보아야 할 어휘가 몇 가지 있습니다. '증식', '확정성', '확산', '대안적인', '통찰' 같은 어휘입니다. 쉽게 풀어서 설명하면 뜻이 미묘하게 어긋나는 한자어라 그 자체로 뜻을 이해해야 하는 용어입니다. 실제로 중·고등학교 교실에서 이 국어 어휘를 정확하게 이해하는 상태에서 영어 지문을 해석하고 이해하는 아이들이 정말 드뭅니다.

학년과 수준이 올라가면서 국어 어휘력이 동반 상승하지 않으면 영어는 물론이고 전 과목에서 요구하는 어휘와 어법 또한 이해하기 어렵습니다. 한국어로 바꾸어도 설명할 수 없는 영어 단어를 매일 100개씩 외우면서 영어 실력이 향상되기를 막연하게 기대한다는 건 말이 되지 않습니다. 너무나 많은 초등 아이들이 '증식'이라는 국어 어휘의 정확한 의미를 모르면서 'proliferation'의 스펠링을 달달 외우고 있습니다. 이렇게 공부하니까 열심히는 하는데 결과가 따르지 않는 겁니다.

초등 시기에 책을 통해 최대한 다양하고 풍부하게 건진 국어 어휘에서 시작하여 중·고등학교에서 영역별 전문 용어, 고사성어, 문학 용어, 고어, 시어 등의 어휘를 더하는 것이 국어 어휘력의 로드맵입니다. 그렇기 때문에 초등 시기에 독서를 통해 어휘를 되도록 많이 건져놓을수록 이후의 어휘력에 유리한 건 당연한 이치입니다.

어휘만으로 해결될 문제는 아니기도 합니다. 눈치채셨겠지만 해당 어휘의 한글과 영어의 의미를 완벽히 안다고 해도 이 지문을 제대로 이해한다는 보장이 없습니다. 단순한 번역에서 나아가 문장을 읽고 추론해서 판단할 수 있는 문해력이 뒷받침되어야 하기 때문입니다.

읽는 중학생

초등 독서의 목표는 매우 분명합니다. '읽는 중학생'입니다. 초등학생 때는 책과 가까운 친구로 지내다가, 중학생이 되어서도 학원 시간을 쪼개어 책 읽기를 지속해야 합니다. 고등학생이 되면 그간 읽은 책들 덕분에 공부량과 사교육비에 비해 괜찮은 성적을 얻게 되고 마침내 '읽는 어른'으로 살아갑니다. 성인이 되었을 때의 삶이 달라지는 결정적인 경험이 '읽는 중학생'이며, 이것이 초등 독서의 선명한 목표였으면 합니다.

05

그럼, 학원 숙제는 어떡하죠?

독서 교육 관련 책을 읽고 강의를 듣다보면 자괴감에 빠질 때가 있는데 현실과의 괴리 때문입니다. 현실이 호락호락하지 않습니다. 도대체 어느 틈을 빼서 책을 읽혀야 할지 마음만 무겁다가 결국 독서를 포기하는 부모가 대다수입니다. 학원 숙제로 지친 아이에게 책을 권할 배짱이 없습니다.

독서의 중요성을 강조하는 콘텐츠는 너무 많지만, 현실적으로 독서 시간을 확보할 수 있는 방법은 일러주지 않습니다. 독서가 중요하긴 한데, 독서만큼 중요해 보이는 학원 수업과 어떻게 균형을 맞춰 갈지에 관해서는 알려주지 않아 답답했을 겁니다. 초등 아이에게 학원보다 독서가 우선순위인 이유를 알려주지 않고 독서만 강조해서는 아이들의 일상이 달라지지 않습니다. 그래서 이번 장에서는 학원과 독서의 균형 잡기에 관한 솔직한 마음을 털어놓겠습니다.

먼저, 초등 아이들의 현실을 살펴봐야겠죠. 요즘 초등 독서의 적은 스마트폰이기도 하지만 더 막강한 적은 학원입니다. 스마트폰과 유튜브의 유혹을 이기고 곧잘 읽어오던 아이들도 늘어나는 학원 숙제 앞에서는 결국 항복하며 독서를 중단하는 게 보통입니다. 점점 더 많은 초등 아이들이 약속이라도 한 듯 학원으로 내몰리고 있습니다.

아이의 의지로 등록한 수업이라면 '학원에 다닌다'라고 하고요, 부모의 기대와 욕심과 열성에 못 이겨 아이가 가방 메고 학원 차에 오른다면 '학원으로 내몰린다'라는 표현이 맞습니다.

이렇게 학원으로 내몰리는 아이들의 학년이 갈수록 낮아지고, 수업의 종류는 다양해지고, 한 아이가 감당해야 할 수업의 개수는 늘고 있습니다. 학원만으로 불안해 과외 수업과 온라인 수업까지 속속 추가되고 있습니다. 좋습니다, 자본주의 사회에서 내 돈을 내 자식 교육에 쏟겠다는데 뭐가 문제겠습니까. 하지만 그 전에 반드시 짚어야 할 게 있습니다. '학원이란 무엇인가'를 진지하게 고민해봐야 합니다.

학원이란 무엇인가?

학원은 재능 기부도 봉사 활동도 아닌 사업의 한 업종입니다. 사업의 본질은 고객의 요구에 맞추어 그들의 지속적인 결제를 유도하는 것입니다. 학원이 고객인 학부모의 요구에 적절히 부응하는 건 당연한 이치고, 우리가 학원에 기대하는 것도 그것입니다. 그래서 대한민국의 학원은 학부모에게 정신없이 시달리고 있습니다. 아이가 힘든 건 괜찮으니까 더 빠르게 진도를 빼달라, 숙제를 더 많이 내달라, 혼내도 되니까 더 많이 시켜달라, 평가를 더 자주 봐달라는 학부모의 요구에 성실하게 부응하고 있습니다. (저도 이런 요구를 해본 엄마입니다.)

학원은 나쁘지 않습니다. 제 아이들도 학원에 다니고 있습니다. 가장 안타까운 건 학원을 제대로 활용하지 못하고 끌려다니는 학부모입니다. 내 아이가 친구들에 비해 조금이라도 뒤처질까 싶어 전전긍긍하는 학부모들의 욕망이 빚은 결과는 교실 속 멍한 눈빛의 초등학생들입니다.

안 하진 않는데 잘하지도 못하는 아이들이 되었습니다. 하루 종일 책상에 앉아 수업을 듣는데도 실력은 제자리인, 이미 공부가 지긋지긋해져 버려 의욕도 의지도 없는 안타까운 아이들 말입니다. (내 아이의 요즘 눈빛을 떠올려볼 시간을 잠시 드리고 싶습니다.) 그래서 생각하지 못하는, 생각하기 싫어하는, 생각할 필요가 없는 초등 아이들이 빠르게 늘고 있습니다. 생각하는 힘을 기를 기회를 빼앗긴 채 더 빠른 속도로 문제 푸는 법과 이해 안되는 문제의 정답을 정확하게 찾는 요령을 능숙하게 익히고 있습니다.

이 아이가 초등 시기에 기르지 못한 '생각하는 힘'은 누가 어떻게 길러줄 수 있을까요? 스스로 생각해볼 기회를 얻어 생각하는 근육을 탄탄하게 만들어갈 수 있었던 아이들이 학원의 주입식 수업과 어처구니없을 만큼 과도한 분량의 숙제를 해내느라 점점 더 '생각'이라는 노력을 꺼리고 있습니다.

학원에서 훈련한 정답 맞히는 요령은 진짜 실력이 되기 어렵습니다. 예상했던 지문이 변형돼 까다롭게 출제되거나 평소 읽던 지문보다 조금 더 길어지거나, 경제·정치·법률 등 전문 영역의 어휘가 너무 많이 등장해 난이도가 올라가는 변수는 언제든 생길 수 있습니다. 수시로 급변하는 입시 제도와 시험 유형을 일일이 대비하고 사교육으로 해결하는 데에는 한계가 올 수밖에 없습니다.

아이의 성적은 결국 누가 보장하는가?

진짜 이런 이야기까지는 안 쓰려고 했는데 너무 답답해서 결국 씁니다. 주변 엄마들이 좋다고 입을 모으는 비싸고 새롭고 수준 높은 수업에 관한 정보를 들어본 적이 있을 겁니다. 혹은 딱 한 자리 비었다는 그룹 수업에 들어오라는 제안을 받아본 적도 있을 겁니다. 솔깃하지요. 당장 입금하고 싶어질 겁니다. 저도 그래봤던 엄마이기에 어떤 상황이고 심정인지 짐작하고도 남습니다.

그런데요, 그 수업을 받기만 하면 아이의 기본기와 흥미와 수준과 상관없이 무조건 실력이 오르는 거 맞습니까? 확실한가요? 도대체 어떤 믿음과 확신으로 관심 없는 아이를 그렇게들 끌고 다니는지 묻고 싶습니다. 그 수업이 실력을 보장해주기를 저도 진심으로 바랍니다만 수업은 그런 게 아니에요. 그렇게 학원 수업만으로 해결될 것 같으면 우리나라에 공부 못하는 아이는 없어야 합니다. 학원에 보내는 것으로 성적이 깔끔하게 해결될 것 같으면 자식 걱정하는 부모도 없어야 합니다. 제때 입금만 하면 되는 일인데 말입니다.

서글프게도 현실은 결코 그렇지 않습니다. 초등학생 때부터 놀 시간 줄여가며 영어 학원에 다닌 아이라면 최소한 절대 평가인 수능 영어 영역에서만이라도 1등급(100점 만점 기준, 90점 이상)을 받아야 하는데, 2022학년도 대학 수능 시험 결과를 보면 영어 영역 1등급 비율이 6.25%였습니다.

아래 통계는 2020년 대한민국 초·중·고등학교 학생 1인당 월평균 사교육비 현황입니다. 학원에 다니는 아이들만이 아니라 사교육비를 전체 학생 수로 나눈 값이라는 걸 감안하면 실로 엄청난 금액입니다. 모두가 당연하다는 듯 이렇게 많은 학원 수업을 받고 있지만 결과는 모두 같지 않습니다. 학원은 해결책이 될 수 없다는 강력한 증거입니다.

초·중·고 학생 1인당 월평균 사교육비
(단위: 만 원, 출처: 통계청 〈초·중·고 사교육비 조사〉 2020년)

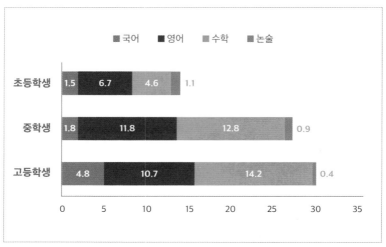

주변에 고등학생 자녀를 둔 부모님이 있다면 학원으로 해결되지 않는 성적의 실체에 관해 진지하게 질문을 드려보았으면 합니다. 그러면 학원을 보내지 않았거나 공부를 시키지 않아서 지금 아이가 고생하고 있는 게 아님을 알게 될 겁니다.

보낼 만큼 보냈으면 실력을 보장해줘야 하는데 왜 결국 남은 건 열등감에 사로잡힌 학원 출신 고등학생일까요? 아이의 성적을 결정하는 건, 더 많이 시킨다는 학원에 얼마나 일찍부터 쉬지 않고 다녔느냐가 아니라는 점을 알아챘으면 합니다. 학원이라는 곳에 10년 넘도록 꼬박꼬박 돈 내고 숙제하며 다녔으면 최소한의 결과가 보장되어야 할 텐데 그 어떤 학원도 보장해주지 않습니다.

아이의 시간과 체력은 무한한가?

초등 아이가 원해서, 경제적인 여유가 있어서, 마침 좋은 수업 기회가 있어서 등을 이유로 시작하는 학원 수업이 대부분일 겁니다. 초등 아이가 받는 사교육의 종류와 총 비용이 부모의 정보력과 경제력과 관심과 부지런함을 과시하는 수단이 되어가고 있습니다. 돈이 없어서 못 시키는 일은 있어도 돈이 있는데 안 시키는 부모가 줄어들고 있습니다. '있으면 시키자'라는 게 주요 흐름이며, '없어도 일단 시키자'라는 분도 많습니다.

하지만 기억하세요. 아이의 시간과 체력은 무한하지 않습니다. 호기심과 질문으로 반짝이던 아이의 눈빛이 흐려지면서 피곤하고 졸리고 힘들다는 말을 입에 달고 사는 무기력한 중학생이 되는 건 순식간입니다. 중학생이 되었기 때문에 반항하거나 무기력해지는 게 아니에요.

초등 아이가 하루 중 그 어느 짧은 시간에도 자유로운 틈이 허락되지 않아 숨이 차는데 어떻게 의욕이라는 게 생길 수 있겠어요. 빡빡한 하루를 보내다가 아주 조금 틈만 나면 쉬고 싶고 쌓인 스트레스를 풀고 싶은데, 어떻게 책이 눈에 들어오고 더 알고 싶은 게 생기겠어요. 그런 하루가 반복되면서 아이는 차츰 시들어갑니다. 시든 아이가 불쌍해서 드리는 말이 아니에요. 공부하다 보면 시들 때도 있고 필 때도 있습니다. 제가 염려하는 건 너무 어릴 때 시들어버린 아이가 남은 레이스 동안 낼 수 있는 힘에는 한계가 명백하다는 점입니다.

아이의 시간과 체력과 의욕은 소모품입니다. 결과로 증명해야 하는 고등학생이 되어 최선을 다해도 결과에는 한계가 존재하는 이유입니다. 초등학생 때 많이 써도 고등학생이 되어 팡팡 다시 생긴다면 아낌없이 써버려도 되겠지만요, 그런 게 아니라는 의미입니다. 소모품을 오랫동안 쓰려면 계획이 필요합니다.

100이라는 전체 중에서 초등 시기에 어느 정도 쓸지는 철저하게 부모가 선택합니다. 이 아이의 시간과 체력과 의욕을 아껴줄 수 있는 사람은 오직 부모뿐입니다. 학원은 아이의 시간과 체력과 의욕에 관심이 없습니다. 이 아이가 이 학원에서 시간과 체력과 의욕을 모두 소진해도 좋으니 다른 학원으로 갈아타지 않기를 바란다는 게 맞을 겁니다. 학원을 싸잡아 비난하려는 의도가 아닙니다. 욕심이 앞서 학원을 과용하고 남발하는 초등 학부모에게 진지하게 묻는 중입니다.

고민을 시작합시다

학원에 열심히 보내는 게 초등 아이의 성적과 성장을 위한 최선이 아니라는 사실을 인지했다면 진지한 고민을 시작해야 합니다. 생활비를 쪼개어 학원에 등록시켜 주는 것이 아이를 위해 많은 것을 희생하며 최선을 다하는 거라는 착각은 멈춰야 합니다. 학원에 보내지 말라는 말이 아니라, 확신 없이 보내지 말라는 겁니다. 확신은 없지만 일단 어디든 보내놓고 보자는 마음, 학원이라도 보내야 덜 불안할 것 같은 마음, 집에서 빈둥거리는 꼴은 못 보겠다는 마음, 다른 집 애들이 공부 잘하는 건 못 참겠다는 마음은 아니었는지 점검해야 합니다.

학원은 언제든 학생과 학부모를 환영합니다. 시험 결과가 어떻게 나와도 이 아이에게는 이 수업이 지금 당장 필요하다고 상담하는 경우가 대다수이며 듣는 부모는 당장 보내고 싶어집니다. 잘못된 건 없습니다. 학원에 다니면 안 다니는 것보다 공부를 더 많이 하게 되는 건 사실이니까요. 핵심은 학원이라는 사교육의 교육과정 안으로 '언제, 어떻게, 무엇을 위해 전략적으로 들어갈 것이냐'입니다.

내 아이가 학원을 이용할 최적 시기는 과목별로 각각 언제인지, 최적이라 판단한 그 시기는 정말 최적인지, 지금 아니면 정말 더 이상 기회가 없을지 고민하고 신중하게 시작해도 늦지 않습니다. 아이가 학교 수업도 제대로 소화하지 못하고, 수업이라면 뭐든 일단 흘려들고 보는 데 익숙해지고 나면 그 어떤 좋은 수업도 소용없기 때문입니다. 아이를 그렇게 만들고 싶은 게 아니라면 신중하게 시작하고, 언제든 중단할 수 있다는 마음으로 학원을 고려하세요.

제 아이들의 서울대 합격증으로 증명한 다음에 얘기하라는 댓글도 많이 받아봤지만 저는 당당하게 말할 수 있습니다. 학원 수업에 지쳐 무기력해진 눈빛을 보내는 반 아이들을 보면서, 저렇게 만들지는 말아야겠다고 결심했고 차근차근 도와가는 중입니다. 이 길 위에서 제가 비록 서울대 합격증은 못 내어놓게 되더라도 할 말은 좀 해야겠습니다.

06

그래서 어떻게 읽게 할까?

열심히 읽혀보기로 다짐했고, 학원 시간도 조절했는데 막상 시간
을 넉넉히 주고 책을 여러 권 사줘도 아이가 책에 흥미를 보이지 않
으면 부모는 다시 한 번 절망합니다. 이전까지는 부모인 내가 독서의
중요성을 잘 몰랐고, 보내는 학원이 너무 많았고, 읽을 만한 책이 집
에 많지 않았다는 핑계가 있었습니다. 하지만 핑계가 될 만한 문제를
모두 없앴는데도 여전히 책을 읽지 않는 아이를 보면 원망이 쌓이기
시작합니다.

초등 시기 독서의 중요성이 대두되면서 우리는 이제 아이가 '왜
책을 읽어야 하는지' 충분히 알게 되었습니다. 문제는 '어떻게 읽어
야 하는지'에 관한 다정한 가이드라인이 없다는 겁니다. '안 하면 큰
일 나니까 열심히 하세요'에 그치고 있습니다. 엄청 어려운 과제인
데, 알아서 잘 해오라고 하니 부담은 쌓이고 불안은 커집니다. 독서

마저 뒤처질까 불안해진 부모는 아이의 책 읽는 모습과 시간에 집착하게 되고, 책 때문에 혼나고 감시당해본 아이는 책과 멀어지고 맙니다.

'읽는 어른'이 되기 위해 '읽는 중학생'이라는 명확한 1차 목표를 확인했다면 이제 우리는 '책을 어떻게 읽어야 하는지'에 관한 본격적인 고민을 시작해야 합니다. 초등 아이가 부지런히 읽고 있음에도 자기만의 적절한 시기와 속도를 찾지 못해 고학년이 되면 약속이나 한 듯 정체기를 겪고, 읽는 중학생으로 살아본 적 없이 끝내 인생에서 책을 놓아버리는 현실을 바꿀 수 있도록 부지런히 움직여야 합니다.

아이가 책을 읽기 시작하는 시기에 부모의 바람은 소박합니다. 더듬더듬 글자를 읽어내는 아이의 모습보다 사랑스럽고 기특한 풍경이 또 있을까요. 하지만 이런 마음은 얼마 가지 않습니다. 사람의 욕심은 원래 끝이 없고, 그 누구보다 욕심 많은 존재가 부모입니다. 세상에서 가장 사랑하고 기대하는 내 아이에 관해서라면 더욱 욕심이 생길 수밖에 없습니다.

이 마음을 절실히 깨달았던 적이 있습니다. 3학년 아이들이 아침 시간에 조용히 앉아 책에 빠져 읽는 모습이 사랑스러워 한참 바라봤던 날이었습니다. 퇴근해서 집에 들어오니 초등학생인 두 아들이 거실에서 책을 읽고 있었습니다. 그 모습을 보며 저도 모르게 툭 튀어나온 말이 "맨날 그 책만 읽지 말고 다른 책 좀 골라봐"였습니다.

친부모임을 제대로 인증했습니다. 내 아이니까 욕심이 났던 겁니다. 좀 더 읽게 할 순 없을까? 더 깊게 읽을 순 없을까? 분야를 넓혀 읽어야 하는 건 아닌가? 새로운 책도 시도해야 하는 거 아니야? 꼬리를 무는 욕심과 기대들로 죄책감이 커져갔습니다.

저는 이 죄책감에 관해 묻고 싶습니다. 아이의 독서 단계를 높이고 싶은 부모의 바람과 욕심은 나쁜 걸까요? 이런 바람은 아이에게 해가 되는 걸까요?

저는 그렇게 생각하지 않습니다. 욕심을 가장한 이 마음의 본질은 '관심'입니다. 아이가 요즘 어떤 책을 읽고 있는지, 어떤 책을 좋아하는지, 이 책 다음에는 어떤 책이 필요할지에 관한 관심입니다. 아직 세상에 얼마나 다양한 책이 있는지를 모르고, 아직 얼마나 더 재미있는 책이 가득한지 모르고, 언제 어떤 책을 읽어야 하는지 모르는 아이에게 그 세상을 알려주어 '읽는 어른'이 되게 하는 일은 부모의 관심 없이는 불가능한 일입니다.

그렇다면 도대체 아이의 독서에 관한 관심을 어떻게 표현해야 하는 걸까요? 오랜 시간 고민한 끝에 초등 5단계 독서법을 정리했습니다. 제가 제안드리는 이 독서법이 명쾌한 안내가 되어줄 것입니다.

초등 독서는 5단계 과정을 통해 완성됩니다. 부모 무릎 위에서 그림만 보던 아이가 혼자 읽을 수 있게 되고, 점점 더 어려운 책을 읽고, 더욱 다양한 분야의 책을 읽고, 생각하면서 읽고, 필요한 내용을 찾아 읽는 각 단계를 하나씩 꾹꾹 밟으며 결국 최종 목표인 '즐기며 읽는 경험'을 하기에 이릅니다.

몇 년이 걸리더라도 이 5단계를 차근히 밟아 오른 아이들이 '읽는 중학생'이 되고, 탄탄한 문해력과 사고력을 바탕으로 학습량에 비해 점수 잘 나오는 고등학생으로 성장하고, 몇 안 되는 '읽는 어른'으로 살아갑니다.

초등 5단계 독서법

단계	핵심	시기	생각해볼 점
1	읽어주기	영·유아 / 미취학 / 초등 저학년	어떻게 해야 꾸준히 즐겁게 읽어줄 수 있을까?
2	읽기 독립	미취학 / 초등 저·중학년	어떻게 하면 혼자서도 책을 읽을 수 있을까?
3	글밥 늘리기	초등 중·고학년	어떻게 하면 책의 수준과 글밥을 올릴 수 있을까?
4	넓게 읽기	초등 중·고학년	어떻게 하면 보다 다양한 분야로 넓힐 수 있을까?
5	생각하며 읽기	초등 고학년	어떻게 하면 깊이 생각하며 읽게 할 수 있을까?
6	읽는 중학생	중학교 전 학년	어떻게 하면 중학생이 되어도 계속 읽게 할 수 있을까?
7	읽는 어른	성인	어떻게 하면 책 읽는 어른으로 살아갈 수 있을까?

현재 전국의 초등 교실 속 아이 중 두세 명 정도의 아이들만이 이 단계를 경험하고 있습니다. 6학년 교실 속 대다수 아이가 책을 읽으라고 시간을 주면 책 내용에 집중하기 어려워 몸을 비틀고 여기저기를 기웃거립니다. 성적을 위한 강제 독서, 학원 숙제가 되어버린 과제 독서에 질린 아이들이 당연하다는 듯 서서히 책과의 인연을 정리하고 있습니다. 이렇게 정리되어도 상관없는 인연이라면 좋을 텐데

그렇지 않습니다. 중·고등학생 자녀를 둔 수많은 학부모가 "내 아이는 책의 맛을 모르고 중·고등학생이 되어버렸다"라는 안타까운 고백을 합니다. 이제 와서 다시 책을 잡게 하기엔 너무 늦었다는 씁쓸한 마음을 털어놓습니다.

이어질 장에서 각 단계의 특징과 단계별 지도 방법을 상세하게 알려드리려고 합니다. 여기서 제 목적은 명확합니다. 3~4단계에서 약속이나 한 듯 시들해지고 마는 수많은 초등 교실 속 아이들이 기어이 6단계에 이르도록 돕는 것입니다. 초등 아이의 독서 코치가 되어줄 초등 선생님과 부모님들께 이 과정을 한 단계씩 상세히 소개하고 안내하여 초등 교실 안에 즐기며 읽는 아이의 숫자를 늘리고 싶습니다. 교사와 부모 어느 한쪽만으로는 불가능합니다. 힘을 모아주세요.

내 아이는 지금 어디?

독서의 성장 단계는 키 크는 과정과 유사합니다. 목표 신장이 170cm라고 가정해볼게요. 잘 먹고 잘 자는 아이라면 초등 시기 내내 쑥쑥 자랍니다. 초등학교에 입학할 때는 120cm 남짓하던 아이가 6학년이 되고 졸업할 때가 되면 엄마 키와 비슷해집니다. 물론 그 속도가 저학년 때부터 눈에 띄게 빠른 아이도 있고, 고학년이 되었는데도 영 더딘 아이도 있습니다. 잘 크던 아이였지만 한동안 정체되기도 하고, 어떨 때는 하룻밤 사이에 쑥 자란 것처럼 느껴집니다. 성조숙증이 오는 바람에 성장이 일찍 멈춰버린 아이도 있고, 군대 가서까지 크는 아이도 있습니다. 자라긴 자라지만 해마다 규칙적인 속도로 차곡차곡 자라는 건 아니라는 점, 유전과 환경적인 요인이 복합적으로 작용하여 최종 신장에 영향을 미친다는 점에 주목해야 합니다.

독서의 단계가 아이의 학년과 전혀 무관하다고 할 수는 없지만 이 모든 단계가 수학과 영어처럼 학년에 근거하여 차곡차곡 밟아가야 하는 건 아니라는 점에서 키 크는 모습과 비슷합니다. 모든 아이가 일제히 1학년에 시작하여 6학년에 마쳐야 하는 것도 아닙니다. 한 단계마다 정확히 1년씩 할애하여 계단처럼 규칙적으로 성장해야 하는 것도 아닙니다. 5단계 전체 과정을 초등 시기에 경험하게 하는 것이 최종 목표이긴 하지만, 늦게 크는 아이가 있고 군대에 가서까지 크는 사람이 있듯 초등에서 전 단계를 경험하지 못했다면 중·고등 시기까지 이어가 결국 6단계에 닿도록 살피는 일도 중요합니다.

초등 독서는 학년에 맞추어 성장하지 않으며 그럴 필요도 없습니다. 같은 교실에 나란히 앉아 같은 시간 동안 얼핏 비슷한 모습으로 읽는 아이들이라 해도 읽고 있는 책의 종류와 읽는 시간 동안 각자의 뇌에서 일어나는 사고의 깊이는 저마다 다릅니다. 이제까지 어떤 책을 얼마나 어떻게 읽어왔느냐에 따라 지금 아이가 읽는 책과 생각의 깊이가 결정됩니다. 그렇기 때문에 한 교실 속 아이들임에도 독서 단계는 제각각입니다.

제시한 초등 독서의 과정이 '학년별 독서'가 아닌 '단계별 독서'인 점에 주목해야 합니다. 각 학년에서 읽어야 할 책이 정해져 있는 게 아니라 학년과 상관없이 단계를 경험해야 합니다. 어떤 단계는 두 달 만에 끝나고, 어떤 단계에서는 2년이 넘도록 머무를 수 있습니다.

중요한 건 지금 내 아이가 5단계 중 어느 단계에 머물고 있는지 정확하게 파악하는 것과 앞으로 남은 단계를 언제쯤, 어느 정도의 속도로 진행할 것이냐입니다.

그래서 3학년 교실 안에 1단계인 아이도 있고 5단계인 아이도 있습니다. 아이마다 로드맵이 다 다릅니다. 일부 사교육 프로그램에서는 어떤 아이든 기존 로드맵의 적당한 레벨에 끼워 넣을 수 있고, 다음 단계로 끌어올리는 게 가능하다고 말하지만 그들도 모르지 않습니다. 그게 초등 아이 독서에서 최선이 아니라는 걸요.

6학년 아이가 이제 3단계라면 조급한 마음이 들겠지만 일단 계단을 밟았다면 한 계단씩 오르는 건 시간문제입니다. '지금 몇 단계인가'보다 중요한 건 '이 단계 중 어느 곳에 서있는가'이고, 이후로 멈추지 않고 '차근차근 한 단계씩 단계를 밟아나가고 있는가'입니다. 오히려 미취학 시기부터 책을 너무 많이 읽혀 책에 질려버린 아이들도 많습니다. 3단계까지 수월하게 가다가 4단계로 나아가지 못하는 아이들이 있고요, 4단계까지 잘 왔지만 결국 5단계에 닿지 못한 아이들도 정말 많습니다. 느리다고 멈췄다고 실망하거나 포기할 게 아니라 다음 단계로 나아갈 수 있도록 손을 잡아주면 됩니다. 아이들은 또 그렇게 나아갑니다. 그렇게 부모의 응원에 힘입어 책을 의지 삼아 성장해나갈 겁니다.

3단계까지는 대다수 아이가 비슷한 과정을 겪습니다. 단계를 밟아가다 보면 위아래 단계가 동시에 진행되거나 바뀌기도 하는데요, 괜찮습니다. 특히 3단계 이후에 4단계와 5단계가 동시에 진행되거나 한참 정체되거나 순서가 바뀌는 일이 가장 흔합니다. 글밥과 수준을 확 올려놓고 영역을 넓히는 아이가 있고요, 영역을 넓혀놓은 상태에서 글밥과 수준을 올리는 아이도 있다는 의미입니다. 어느 쪽이든 상관이 없습니다. 큰 틀이 달라지지는 않습니다. 쉽게 표현하자면 이런 식입니다.

1 혼자 읽지 못하던 아이가 혼자 읽기 시작하면서 글밥을 늘려갑니다.
(1단계 → 2단계 → 3단계)

2 경우 ①: 글밥을 어느 정도 늘린 후 영역을 확장하고 나서야 난이도를 올려 정독을 시도하는 아이(3단계 → 4단계 → 5단계)
경우 ②: 평소 읽던 분야의 책에서 글밥과 난이도를 올리거나 고전에 관심을 보이며 정독을 시도하는 아이(3단계 → 5단계 → 4단계)

3 글밥, 수준, 영역이 확장되는 3, 4, 5단계 과정이 반복되고 정체되는 다단한 과정을 겪으며 결국 6단계 '읽는 중학생'이 됩니다. 그 과정에서 책의 진짜 재미와 유익을 깨달아 독서의 모든 기술과 습관을 자발적으로 지속합니다.

부모가 해야 할 중요한 일

로드맵을 봤으니 내 아이만의 독서 코치 역할을 시작해보려 합니다. 아이가 둘이면 선수 둘을 동시에 따로 관리하는 코치입니다. 두 아이는 절대로 같은 코칭이 먹히지 않습니다. 만만치 않은 여정이겠지만 기준을 세워놓고 그 기준에 따라 반응하고 제안하고 이끌다 보면 언젠가 1차 목표인 5단계 '생각하며 읽기'에 닿을 수 있을 겁니다.

그런데 이러한 목표에 상대적으로 빠르고 쉽게 닿고 결국 최종 목표인 6단계 '읽는 중학생'에 도달하는 아이들이 있습니다. 이 아이들의 공통점은 한 가지입니다. 책이 재미있다고 느낍니다. 결국 독서는 재미있어야 성공합니다. 재미가 없어도 꾸역꾸역 읽은 아이들도 3·4단계까지는 가능하지만 대부분 거기에서 멈춰버립니다. 4단계 이후를 결정하는 건 결국 '재미'입니다.

재미가 있어야 읽어주면 잠자코 듣고, 재미가 있어야 혼자서도 읽고, 재미가 있어야 더 어려워도 읽고, 재미가 있어야 다른 분야도 궁금해지고, 재미가 있어야 어려워도 생각해보고, 재미가 있어야 찾아서 읽고, 재미가 있어야 독서가 일상이 됩니다. 재미가 있어야 단계 올리기가 가능하고, 단계를 올려야 문해력과 사고력이 깊어져 성적에 한 푼이라도 보탬이 됩니다. 책이 재미있다고 느껴야 공부를 잘하게 되는 신기한 원리입니다.

아이의 독서 코치 역할을 하다 보면 뭔가 답답하고, 고민되고, 헷갈리고, 불편하고, 짜증나는 순간이 종종 닥치는데, 그때 딱 한 가지 기준만 떠올리세요. 초등 아이에게 '재미있는 것'보다 더 좋은 건 없습니다. 안 시켜도 아이가 게임 시간을 스스로 챙기는 이유는 재미있기 때문입니다. 어떻게든 공부를 피하려고 하는 건 재미가 없기 때문입니다. 책이 재미있다고 느껴지는 곳까지 가면 읽으라고 시킬 필요가 없어집니다. 시키지 않아도 읽는 아이가 되면 그 영역과 깊이는 말할 수 없이 달라집니다.

그래서 부모인 우리는 다음 질문에 대한 답을 찾기 위해 노력해야 합니다.

"어떤 반응을 보여야 아이가 책이 재미있다고 느낄까?"

"둘 중 어느 것으로 결정해야 아이가 책이 재미있다고 느낄까?"

"어떤 책을 권해야 아이가 책이 재미있다고 느낄까?"

제가 여러분께 답을 드릴 수 없습니다. 아이마다 재미있다고 느끼는 포인트가 모두 다르기 때문입니다. 하지만 여러분이 제 두 아이에 대해 위의 질문을 던진다면 저는 바로 자세하게 답할 수 있습니다. 내 아이가 어떨 때 재미있다고 반응하는지를 기억하여 그 반응을 다시 유도하기 위한 노력이 독서 개인 코치를 자처한 부모의 역할입니다.

그래서 초등 아이는 얼마나 읽어야 할까요?

초등학생이라고 책 읽을 시간이 넘치는 건 아닙니다. 초등 아이를 키우고 있다면 잘 아실 겁니다. 겨우 3학년밖에 안 된 아이의 하루가 왜 이렇게도 짧은지, 할 일은 또 왜 이렇게 많은지 발을 동동 굴러도 매일 못 한 공부투성이입니다. 1학년 때는 곧잘 읽던 아이가 3학년이 되더니 숙제가 많아 책 읽을 시간이 없다고 하소연하는 걸 자주 봅니다. 하루 한 시간 여유가 생겼을 때 영어 단어를 외우게 하는 게 맞는지, 책을 읽게 하는 게 맞는지 초등 아이를 둔 부모는 진심으로 헷갈립니다.

그래서 딱 정해드립니다. 초등 저학년이라면 매일 1시간 이상, 초등 고학년과 중학생이라면 주말에 2시간 이상을 독서로 이어가세요. 그래야 독서를 통한 사고력 향상을 기대할 수 있고, 진심으로 책이 편해지고 좋아지고 읽고 싶어집니다.

참고로 제 아이들은 초등 저학년 때 매일 2시간 이상, 중학생인 요즘은 평일 30분 혹은 주말 서너 시간 이상을 독서로 이어가고 있습니다. 저요, 좋다는 건 다 시키는 교육열 대단한 엄마입니다. 제가 왜 다른 공부 시간을 줄이고 게임 시간을 제한하면서 책을 읽도록 하는지 곰곰이 생각해주세요. 지금이 아니면 못 읽습니다. 책보다 중요한 게 별로 없는 시기가 바로 초등 시기입니다.

중요한 건 실천입니다. 몰라서 지금껏 실천하지 못한 건 아닐 겁니다. 이미 너무 잘 알고 있었을 겁니다. 그런데 아는 걸 실천에 옮기는 사람은 너무도 드뭅니다. 기회를 만난 사람 모두가 그 기회를 잡지 못하는 이유는 실천이 동반되지 않았기 때문입니다. 독서가 정말 필요하다고 판단했다면 다른 무엇보다 책 읽을 시간을 확보해주어야 합니다. 부모만이 할 수 있고, 부모가 해야 할 일입니다.

변화를 원하지 않는 사람은 운명이 있다고 믿고,
변화를 원하는 사람은 기회가 있다고 믿는다.

- 벤저민 디즈레일리

2부

어떻게 읽어야 할까?

: 초등 5단계 독서법

읽어주기

아이, 책 읽기를 시작하다

인간의 마음이란 새로운 생각을 펼치기 시작하면
절대 처음 자리로 되돌아가지 않는다.

- 올리버 웬델 홈스

읽어주기
아이, 책 읽기를 시작하다

한글 해득이 되지 않아 부모가 읽어주지 않으면 책을 볼 수 없는 영·유아, 미취학 아동, 저학년 아이가 이 단계에 해당합니다. 한글을 잘 읽지 못하는 이 시기 아이는 부모의 무릎에 앉아 부모가 읽어주는 책의 그림을 보고 내용을 들으며 생애 첫 책 읽기를 시작합니다. 부모가 읽어주는 책이 아이 독서의 전부라 해도 독서가 시작된 것은 분명합니다.
2단계 읽기 독립 이후인데도 아이가 읽어달라고 하는 건 아직 1단계라서 그런 건 아니고요, 그냥 엄마 아빠가 읽어주는 게 좋아서입니다. 계속 읽어주세요.

[점검] 부모는 책 읽어줄 준비가 되었을까?

우리 가족이 책 읽기를 시작할 준비가 되었는지 점검해볼게요. 이 단계에서 준비가 되었는지 점검해볼 대상은 엄마와 아빠입니다. 세상의 모든 독서는 부모의 무릎 위에서 시작되기 때문입니다. 그래서 부모의 준비가 매우 중요한 점검 포인트입니다. 부모가 책에 대해 어떤 감정을 느끼고 어떤 모습을 보이는지 짚어보는 것으로 1단계를 시작해보겠습니다.

1

아이에게 책을 읽어줘야 한다는 마음의 부담이 생겼다.

부담이 있다고 누구나 시작하는 건 아니지만 이런 종류의 막연한 부담이 시작되었다는 건 읽어줄 준비가 되었다는 확실한 증거입니다. 부담스럽다고 미루기보다 눈에 띄는 책부터 일단 읽어주세요.

☐

2

지금 우리 집에는 읽어줄 만한 그림책이 몇 권은 있다.

다만 몇 권이라도 집에 그림책이 있어야 그거라도 돌려가며 읽어줄 수 있겠죠. 없다면 다녀오세요. 도서관이든, 서점이든. 반찬거리가 떨어지면 마트에 다녀오듯 읽을거리가 마땅찮으면 다녀와야 합니다.

☐

3

아이에게 스마트폰을 보여주기는 하지만, 그때마다 마음이 불편하다.

어쩔 수 없는 상황에서 아이에게 스마트폰을 보여줄 수는 있습니다. 그런데 그럴 때마다 부모 마음이 불편했으면 합니다. 스마트폰이 자꾸 마음에 걸린다면 책 한 권 읽어주고 부담을 더는 편이 훨씬 이롭습니다.

☐

4

아이가 공부를 잘했으면 좋겠다는 기대가 부푸는 중이다.

그림책 읽어주기가 아이 교육에 관한 관심에서 시작되면 지속하기 쉽습니다. 이유가 분명하니까 힘들어도 계속할 수 있어요. 책 읽는 목적이 성적은 아니지만 동기가 성적일 때 효과는 좋습니다.

☐

5

아이를 재울 때 딱히 해줄 이야기가 없어서 재울 때마다 곤욕이다.

자기 싫다고 눈을 말똥거리는 아이를 눕혀놓았을 때는 책처럼 고마운 존재가 없습니다. 매일 새로운 이야기를 쉼 없이 지어내기도 힘들고, 그냥 눈 감고 자라고 하기도 미안하다면 책 한 권 읽어주고 홀가분해지세요.

☐

[핵심] 책 읽어주는 시간이 아니라 책과 함께 노는 시간

한 사람의 평생 독서는 어린 시절, 부모가 읽어주는 무릎 위의 그림책에서 시작됩니다. 이 시기에 책과 함께한 경험 덕분에 이후의 모든 단계가 차근차근 진행됩니다. 때가 되면 어느새 글자를 깨치고 혼자서도 책을 읽을 걸 잘 알면서도, 어린 아이를 품에 안고 책을 읽어주는 건 어떤 의미가 있을까요? 책을 읽어주는 동안 아이에게는 어떤 일이 벌어질까요?

아이는 그 시간을 통해 글자를 깨치기도 하고 말귀를 알아듣기도 하지만 무엇보다 부모의 사랑을 경험합니다. 부모가 읽어주는 책은 그 자체로 사랑입니다. 무뚝뚝한 성격이라 사랑 표현에 서툴다면 아이에게 책을 읽어주는 작은 행동이 사랑을 표현하는 훌륭한 도구가 될 수 있습니다. 책 속에 사랑은커녕 벌레, 자동차, 공룡, 우주만 줄줄이 나온다 해도 말이죠.

아이는 책에 담긴 그림을 보고 부모가 들려주는 소리를 들으며 '엄마는 나를 사랑해', '나는 아빠가 책을 읽어줘서 정말 재미있고 행복해'라고 느낍니다. 주는 사람이 사랑을 표현하느냐 마느냐보다 중요한 건, 받는 사람이 사랑을 '받고 있다'고 느끼는 것입니다. 부모가 책을 읽어주는 행동은 아이에게 사랑으로 받아들여집니다. 이보다 자연스럽고 편안한 사랑 표현, 글쎄요, 찾기 어려울 거라 확신합니다.

매일 일정한 시간의 가치

책을 접하기 시작한 아이에게 줄 수 있는 가장 소중하고 빛나는 유산이 있습니다. 책과 함께 보내는 매일의 일정한 시간입니다. 이 시간은 아이의 나이와 성향, 가정 환경과 상황에 따라 다르며, 어느 날은 길어지기도 하고 어느 날은 짧아지기도 합니다. 중요한 건 매일 '어느 정도'의 시간은 책과 함께 보내는 것이 당연하고 자연스럽게 느껴지는 가정 분위기입니다.

아이가 1단계에서 시작하여 5단계에 이르기까지 적어도 매일 30분, 길게는 2시간 이상을 책과 함께 보내는 시간으로 여기게 해야 합니다. 이 시간은 아이가 '책을 읽고 한글을 깨치는 시간'이 아니라 '책과 함께 노는 시간'입니다. 책에 온전히 집중하는 시간이 아니어도 괜찮습니다. 그 시간에 뭘 어떻게 하든 상관없이 책과 함께 보내는 시간이면 충분합니다.

1단계의 핵심은 책 읽는 시간을 아주 당연한 루틴으로 확보해두는 것입니다. 우리는 아무리 바빠도 하루 세끼 챙겨 먹는 시간을 아까워하거나 없애지 않습니다. 그 시간은 당연한 일상입니다. 매일 책 읽기도 끼니처럼 접근해야 합니다. 우리는 아이에게 공부를 시키는 엄마고, 이 아이는 공부하는 아이고 공부할 아이고 크게 될 놈이기 때문입니다. 아이에 대한 기대가 있다면 매 끼니와 매일 독서는 당연한 일과가 되게 해야 합니다.

물론 살다 보면 급할 땐 서서 밥을 먹어치우거나 애매한 시간 때문에 두 끼만 먹는 날도 있습니다. 저는 강연을 마치고 급하게 이동할 땐 지하철역 상가에서 김밥을 먹기도 하고 휴게소에 들러 호두과

자로 때울 때도 있는데요, 어떻게든 굶지는 않습니다. 대충 뭐라도 먹습니다. 초등 독서는 이렇게 시작하는 겁니다. '하루도 빠짐없이 세끼를 정성껏 차려 먹지 않아도 되지만, 굶지는 말자' 정도면 충분합니다.

대한민국 초등 아이들의 하루 일정을 고려하면 가장 현실적인 책 읽기 시간은 저녁 먹은 이후 시간입니다. 잠들기 1시간 전에는 공부나 영상 시청은 물론 운동 같은 격렬한 활동을 마무리하고 책과 함께 보내는 루틴을 추천합니다.

평소 9시 30분에 잠자리에 드는 아이를 기준으로 설명해볼게요. 8시 30분이 되면 가족이 거실로 모여 각자 책을 읽습니다(함께 읽기, 읽어주기, 안 읽어도 책과 함께 놀게 하기). 9시쯤에는 침대로 자리를 옮기고 부모가 아이에게 책을 읽어줍니다(잠자리 독서). 책을 다 읽어주고는 불을 끈 상태에서 오늘 읽은 책에 관해 몇 마디 이야기를 나누는 척하다가 9시 30분 전에 실신시키는 것을 목표로 합시다.

이런 계획을 세웠다면 저녁에 해야 하는 양치질, 책가방 챙겨놓기, 주방 정리 등의 몇 가지 과제를 늦어도 8시 30분까지는 마치겠다는 마음으로 부지런히 움직여야 합니다. 그래야 함께 모여 각자 읽고, 옆에 앉아 읽어주고, 침대로 가서 읽어주는 모든 과정이 부드럽고 편안할 수 있거든요. 8시 30분이 엄마들의 퇴근 시간이었으면 합니다. 그때까지는 힘든데, 그때부터는 편안하고 다정한 시간으로 디자인해보았으면 합니다.

물론 처음엔 안 됩니다. 8시 30분을 넘기기 십상일 거예요. 그래도 계속 시도하세요. 이보다 중요한 가족 문화는 없습니다. 지금 몇 학년이든 계속 시도해보세요. 그래야 목표에 닿을 수 있어요. 기본 원칙은 '가능한 만큼만'입니다. 분량과 횟수 모두 그렇습니다. 무리하지 않으면 꾸준히 지속할 수 있는데 잘해보려고 무리하다가는 멈추는 일이 빈번합니다. 안타깝습니다. 잘하지 않아도 되고, 하기만 하면 되는데 말이죠. 매일에 대한 부담도 내려놓으세요. 이틀에 한 번도 좋고, 주말에만 읽어줘도 되고, 읽어주다 졸아도 되고, 너무 힘들면 그만 읽자고 끊어도 됩니다.

이번 한 주간 그림책 읽어주기의 횟수와 분량에 따라 아이의 문해력과 국어 영역 점수가 결정되지 않습니다. 정해놓은 횟수와 분량을 못 지키면 큰일 나는 줄 알고 자책하고 조급해하던 당시 제 모습이 떠올라 제가 했던 실수는 하지 마시라고 당부합니다.

제가 내린 결론은 '너무 애쓰지 말고, 멈추지도 말자'입니다. 풀어서 설명하면 '혼자 온갖 애를 쓰다가 힘들어진 엄마가 아이를 원망하고 남편을 탓하며 온 집안을 어둡게 만들지는 말자'입니다.

언제까지 읽어줘야 할까요?

"책을 언제까지 읽어줘야 할까요?"를 묻는 부모들의 질문은 "이제 책을 그만 읽어주고 싶은데 그래도 되겠죠?"의 다른 표현인 경우가 많습니다. '이 정도면 되지 않을까?'라는 마음이 올라오면 언제까지 읽어줘야 하는지 묻기 시작하는 거죠.

간신히 한글을 떼고 더듬더듬 읽기 시작하는 아이, 그런데도 계속 책을 꺼내 들고 와 읽어달라는 아이를 보면 마음이 미묘하고 복잡해집니다. 혼자서도 척척 읽는 모습을 보며 안심하고 싶은 마음, 이제 읽어주기 지옥에서 빠져나오고 싶은 마음, 계속 이렇게 읽어주다간 영영 혼자서는 안 읽을 것 같아 불안한 마음, 혼자 읽으며 글밥과 영역을 스스로의 힘으로 차츰 (이왕이면 빠른 속도로) 확장하기를 기대하는 마음들이 뒤섞여 올라오기 때문입니다.

우리가 부모라서 그렇습니다. 잘 키우고 싶은데 잘 안되는 것만 같은 마음이 드는 건 노력하는 부모라서 그런 거예요. 잘 키울 마음이 없는, 아이 교육 따위에 관심 없는 부모는 이런 여러 가지 마음 사이에서 고민하지 않습니다. 지금 하는 아이에 관한 모든 고민은 의미 있고, 발전적이며, 긍정적인 신호입니다. 이 모든 고민과 기대와 욕심을 아이에게 들키지만 않는다면 말이죠.

부모가 계속 읽어주면 읽기 독립 시기가 점점 늦춰지고, 이것이 학습 속도와 수준에 좋지 않은 영향을 미칠 것 같아 우려될 수 있습니다. 읽기 독립이 빨라져야 공부 독립도 빨라질 것 같고, 공부 독립이 빨라져야 성적도 잘 나올 것만 같겠지만 빠르고, 빠르고, 빠른 것만이 최선인지는 짚어봐야 합니다. 부모인 나의 성장, 함께 성장한 주변인들의 모습을 잠시만 둘러봐도 정답은 명확합니다. 네 살 때 한글 뗐다고 서울대 가는 거 아니고, 유치원 때 구구단을 외웠다고 의대 가지 않더라는 겁니다. 초등 아이가 남들보다 습득 속도가 빠르다는 건 명석한 두뇌를 타고났다는 증거가 될 순 있지만, 그것이 보장해주는 건 아무것도 없습니다.

읽어주기를 계속해도 읽기 독립이 늦어지지 않을뿐더러, 읽기 독립이 늦어도 그 속도가 아이의 입시 성적에 영향을 미칠 가능성은 제로에 가깝습니다. 읽어주기를 지속하다 보면 아이가 스스로 읽고 싶다는 의지를 보이는 때가 옵니다. 읽기 독립은 아이의 속도에 맞추어 자연스럽게 일어나기 마련입니다. 읽기 독립을 위해 읽어주기를 중단할 필요가 전혀 없다는 말입니다.

정리하면, 부모가 아이에게 책을 읽어주길 권하는 시기는 초등 6년 내내입니다. 교실에서 6학년 아이들에게도 그림책을 읽어주곤 했습니다. 그때마다 아이들은 숨소리를 낮추고 집중해 듣습니다. 지금 초등 아이가 몇 학년이건 상관없이 아이가 읽어달라고 하면 읽어주세요. 지금이 읽어주기에 가장 좋은 시기가 맞습니다. 싫어하지 않는다면, 강하게 거부하지 않는다면 고학년 아이들에게도 읽어주길 권합니다. 저는 지금도 읽어주는 시간을 지속하고 있습니다.

아이가 한 번도 접해보지 못한 낯설고 관심 없는 영역이라 계속 거부하는 책이 있을 수 있습니다. 그런 책이라면 부모님이 먼저 5분이라도 읽어주세요. 아이는 엄마나 아빠가 읽어주는 내용을 마지못해 듣기 시작하겠지만, 꾸준히만 이어진다면 관심이 생기고 덜 어려워지면서 기적적으로 언젠가 한 번은 스스로 그 책을 집어 들어 읽게 됩니다. 그때까지 모르는 척, 상관없는 척하며 그저 묵묵히 읽어주길 권합니다.

시간을 확보하면 성적은 따라옵니다

이렇게 '책과 함께 보내는 시간'이 우리 집만의 약속으로 자리 잡히면 이후 단계는 꽤 할 만해집니다. 물론 자리 잡히는 데 적어도 3개월, 길게는 1년도 걸립니다. 초등 6년의 독서는 결국 시간과의 싸움입니다. 초등 시기 내내 놀고 싶고, 보고 싶고, 하고 싶은 게 점점 더 많아질 뿐 절대 줄어들지 않습니다. 그래서 더욱 '읽는 게 당연한 시간'으로 받아들이도록 신경 써야 합니다. 저녁 6시가 넘어가면 '아, 조금 있으면 저녁을 먹겠구나'라는 생각을 하듯, 저녁 8시가 넘어가면 '아, 조금 있으면 책을 들고 모이겠구나'라고 생각하는 게 자연스러워야 합니다.

미취학, 저학년 시기부터 매일 일정 시간을 책과 함께 보낸 아이라야 고학년이 되고 중학생이 되어도 늘어나는 수업의 틈을 찾아내 독서를 이어갈 가능성이 있습니다. 이 시간을 경험해보지 못한 아이는 중학년만 돼도 기다렸다는 듯 책과 멀어집니다. 책과 멀어지는 것으로 끝나는 게 아니라 아무리 공부해도 성적이 달라지지 않는 꼼짝없이 억울한 상황을 만나게 됩니다.

시간을 확보하는 게 시작입니다. 시간을 확보하면 성적은 따라옵니다. 열심히 공부하는데 성적이 안 나와 애가 타는 중·고등학생 이야기가 남의 이야기가 아닙니다. 마음에 새겨주세요. 독서를 통한 사고력, 어휘력, 문해력을 기대하지만 그건 지금 논할 필요가 전혀 없습니다. 책으로 사랑을 경험한 아이는 책에 대한 긍정적인 감정을 품게 되고, 그 감정으로 독서를 지속합니다. 그 과정에서 자연스럽게 사고력, 어휘력, 문해력의 성장을 경험합니다. 초등에서 이걸 경험하고 다져놓아야 1타 강사의 족집게 과외도 힘을 쓸 수 있습니다.

[방법] 어떻게 읽어줘야 할까?

아이가 골라오든 부모가 읽어주고 싶어 골랐든, 아이에게 책을 읽어줘야 할 때마다 밀려드는 부담감을 잘 알고 있습니다. 어떻게 읽어줘야 아이가 좀 더 재미있어할까? 어떻게 읽어줘야 한글을 떼는 데에 도움이 될까? 어떻게 읽어줘야 혼자 읽게 만들 수 있을까? 무수한 부담이 책장 속 책의 권수만큼 그득하다는 걸 잘 알기에 '방법'에 관해 더 구체적으로 이야기해보겠습니다.

구연동화처럼 읽지 마세요

너무 실감 나게 잘 읽어주려고 애쓰지 않아도 괜찮습니다. 우리는 구연동화 전문가가 아니거든요. 구연동화에 대해 잘 모르면서 쉽게 말한다고 생각할까봐 살포시 고백합니다. 실은 저, 구연동화 전문가입니다. 제게 해묵은 자격증 하나가 있는데 어느 사단법인에서 발급한 구연동화 지도자 자격증입니다. 시험 준비하느라 고생 많이 했습니다. 이 자격증 때문에 정작 제 아이의 독서 교육은 낭패를 봤다고 하면 믿지 못하시겠지만 일단 들어봐 주세요.

교실에서 아이들에게 책 읽어주기를 즐기던 제가 구연동화 지도자 자격증을 땄으니 얼마나 신났을까요? 어느 날 밤엔 할머니가 되었다가 그다음 날 밤엔 호랑이가 되었습니다. 책 속 등장인물의 목소리를 흉내 내며 책 내용을 들었다 놨다 해대니 두 아들은 재미있다고 눈물을 흘리며 웃어댔지만 결국 그런 식의 재주 부리기는 오래 가지 못했습니다. 와, 진짜, 너무 힘들더라고요.

하루 이틀, 길게는 일주일 정도 읽을 수 있었지만 지속하기가 너무 어려웠습니다. 당연히 얼마 못 갔고, 아이들은 서운해했습니다. 아이들은 어제처럼 읽어달라고 졸랐지만, 오늘의 저는 어제의 제가 아니었어요. 부서질 듯 피곤했으니까요. 어제의 저는 신나서 온갖 재주를 부리며 읽어주는 엄마였지만, 오늘의 저는 제발 나 좀 가만히 놔두라고 버럭 소리를 지르는 기복 심한 엄마였습니다. 놀이터를 휘젓고 다니는 아들 둘을 쫓아다니느라, 퇴근 후 쌓인 설거지에 쫓겨 동동거리느라 피곤에 절어 그림책을 읽어주는 눈빛과 목소리와 태도가 매일 널을 뛰었습니다.

읽어주기를 지속하고 책과 함께 하는 루틴을 만들려면 '구연동화'에 관한 부담을 버리는 게 먼저입니다. 밥도 하고 잠도 재워주고 바깥일도 하고 집안일도 하는 부모가 구연동화 선생님처럼 혹은 어린이집 선생님처럼 읽어주는 게 어디 가능한 일인가요? 왜 그래야 하죠? 물론 아이들이 좋아하니까 그렇게 하는 거죠. 조금 더 실감 나게 읽어주고, 조금 더 정성 들여 읽어주면 아이의 반응이 바로 달라지거든요. 조금 신경 써서 읽어줬더니 목젖이 훤히 보이고 배가 당겨 아프도록 깔깔대고 좋아하는 아이를 보면 자꾸 욕심이 날 수밖에 없습니다. 저도 그 목젖을 많이 사랑했지만 관건은 부모의 체력과 시간입니다.

루틴의 성패는 체력과 시간에 달려있습니다. 신경 써서 읽어줄 체력과 시간이 허락되는 날도 있지만 그렇지 못한 날이 더 많습니다. 그것이 어른의 인생입니다. 내 인생만 퍽 불행하고 부족하여 이렇게 피곤하고 바쁘고 정신없는 게 아니라 가정을 이룬 어른으로 살아간다는 게 원래 그렇습니다. 책 읽어주는 우리 엄마·아빠들에게 구연동화 금지, 성대모사 금지, 30분 이상 금지, 하루 세 권 이상 금지, 우렁찬 목소리 금지라는 규칙을 드리겠습니다. 힘 빼고 담백하게, 두통이 오지 않게 읽어주세요. 대신 뚜벅뚜벅 가면서 멈추지는 맙시다.

부모는 책 읽어주는 기계가 아니에요

아이에게 책을 읽어주는 것이 유익하다는 이유로 무리하는 부모가 많습니다. 무리하지 마세요. 우리는 1단계에서 겨우 책 몇 권 읽어주고 끝낼 사람이 아니라 5단계까지, 적어도 6년 정도를 아이와 함께 달릴 유일한 코치이기 때문이에요. 무리하면 멀리 갈 수 없습니다. 선수가 지쳐도 안 되지만 코치가 먼저 지치는 건 더 심각합니다. 1·2단계 정도에 열심을 내는 부모는 대한민국에 흔하디 흔합니다. 진짜 레이스는 3단계 이후입니다.

아이는 책 읽는 기계가 아닌 것처럼 부모 역시 책 읽어주는 기계가 아니라는 걸 부모 자신이 먼저 인정해야 합니다. 그리고 그 사실을 아이에게 설명하고 이해를 구하길 권합니다. 바쁘고 피곤한데도 기어이 읽어줬는데 아이가 집중하지 않고 딴짓을 하거나 그림에만 집중하면 화가 납니다. 너무 지친 상태라서 그렇습니다. 영문 모르는 아이에게 갑작스럽게 폭발하지 않았으면 합니다. 읽어주다가 꾸벅꾸벅 졸면서 헛소리를 지껄이는 고통스럽고 우스꽝스러운 저녁 시간이 되지 않기를 바랍니다. 이 모든 무리한 모습은 제 생생한 경험입니다. 그렇게까지 강박적으로 읽어주지 않아도 됐는데 하는 아쉬움이 지금껏 남아있습니다.

시간과 분량을 미리 정해두고 그 시간만큼 약속을 지켰다면 무리하지 말고 중단하세요. 하루 이틀 할 일이 아니니까 아이한테 오늘 좀 미안해도 괜찮습니다. 무리하게 많이 읽어주고 화내는 것보다 하루 건너뛰더라도 웃는 얼굴로 아이를 재우는 게 훨씬 낫습니다.

그림책 선택, 이렇게 해보세요

그렇다면 이 시기의 아이에게 어떤 책을 읽어줘야 할까요? 저처럼 그림책 취향이 아닌 사람은 갑자기 엄마 노릇을 하려니 그림책 선택도 보통 힘든 일이 아니라는 걸 절실히 깨달았습니다. 추천하는 책을 다 사고 빌리자니 그것도 힘들고, 아이는 읽던 책을 지겨워하니까 누가 다음 읽을 책을 딱 골라줬으면 좋겠다는 심정이었는데요. 저와 비슷한 처지에 있는 분들을 위해 아이가 재미있어할 만한 책을 추천해주는 책을 아래에 소개합니다.

아이와 함께 읽을 만한 재미있고 유익한 그림책을 소개하는 책, 그림책을 활용한 놀이 안내서, 책에 관한 질문을 정리한 책 들입니다. 국내·외에서 여러 단계를 거치며 검증된 책들을 소개하고 있어

그림책 선택을 돕는 길잡이 책

막막할 때 도움을 받기 좋습니다.

이 책들을 쓴 작가님 중 몇 분께 문의하고 제 경험을 더해 102쪽에 저만의 추천 도서 목록을 만들어두었습니다. 마음이 바쁜 분이라면 이 추천 목록으로 바로 시작해도 좋습니다.

내 아이만의 책 목록을 만들어보세요

길잡이 책으로 어느 정도 감을 잡았다면 이제는 '내 아이만을 위한 책 목록 만들기'를 시작하세요. 온라인 서점의 범주 중 [유아] 분야 하위 주제인 [4~6세]와 [어린이] 분야의 도서 판매 순위는 그야말로 노다지입니다. 온라인 서점의 베스트셀러 목록에서 미리보기를 클릭해 글 수준을 확인한 후 다섯 권쯤 구입하는 것으로 시작하면 무난합니다. 도서관에서 대출하면 안 되느냐고요? 당연히 됩니다. 오히려 더 좋습니다. 도서관에서 책을 고를 땐 손때가 많이 묻은 책이 성공 확률이 높습니다.

그럼에도 실패하는 책은 늘 있습니다. 아무리 인기 많고 재미있는 책이라도 내 아이는 자주 시큰둥할 겁니다. 실망할 일도, 그렇다고 자책할 일도 아닙니다. 추천했다가 실패하는 책이 늘수록 성공 확률은 높아집니다. 초등 독서 5단계 중 3·4단계 정도면 아이도 충분히 혼자 책을 고를 수 있습니다. 그 수준이 되면 시키지 않고 가르치지 않아도 알아서 고르기 시작합니다. 이 말은 적어도 1·2단계까지는 부모가 적절히 도움을 주고 개입해야 효과를 볼 수 있다는 말입니다. 언제나 기억하세요. 아이가 지금 혼자 하는 모든 행동에는 부모의 적절한 도움과 개입이 있었다는 사실을요.

한글 해득은 목표가 아니고 덤이에요

한글을 읽게 만드는 것이 책 읽어주기의 목표가 되면 분위기가 험악해집니다. 이제는 좀 읽어낼 것 같은 글자가 나오면 혹시나 읽을 수 있는지 확인하고 싶어집니다. 이때 물어보는 족족 자판기처럼 답을 내놓는 아이는 드뭅니다. 이제껏 몇 번이나 알려주고 읽어줬는데 왜 아직도 모르느냐고 속내를 드러내는 것으로 오늘의 책 읽어주기가 우울하게 마무리되기 일쑤입니다.

책 읽어주기로 한글을 떼게 만들려는 뚜렷한 목표가 있고, 한글을 떼면 읽어주기와 작별할 계획이었던 경우에 이런 슬픈 일은 더욱 빈번하게 일어납니다. 조급해지기 때문입니다. 책을 읽어주는 루틴 덕분에 수월하고 부드럽게 한글을 깨치는 아이도 분명히 있습니다. 그건 그 아이가 언어 지능을 타고났기 때문입니다.

아직 한글을 깨치지 못한 대다수 아이는 책을 읽어주는 부모의 무릎에 앉아 책 속의 그림에 몰두합니다. 부모는 글자에 집중하고, 아이는 그림에 집중합니다. 그러니 반복해서 읽어줬더라도 한글을 깨치게 될 가능성이 낮습니다.

한글 해득을 읽어주기 단계의 목표로 삼으면 안 됩니다. 읽어주는 과정에서 한글을 깨치는 아이가 있다면 기뻐하고 감사하는 것에 그치세요. 한글 해득을 목표로 읽어주는 것은 아이와 부모 모두에게 스트레스와 부담이 될 뿐, 한글 해득 시기를 당겨주는 데에는 유의미한 효과가 없습니다.

때로는 전집이 독이 될 수 있어요

아이가 그림책에 관심을 보이고 말을 시작하면 '어라, 이 자식 뭐야. 제법 똘똘하네?'라는 반가움과 놀라움이 교차합니다. 말귀도 못 알아듣고 옹알이만 하던 아이가 내용이 있는 완성된 문장을 만들어내는 모습에 기대감이 스르륵 자리 잡는 건 부모이기 때문입니다. 친부모 인증입니다. 저도 자식을 기르고 있는지라 기대와 놀라움으로 가득하던 시절이 있었습니다.

이렇게 기대를 품기 시작한 부모가 이 시기에 흔히 저지르는 실수가 있습니다. 지식과 상식을 넘치도록 가득 담은 전집 수백만 원어치를 12개월 할부로 무리하게 구입하고는 남편과 싸우고 애를 잡는 일입니다.

이 시기의 엄마 마음을 너무도 훤히 알고 있는 영사님(영업사원을 줄이고 높여 부르는 말)이 거실 한쪽을 차지하고 앉아 아이 책장을 스윽 둘러보고는 안타까운 표정을 짓습니다. 다른 집은 이미 이러이러한 전집을 종류대로 갖춰놓고 아이의 호기심과 상상력과 창의력을 키워주고 있는데 어째 이 집에는 없는 책이 이렇게 많냐며 엄마인 나보다 더 안타까워합니다. 그러면서 지금 시기에 반드시 들여야 할 전집의 종류를 카탈로그를 펼쳐 하나씩 읊기 시작하면 초보 엄마는 정신이 혼미해집니다. 나만 모르고 있었다는 사실에 자책감과 다급함이 휘몰아칩니다.

이 시기에 이 전집을 안 들여놓으면 큰일이 나는데 여태껏 똘똘한 애한테 이것도 안 해주고 뭐 했느냐고 묻는 영사님 앞에서 고분고분한 양이 되어 홀리듯 12개월 할부로 결제하고는 밤잠을 설칩니다.

한두 푼이 아니거든요. 결제를 부추긴 영사님이 나쁜 사람이냐 하면 그건 또 아닙니다. 영사님은 그게 직업이고 본인의 일에 최선을 다한 것뿐이지요. 선택은 엄마가 한 거잖아요. 초등 독서의 긴 호흡과 단계를 잘 몰라서 벌어진 일입니다. 이제라도 알면 되고, 앞으로 같은 실수를 하지 않으면 됩니다.

전집은 필수가 아니에요. 어떤 책을 읽어도 좋을 시기이기 때문에 그렇습니다. 수상작이 아니라도, 유명 출판사의 간판 전집이 아니라도 괜찮습니다. 모두가 추천하는 유명한 책을 구하면 좋지만 아니라도 상관이 없습니다. 아이는 우리 집 책장에 있는 책 중에서 마음에 드는 책을 골라서 들고 올 거고, 그거면 충분합니다. 아이가 그림책을 안 들고 오는 건 재미있는 책이 충분히 많지 않아서라기보다 아직 책 자체에 대한 관심이 적기 때문이라고 생각해도 될 시기입니다.

그러니 되도록 새로 사지 말고, 전집으로 들이지 말고, 얻을 수 있으면 최대한 얻어보고, 당근마켓도 살펴보고, 재활용품을 수거하는 날이면 분리수거장 주변도 서성여보세요. 적은 돈과 얄팍한 수고로 되도록 다양한 책이 우리 집 책장에 꽂힐 수 있게 노력하세요. 이 시기에는 누가 책을 물려준다고 하면 어떤 책인지 어느 출판사 책인지 묻지 말고 바로 카트를 챙겨 출발하세요. 너무 오래된 책이거나 아이가 오래도록 관심을 보이지 않는 책이라면 주변에 나누면 됩니다.

돈이 아까워서 이러는 게 아닙니다. 전집 때문에 아이가 책을 싫어하게 될까봐 그렇습니다. 전집에 들인 돈만큼 아이 독서에 기대하고, 간섭하고, 실망하다 지치는 엄마가 너무 많습니다. 아이는 그렇게 비싼 책을 보고 싶다고 한 적도 없거니와 그 많은 책을 다 읽어야 똑똑해지는 것도 아닙니다.

아주 조금 배가 고픈 것 같다는 아이 앞에 김밥 100줄과 피자 50판과 치킨 30마리를 쌓아놓고 다 먹으라고 하고는 배가 불러서 더 못 먹겠다는 아이에게 네가 배고프다고 해서 이렇게 많이 샀는데 왜 안 먹느냐고, 끝까지 다 먹으라고 성질부리는 상황과 다르지 않습니다.

뭐든 과하면 탈이 나게 마련입니다. 점심 굶고 배고프다는 아이에게 밤에 김 한 봉지만 줘보세요. 세상 맛있다며 뚝딱 해치웁니다. 아이의 책장에 책을 많이 꽂아두는 일보다 중요한 건 책이 재미있다는 사실을 경험하게 하는 일입니다.

읽어주면 싫다고 거부하는 아이, 괜찮을까요?

정 싫다고 거부하면 당분간 억지로 읽어주지 않아도 괜찮습니다. 하지만 아이 반응이 달라진 이유를 궁금해했으면 좋겠어요. 처음부터 싫다고 하지는 않았을 테니 말이에요. 이제 혼자 읽고 싶은 자연스러운 시기가 온 거라면 환영입니다. 누구든 언젠가는 혼자 자신만의 책을 읽어야 하는 시기가 오니까요. 그 시기가 1학년일 수도, 6학년일 수도 있습니다. 언제든 괜찮습니다.

다만 만화책으로 폴짝 도망가버려 동화책이 지루하게 느껴지거나 유튜브를 사랑하게 되어 책 자체와 멀어진 상황이라면 그대로 두어선 안 됩니다. 다시 한 번 아이가 그림책, 글 책과 친해질 수 있도록 읽어주기를 시도해주세요.

[요령] 그림책 읽어주기와 잠자리 독서

그림책 읽어주기로 시작된 독서 활동이 자리를 잡으려면 잠자리 독서가 더해져야 합니다. 조금 더 밖에서 놀고 싶은 오후 시간, 부모도 아이도 종종대며 바쁜 저녁 시간을 쪼개어 더 읽어주지 못했음을 자책할 필요가 없습니다. 그보다는 잠자리 독서를 매일 지속하는 편이 훨씬 좋습니다.

잠자리 독서는 참 유용합니다. 조금이라도 더 빨리 재울 가능성을 높이고, 기분 좋게 잠들게 할 수도 있고, 낮에 못 읽어준 책에 대한 부담을 덜어주기도 합니다. 여러모로 고맙습니다. 그래서 저는 물먹은 솜처럼 곤한 몸으로 9시도 되지 않은 초저녁부터 대충 고른 그림책 두세 권을 들고 애들 침대에 먼저 들어가 누워있기 일쑤였습니다. 되도록 빠르고 기분 좋게 이 일을 마치고 오늘의 육아를 퇴근하고픈 간절한 마음으로 말이죠. (그러다 먼저 잠든 날도 많습니다.)

아이에게 잠자리 독서란?

"우리 애는 왜 이렇게 안 자고 버티는 걸까요? 너무 힘들어요."

애가 일찍 자줘야 남은 집안일도 하고 육아도 퇴근할 텐데 눈을 말똥말똥 뜨고 한 시간 넘게 침대에서 버티는 아이 옆을 지키다 먼저 잠들어버립니다. 다음 날 아침이면 엊저녁에 맥없이 곯아떨어졌다는 사실에 기분이 팍 상합니다. 도대체 이 아이는 왜 안 자려고 버티는 걸까요? 피곤에 절은 나는 누가 좀 자라고 사정하면서 이불을 펴주고 토닥여주면 소원이 없을 것 같은데 말입니다.

우리 어른들에게 잠은 생존입니다. 잠을 자야 쌓인 피로를 달랠 수 있고, 잠을 자야 정신을 차려 일을 하고 밥을 할 수 있습니다. 잠을 자야 올라오는 화를 다스리며 간신히 애를 돌볼 수 있고, 잠을 자야 집안이 이만큼이라도 겨우 돌아갑니다.

그런데 아이들은 왜 이렇게 자기 싫어 난리일까요? 아이에게 잠은 이별입니다. 가지고 논 장난감과 헤어져야 하고, 엄마 아빠와 헤어져야 하고, 더 보고 싶은 영상을 끄고 온전히 혼자가 되는 시간입니다. 혼자 있어야 하는 것도 마음에 들지 않는데 지루하기까지 합니다. 떠들고 움직이고 싶고 놀고 싶은데 입을 꽉 다물고 가만히 누워서 버텨야 합니다. 그러니 잠자리에 들기 싫어서 잠자리에 드는 시간을 어떻게든 조금이라도 늦추어보려고 갖은 꾀를 냅니다. 이런 아이가 제 시간에 잠들기 위해서는 부모의 도움이 필요하고, 매일 도란도란 나눌 얘기가 바닥난 부모에게는 잠자리 독서가 필요합니다.

부모에게 잠자리 독서란?

잘 준비를 끝낸 아이가 누워서 하품을 합니다. 종일 기다렸던 순간입니다. 이른 아침부터 온갖 요구를 멈추지 않던 아이가 마침내 항복하고 다시 그 자리로 돌아가 눕기까지 엄마의 하루는 얼마나 다단한 동동거림의 연속이었는지, 잠옷으로 갈아입은 아이를 보면 퇴근이 임박했다는 사실에 설레기까지 합니다. 아이를 낳고 10년 가까이 양 옆구리에 아이를 끼고 재우다 보니 미칠 지경입니다. 하루만 혼자 잠들고 혼자 눈 뜨는 게 소원이 되는 날이 올 줄은 정말 몰랐습니다. 10년이 지나도록 아이들은 옆에 누워있어라, 책을 읽어달라, 손을 잡아라, 팔베개를 해라, 배를 만져라, 토닥여달라며 사람을 잠시도 가만두지 않습니다. 탈탈 털립니다.

저는 미안하게도 그런 아이들을 따뜻하게 안아주고 품어주는 엄마는 못 됐습니다. 그만 떠들고 좀 자라고, 빨리 눈 감으라고, 움직이지 말라고 소리를 빽빽 질렀습니다. 잘 키우기 위해 여러모로 애쓴 건 사실이지만 현실은 주로 초라했습니다. 빨리 눈 감고 자지 않으면 엄마는 지금 나가버릴 거라는 협박도 자주 했습니다. 직장 일과 집안일로 너덜대는 몸에서 다정한 말이 나오지 않았습니다. 아이의 부드러운 볼을 부비고 꼭 안아주면서 '오늘도 사랑하고 고마워'라고 말해줘야 한다는 걸 알면서도 지친 몸과 마음으로는 불가능했습니다.

그래서 아이들을 재울 때는 차라리 영혼을 빼고 아무 책이나 펼쳐 대충 읽어주는 편이 서로에게 훨씬 나았습니다. 잠자리 독서는 제게 그런 것이었습니다. 더 좋은 엄마가 되기 위한 노력이라기보다 험한 말이 나오지 않게 자제시켜 주는 울타리 같은 것이었습니다. 그 덕에 욕을 덜 했고 짜증을 덜 낼 수 있었습니다.

힘들어서 못 읽어주겠다가 아니라 힘드니까 읽어주세요. 책 한 권 읽어주는 것으로 수많은 죄책감과 자괴감에서 빠져나오세요.

재미없게 읽읍시다

잠자리 독서는 재미없게 읽는 게 핵심입니다. 너무 재미있으면 자기가 싫어집니다. 어떤 등장인물이 나와도 같은 목소리를 내는 걸 원칙으로 하세요. 괜히 쓸데없이 너무 재미있게 읽었다간 잠이 왔다가 달아날 수 있으니 조심해야 합니다. 말똥했던 아이도 슬슬 졸리도록 나직하고 지루하고 담담하게 읽어주세요. 이런 식이라면 더 듣지 않아도 되겠다 싶은 마음에 아쉬움 없이 잠들 수 있도록 지루한 분위기를 만들면 백 점입니다.

딱 한 권만 더 읽어달라고, 재미있는데 조금만 더 읽어줄 수 없냐고 하는 아이에게는 잠자리 독서에 관한 루틴을 조근조근 설명해주세요. (아이는 조근조근 키우는 겁니다.)

"잠자리에서는 매일 한 권을 한 번만 읽어줄게. 정말 재미있으면 아침에 일어나 다시 읽어줄 수 있지만, 자는 시간을 늦추면서 또 읽고 더 읽는 건 우리에게 좋지 않아. 우리 토끼가 잘 자고 일어나면 엄마도 푹 자고 일어나서 또 읽어줄게."

[추천] 읽어주기 좋은 다정하고 재미있는 그림책

아이가 자꾸 읽어달라는 책이 생기면 해당 작가의 책으로 넓히기 쉽습니다. 좋아하는 책과 작가 목록이 곧 아이의 독서 취향입니다. 예를 들어 《고 녀석 맛있겠다》를 재밌어하면 미야니시 타츠야가 그리고 쓴 《나는 티라노사우루스다》, 《넌 정말 멋져》로 넓혀가는 거죠. 아래의 추천 목록에 있는 책을 읽어주다 아이의 반응이 좋았던 책의 작가로 검색하여 독서를 이어가보세요.

· **싸워도 돼요?** 고대영 글, 김영진 그림 | 길벗어린이
· **알사탕** 백희나 글·그림 | 책읽는곰
· **고 녀석 맛있겠다** 미야니시 타츠야 글·그림 | 달리
· **틀려도 괜찮아** 마키타 신지 글, 하세가와 토모코 그림 | 토토북

· **달을 마셨어요** 김옥 글, 서현 그림 | 사계절
· **질문하는 우산** 알렉스 쿠소 글, 에바 오프레도 그림 | 위즈덤하우스
· **고구마구마** 사이다 글·그림 | 반달
· **도서관에 간 사자** 미셸 누드슨 글, 케빈 호크스 그림 | 웅진주니어

· **팥빙수의 전설** 이지은 글·그림 | 웅진주니어
· **이게 정말 사과일까?** 요시타케 신스케 글·그림 | 주니어김영사
· **슈퍼 거북** 유설화 글·그림 | 책읽는곰
· **수박 수영장** 안녕달 글·그림 | 창비

· **눈물바다** 서현 글·그림 | 사계절
· **꿈꿈꿈** 윤정주 글·그림 | 책읽는곰
· **오싹오싹 팬티!** 에런 레이놀즈 글, 피터 브라운 그림 | 토토북
· **리디아의 정원** 사라 스튜어트 글, 데이비드 스몰 그림 | 시공주니어

· **블랙 독** 레비 핀폴드 글·그림 | 북스토리아이
· **100층짜리 집** 이와이 도시오 글·그림 | 북뱅크
· **파도야 놀자** 이수지 그림 | 비룡소
· **아씨방 일곱 동무** 이영경 글·그림 | 비룡소

읽기 독립

아이, 혼자 읽기 시작하다

습관은 최고의 하인이거나 최악의 주인이다.

- 나다니엘 에먼스

읽기 독립
아이, 혼자 읽기 시작하다

1단계가 부모가 읽어주는 그림책을 보는 수동적인 단계라면, 2단계는 아이 스스로 더욱 다양하고 새로운 종류의 책으로 확장하며 혼자 읽어내기 시작하는 단계입니다. 한글 해득과 읽기 독립은 일치하지 않습니다. 한글을 읽을 수 있더라도 스스로 읽지 않는다면 아직 이 단계에 들어선 게 아닙니다. 즉, 스스로 고른 재미있는 글로 된 책을 읽기 시작하는 시기를 이 단계로 간주합니다. 대개 1학년부터 2단계를 시작한다고 보면 되고요, 자발적으로 읽지 않는 아이라면 6학년도 2단계에 해당합니다.

[점검] 아이는 혼자 읽을 준비가 되었을까?

우리 아이가 읽기 독립을 할 준비가 되었는지 점검해볼게요. 아이의 책에 대한 마음과 반응이 어떤지 짚어보는 것으로 2단계를 시작해보겠습니다. 요즘 아이가 다음과 같은 모습을 보인다면 읽기 독립은 이미 시작되었거나 충분히 준비된 상태라 생각할 수 있습니다.

1

한글을 혼자 읽을 수 있다.

줄줄 잘 읽지 않아도, 읽은 글의 의미를 정확하게 이해하지 못해도 괜찮습니다. 까막눈만 아니면 됩니다. 더듬거려도 괜찮습니다. 언젠가 다 나아질 거니까요.

☐

2

책을 읽으라고 하면 혼자 앉아 펼쳐든다.

어른 없이 한 쪽도 혼자 읽지 않는 아이라면 아직입니다. 읽으라고 했을 때 그림책이든 만화책이든 뭐든 일단 꺼내와 펼쳐든다면 상당히 준비된 것으로 봐도 무리가 없습니다.

☐

3

글로 된 책을 학교에 가지고 다닌다.

선생님이 시켜서든 엄마가 시켜서든 학교에 책을 가지고 다니는 아이라면 그 책을 하루 한 쪽이라도 읽고 있을 가능성이 높습니다. 들고만 다니는 아이도 있지만 계속 들고 다니다 보면 끝내 한 쪽이라도 읽습니다.

☐

4

서점에 함께 가면 사고 싶은 책을 스스로 골라온다.

그 책을 어떤 이유로 골랐건, 그 책이 어떤 주제와 형식이건 (만화책이라 해도) 중요치 않습니다. '새 책을 갖고 싶다'라는 마음이 드는 건 읽기 독립을 위한 확실한 긍정 신호입니다.

☐

5

게임과 영상 시청을 못 하게 하면 어쩔 수 없이 책을 뒤적거린다.

게임을 할 수 있고 영상을 볼 수 있는데도 그것을 대신하여 책을 읽는다면 이 세상 어린이가 아닙니다. 게임이나 영상 시청을 할 만큼 다 하고 더는 할 수 없을 때 어쩔 수 없이 책이라도 뒤적이고 있다면 준비된 겁니다.

☐

[핵심] 읽기 독립을 이끄는 이야기책의 힘

아이가 읽으면 좋고 아니어도 그만인 1단계를 지나 읽기 독립을 시도해보려 합니다. '읽어주면 보고 듣는 아이'에서 '혼자서도 읽을 수 있는 아이'가 되는 단계입니다. 스스로 열심히 찾아 읽는 시기라기보다 혼자서도 간신히 읽을 수 있는 수준 정도로 기대치를 낮추어야 순조롭게 진행됩니다. 열심히 스스로 찾아 읽는 또래 아이가 있으면 한동안 그 집과 연락을 끊고 사는 것도 추천합니다. 괜히 잘 크는 우리 아이를 잡지 않기 위한 최선의 방법입니다.

이 시기는 초등 독서의 5단계 중 가장 결정적인 시기입니다. 이전처럼 누군가 옆에서 읽어주고 함께 있어주지 않더라도 혼자 읽는 데 거부감이 없고 재미를 느껴야 이후 단계로 나아갈 가능성이 높아지기 때문입니다. 반대로 생각하면 아직 읽기 독립이 힘겨운 아이에게 이후 단계를 강요하며 억지로 올려봤자 '읽는 중학생'이 될 가능성은 매우 낮다는 말입니다. 책보다 영상에 빠져 지내고, 책은 지루하고 숙제처럼 여겨져 혼자서는 더더욱 읽고 싶지 않은 아이가 이후 단계를 무사히 밟아나가길 기대하긴 어렵겠지요.

이야기책이 핵심인 이유

초등 독서의 두 가지 목적을 기억하세요. 첫째는 더 많이 생각하도록 유도하여 조금이라도 성적에 보탬이 되기 위함이고, 둘째는 읽는 중학생으로 성장하도록 돕기 위함입니다. 그래서 아이가 책을 읽고 있다면 단순히 책 내용을 머릿속에 집어넣는 걸 넘어 부지런히 생각의 깊이와 넓이를 확장하는 중이라고 생각하며 흐뭇하고 여유롭게 바라봐야 합니다. 책 읽는 아이를 건드리면 안 되는 이유입니다. 평소에 더 많이 생각하고, 다양하게 생각하고, 깊게 생각한 아이라야 학습량이 늘었을 때 좋은 성적을 기대할 수 있습니다. 지금 책을 읽는 이 아이는 원하는 성적을 얻을 가능성을 조금씩 높이는 중임을 기억해야 합니다.

뭐든 자꾸 하면 늡니다. 생각이 필요한 상황을 평소 다양하게 수시로 제공할수록 아이의 생각은 깊어지고 넓어집니다. 단순 암기나 풀이 요령을 익히는 방식으로 공부하던 초·중등 상위권 아이들이 고등학교에 가서 허무하게 무너지는 이유가 여기에 있습니다. 중학교에서 성적은 올렸지만 실력을 쌓지 못한 겁니다. 암기와 요령으로 내신 성적만 잘 나온 건지, 사고력을 바탕으로 한 진짜 실력을 쌓아왔는지는 그 범위와 난이도가 확연하게 점프하는 고등학교 공부에서 제대로 구분됩니다.

읽기 독립 단계의 핵심은 이야기책입니다. 소재나 주제와 상관없이 이야기책을 펼쳐 든 아이는 생각을 시작하기 때문입니다. 생각하지 않으면 한 쪽도 그냥 읽어지지 않는 게 이야기책입니다. 이야기책 좀 읽으라고 했더니 엉뚱한 생각만 하고 있어 속이 터진다고요? 엉뚱한 생각은 초등 아이만의 특권이고 의무입니다. 그때 실컷 하는 게 나으니, 실컷 하게 해주세요. 고등학생, 대학생이 된 아이가 엉뚱한 생각에 빠져버리면 대통령도 구제하지 못합니다. 엉뚱해 보이는 생각도 가만히 그냥 되는 일이 아닙니다. 그 엉뚱한 생각을 기어이 해내려면 뇌를 적극적으로 움직여야 가능합니다.

때로 어른이 아이보다 훨씬 단순합니다. 눈에 보이는 것만 믿거든요. 어른인 우리는 지금 책을 읽는 아이의 뇌에서 일어나는 생각이 눈에 보이지 않으니 아이의 뇌가 하는 일을 믿기 어려워합니다. 말로 표현하지 않으면 모르는 거라 단정해버립니다. 책을 읽고 나서 느낌을 글로 쓸 수 없다면 생각하지 않고 읽어서라고 단정해버립니다. 책장을 덮자마자 세 줄로 요약할 수 없으면 집중하지 않고 잡생각을 한 거라고 여깁니다. 어른은 정말 눈에 보이지 않으면 아무것도 믿지 않습니다. 부모의 눈에 보이지 않으면 아이는 정말 아무것도 하지 않은 걸까요? 아이의 머릿속에서는 정말 아무 일도 일어나지 않은 걸까요? 여전히 의심스럽다면 아이의 뇌를 보여드리겠습니다.

이야기책을 읽을 때 머릿속에 일어나는 일

이야기책을 읽는 아이의 머릿속 상황은 이렇습니다.

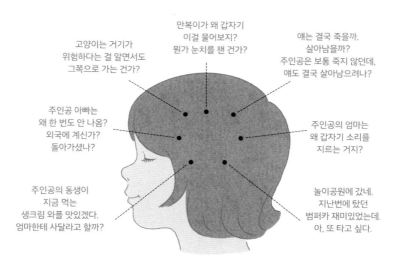

엉뚱해 보이지만 가볍지 않은 다양한 질문이 아이의 머릿속에 팝콘 터지듯 쉼 없이 번갈아 가며 떠오릅니다. 아이는 떠오르는 생각을 그때마다 대화와 질문으로 표현하지 않고 있을 뿐이에요. (떠오르는 모든 생각을 빠짐없이 말과 글로 표현하는 건 불가능하고 비정상적인 일이겠죠?)

지난 2005년, 미국 국립과학재단에서 한 사람이 하루에 생각하는 가짓수가 적게는 12,000가지에서 많게는 60,000가지에 달한다고 발표했습니다. 장담컨대 어른이 저 정도인데 아이는 더하면 더했지 덜하지 않을 겁니다. 멍을 때리는 듯 보이는 틈마다 아이의 뇌는 보이지 않는 많은 것을 자기만의 성실한 박자와 속도에 맞춰 생각하는 중이랍니다. 보이는 것만 믿지 마세요.

이야기책을 붙들고 소파 구석에 쭈그리고 앉아 실실 웃는 아이를 의심하지 말아야 하는 이유입니다. 언뜻 보기에 더듬거리며 드문드문 읽는 것처럼 보이지만 뜻을 품은 글자들이 한 문장씩 차례로 눈에 입력될 때마다 아이의 뇌는 서서히 움직이기 시작합니다. 책 속 배경인 어느 신비한 장소의 비밀을 찾아내기 위해, 주인공의 변덕스러운 마음을 짐작하기 위해, 주인공의 다음 행동을 예측하기 위해, 주인공 엄마가 고함을 지르는 이유를 찾기 위해 아이의 생각은 멈추지 않고 꼬리를 뭅니다.

가만히 쉬던 뇌, 더 정확히 말해 가만히 쉬고만 싶은 뇌를 이야기책 속 문장들이 자꾸 건드리니까 어쩌지 못하고 작동 버튼 눌린 기계가 되어 부지런히 돌아가기 시작합니다. 초보 독서가 수준이던 아이의 뇌가 숙련된 독서가의 뇌로 변해가는 신비로운 과정입니다.

물론 이야기책 읽기가 사고 과정을 깨워주는 유일한 방법은 아닙니다. 성숙한 사고를 하는 주변 어른이 다양하고 깊은 대화와 질문을 아이와 주기적으로 나눈다면 어느 정도 사고력 향상을 기대할 수 있습니다. 또 아이의 사고력을 자극할 만큼 치밀하게 설계된 수학 문제를 지속해서 제공해도 뇌가 자극을 받고, 그 과정에서 높은 수준의 사고력을 기를 수 있습니다. 하지만 아무리 성숙한 사고를 하는 부모라 해도 아이 뇌를 적절히 자극할 만한 대화를 매일 주고받을 수 있을지, 아이 수준에 정확하게 들어맞는 탐스럽고 흥미로운 수학 문제를 매일 다양하게 제공하고 풀이 과정과 피드백까지 해줄 수 있을지 모르겠습니다.

어차피 그 목적이 다르지 않다면 더 쉽고, 간단하고, 즐겁고, 가성비 높고 게다가 읽는 중학생이 될 가능성까지 높일 방법이 여기 이야기책 속에 있습니다. 연년생 아들 둘을 키우는 생계형 직장맘이던 저는 생각하게 만들고, 책을 사랑하게 만들기 위해 제 아이들에게 이야기책을 건넸습니다. 덕분에 아이들은 책을 진심으로 좋아하게 되었고, 제가 그리도 꿈꾸던 책 읽는 중학생으로 살고 있습니다.

'공부 그릇'이라는 말을 들어봤을 겁니다. 공부 잘하는 아이를 꿈꾼다면 아이 뇌가 조금 더 부지런히 일하게 만들어 활성화된 뇌 상태를 만들어두어야 합니다. 일단 그릇이 커야 원하는 음식을 더 담든 말든 할 수 있습니다. 그릇이 작으면 어떤 요령을 부려도 많이 담을 수 없습니다. 3·4학년 시기에는 이야기책을 통해 더 많이 생각하게 하여 그릇 크기를 키우는 데 집중해야 합니다. 그래야 다음 일을 도모할 수 있습니다.

밥하는 데 시간이 오래 걸리므로 먼저 쌀을 밥솥에 안쳐놓고, 밥이 될 동안 국을 끓이는 게 저 같은 주부 9단의 노련함입니다. 국 끓이고 고기도 볶았는데 밥통에 밥이 한 주걱도 채 남아있지 않아 쩔쩔매본 경험, 있으시죠? 그러니 쌀부터 안칩시다.

이야기책이 가진 세 가지 힘

이야기책만이 가진 힘이 있습니다. 이 힘을 모르면 아이의 책장에 꽂힌 쉽거나 어려운 이야기책들은 '누군가 마음대로 꾸며서 써놓은 정보도 근거도 없는 허무맹랑한 이야기'에 지나지 않아 보일 수 있습니다. 읽어야 한다니 이유도 모르고 아이에게 들이미는 것과 무엇 때문에 아이에게 필요한 건지 알고 권하는 건 다릅니다.

이야기책의 힘을 아이에게 굳이 설명할 필요는 없습니다. 하지만 아이의 독서 코치가 되어줄 엄마와 아빠는 소상히 알았으면 합니다. 원리를 이해하면 제법 오래 기억되고 웬만해서는 흔들리지 않습니다. 다들 좋다니까 저학년 때는 휩쓸리듯 따라 읽히다가 공부할 시간도 부족해지는 고학년이 되면 이 귀한 이야기책은 어느새 책장에서 사라지고 맙니다. 그러면 이야기책만이 가진 힘이 제대로 발휘되기 시작하는 고학년 시기에 아이가 도약할 기회도 사라지는 겁니다.

첫째, 서사(스토리)의 힘입니다

서사란 배경이 어떻게 흘러가고, 사건이 어떻게 진행되고, 인물의 심리와 행동이 어떻게 변화되는지에 관한 내용을 말합니다. 흔히 '스토리'라고 표현하기도 합니다. 현빈과 손예진이 나온 드라마 〈사랑의 불시착)의 서사를 떠올려보세요. 대한민국 재벌가의 외동딸이자 주목받는 기업가인 윤세리(손예진 분)가 어쩌다 북한에 불시착해 그곳에서 만난 리정혁(현빈 분)과 사랑을 꽃피운다는 이야기가 중심입니다. 하지만 이 드라마에 이 두 사람의 이야기만 등장하는 게 아닙니다. 윤세리 가족이 지닌 아픔과 리정혁의 형이 목숨을 잃게 된 경위를 모르고는 드라마가 전하고자 하는 메시지를 제대로 파악할 수 없습니다.

이야기책을 이끄는 서사도 이와 같습니다. 서사를 제대로 파악한다는 것은 전체와 부분이 어떻게 긴밀하게 연결되는지, 각 부분과 여러 등장인물이 어떻게 작동하고 움직이며 전체를 만들어내는지를 알게 된다는 의미입니다. 사건의 배경과 등장인물 간의 관계를 생각하지 않으면 서사를 이해할 도리가 없습니다. 이런 서사의 힘은 올챙이가 언제 어떻게 개구리가 되는지, 대한민국은 어느 대륙에 속하는지 등의 토막 정보를 나열한 책에서는 절대로 얻을 수 없습니다.

둘째, 공감의 힘입니다

이야기는 단순히 이야기 속 상황을 정확하게 이해하는 것만을 목표로 하지 않습니다. 주인공이 왜 그런 행동을 하는지, 왜 그런 말을 뱉었는지를 지켜보며 그들의 마음을 짐작하도록 유도합니다. 공감을 경험하도록 돕고 실제가 아닌 상황을 머릿속에 그려보며 상상하게 만듭니다. 공감력과 상상력은 현실의 나와 책 속의 주인공을 잇고, 가상과 현실을 잇는 일입니다. 이야기책이 아니라면 할 수 없는 일입니다. 올챙이가 개구리가 되는 모습을 보면서 올챙이의 마음에 공감하는 일은 일어나지 않습니다.

이전 시대의 공감은 인사나 미소와 비슷하게 분류되던 미덕 중 하나였습니다. 그런데 공감의 경험이 없고 공감하는 법을 모르는 경향이 짙어지는 요즘 시대에는 공감이 특별한 능력처럼 여겨지고 있습니다. '공감 능력'이라는 용어를 들어본 적이 있을 거예요. 공감 여부가 그 사람을 판단하고 평가하는 기준이 된 시대입니다. 공감하는 법을 모르는 사람이 얻을 수 있는 지위와 명예와 부는 그 한계가 분명합니다. 그 귀한 능력을 갖는 절호의 기회가 이야기책에 담겨 있습니다.

셋째, 완독의 힘입니다

한 권 혹은 이야기 한 편을 다 읽어냈을 때만 보이는 것, 깨닫게 되는 것, 얻게 되는 것이 있습니다. 소위 말하는 '책 전체를 관통하는 주제'를 의미하는데요, 이 주제를 발견하고 깨닫는 힘은 발단-전개-절정-결말의 흐름을 따라 구성된 이야기책이 아니고서는 경험하기 어렵습니다. 올챙이가 개구리가 되는 과정을 지켜보거나 대한민국이 아시아 대륙에 속한다는 사실을 확인할 때는 책 전체를 관통하는 주제를 생각할 기회를 얻을 수 없고 그럴 필요도 없습니다.

혹시나 여기까지 읽고 심각해질까봐 미리 말씀드릴게요. 완독했을 때 경험하는 힘의 존재는 분명하지만 그렇다고 해서 모든 이야기책을 완독해야 하는 건 아닙니다. 마라톤에 출전했다면 완주를 목표로 삼아 노력해야 하는 건 맞지만, 모든 선수가 완주하는 건 아닙니다. 다른 선수들과 나란히 달려보기만 해도 얻게 되는 이점이 분명히 있고, 이번에 완주하지 못해도 기회는 또 있습니다. 완독하면 최고지만 완독을 위해 시도하고 노력하는 과정에서 얻는 것도 만만치 않습니다.

한 권으로는 꿈도 꾸지 못할 일

이렇게 좋은 게 이야기책인데요, 기억해야 할 사실이 있습니다. 사고력이라는 것이 이야기책 몇 권 읽었다고 뚝딱 생기는 게 아니라는 점입니다. 올챙이가 자라서 다리가 4개 달리고 눈이 툭 튀어나온 개구리가 된다는 사실은 사진과 설명이 매끈하게 담긴 지식 책 한 권이면 충분합니다. 죽을 때까지 잊히지도 않습니다. 하지만 이야기가 가진 힘이 사고력에 반영되려면 반드시 시간이 쌓여야 합니다.

불안하고 지루할 땐 콩나물을 떠올리세요. 이야기책에 빠진 아이는 시루 속 콩나물입니다. 저학년 때 실실 웃으며 읽는 둥 마는 둥 하던 얇은 이야기책 몇 권으로는 아이에게 어떤 신통한 일도 일어나지 않습니다. 매일 물을 주지만 당장은 변화가 보이지 않을 겁니다. 콩나물이 어제보다 쑥 커지지 않았다고 물주기를 멈추는 바보는 없습니다. 물이 콩나물을 스치듯 지나갔을 뿐인데 그 힘으로 시나브로 자라듯, 이야기책을 대하는 마음도 마땅히 그래야 합니다.

이야기책 몇 권으로는 아이에게 어떤 일도 일어나지 않을 거라 예상하고 의연해져야 합니다. 물론 당연히 불안하고 지루합니다. 그 불안함과 지루함을 견디지 못해 이야기책을 치우고 배경지식과 교과지식을 더해줄 만한 전집으로 책장을 채우고 싶어질 수 있습니다. 하지만 정말 아이가 독서를 통해 얻길 바라는 목표가 뚜렷하다면 그림책부터 시작해 두껍고 복잡한 소설까지, 이야기책으로 글밥 올리기를 멈추지 말아야 합니다.

이것도 이야기라 할 수 있을까 싶을 정도로 짧고 싱거운 이야기부터 시작하다 보면 어느새 서사가 풍성한 이야기책으로 나아갈 수 있습니다. 우리는 그렇게 이야기책을 통해서만 얻을 수 있는 힘을 초등 시기에 기어이 얻어내야 합니다.

[방법] 어떻게 하면 혼자서도 읽을까?

이제는 아이의 의지로 본격적인 독서를 시작해야 하는 시기입니다. 이 시기가 되면 부모는 또래 아이들과 읽기 독립 시기를 비교하며 내 아이가 하루라도 더 빠르기를 기대하지만 빠른 것만이 최고의 미덕은 아닙니다. 그보다 더 중요한 건 책이 재미있고 좋은 거라 느끼게 만드는 일이며, 덕분에 이야기책의 매력에 빠져 생각할 수 있게 유도하는 일임을 다시금 마음에 새겨야 합니다.

혼자 읽고 싶게 하는 궁금한 이야기

혼자 읽겠다는 의지는 절로 생기지 않습니다. 의지를 갖게 도와주는 유일한 열쇠는 '재미있어 보이는데 다음 내용이 좀 궁금한 어떤 책 한 권'입니다. 그림, 제목, 표지만 언뜻 봐서는 내용 파악이 어려운데, 호기심을 자극하기 때문에 마지못해 글자를 읽어내려 가는 것으로 읽기 독립 단계의 여정이 시작됩니다.

내용이 궁금해지기 시작하면 부모가 이따가 읽어준다고 해도 못 참고 혼자 펼쳐서 읽어버리기도 합니다. 그때를 놓치지 않고 긍정적인 피드백을 해주는 어른이 곁에 있다면 아이는 궁금한 책을 또 찾아내어 혼자 펼쳐서 순순히 읽어나가기 시작합니다.

이런 식의 귀여운 의지만큼 확실한 열쇠가 있을까요? 아, 부모가 쓸 수 있는 열쇠가 하나 더 있긴 합니다. 이제까지 얼마나 많이 읽어줬는데 계속 읽어달라고만 하느냐면서 이제 좀 혼자 읽으라고 소리를 지르는 겁니다. 그러면 아이는 놀란 로봇이 되어 꼿꼿하게 등을 펴고 줄줄 읽기 시작할 겁니다. 효과는 좋겠지만 우리는 이 열쇠를 버립시다. 녹슨 열쇠를 잘못 만지면 파상풍을 입습니다.

분위기가 전부입니다

무릎에 앉혀 읽어줄 때는 곧잘 앉아서 듣던 아이지만 아직은 부모의 기대와 욕심만큼 혼자 척척 읽기 어려울 거예요. 다들 비슷합니다. 1단계가 아이의 의지 없이도 부모의 꾸준함만 있다면 어느 정도 지속할 수 있었던 시기라면, 2단계부터는 아이의 의지와 독서 습관의 힘이 중요합니다. 그래서 분위기가 상당한 영향을 미칩니다.

교실 속 아이들의 책 읽는 모습을 보면서 느낀 점과 배운 점이 많습니다. 학기 초에는 어수선하고 들뜬 분위기를 토닥여가며 하나둘 각자의 책에 몰입하는 분위기를 만드는 데 집중합니다. 초등 담임교사가 학기 초에 해야 하는 가장 중요한 과업이라고 해도 무리가 아닙니다. 일부 책 좋아하는 아이들만의 취미였던 독서가 교실 속 아이들 모두가 기다리는 즐겁고 편안하고 따뜻한 시간으로 느껴지도록 만드는 건 담임교사의 특권이자 의무입니다.

가정에서는 부모의 특권이자 의무겠지요. 보통 아이라면 아무리 어려도 유튜브 영상을 보고 싶다는 의지가 있습니다. 마찬가지로 아이 스스로 책을 읽겠다는 의지가 생겨야 하고 책 읽을 시간이 되었을 때 자연스럽게 책을 읽는 습관이 자리 잡혀야 합니다. 다행인지 불행인지 책에 관한 아이의 의지와 습관은 부모가 조성한 가정 환경과 분위기에 좌우됩니다. 부모의 노력으로 충분히 개선될 수 있다는 의미이기에 희망이 있습니다.

텔레비전 영상보다는 잔잔한 음악이 흐르면 좋겠고요, 딱딱한 의자보다 푹신한 소파나 카펫이 좋고요, 스마트폰에 빠진 어른보다는 뭐라도 옆에서 읽고 있는 부모님이 낫습니다. 너무 덥거나 춥지 않은 것도 중요하고요, 시간에 쫓기듯 의무감에 읽지 않도록 짧은 시간이라도 아늑하게 느낄 수 있는 분위기를 연출해주는 것이 좋습니다. 대단히 많이 읽지 않아도 되고요, 내일 또 그 자리에서 그 분위기에서 읽고 싶은 마음이 들게 만들어주는 게 더 중요합니다.

아이는 기계가 아니라는 사실

한글을 떼고 책 읽기를 시작한 아이를 보면 부모 마음이 달라집니다. 부모라는 존재는 한없이 변덕스러워서 아이를 향한 마음이 어제 다르고 오늘 또 다릅니다. 똑같은 행동을 했는데 어제는 칭찬받고 오늘은 꾸중을 듣는 게 아이들입니다. 처음에는 아이가 매일 뭐라도 읽으면 소원이 없겠다 싶었는데 그 마음이 이내 달라집니다. 화장실 들어갈 때와 나올 때가 다른 것처럼 말이죠.

저녁 독서 시간을 확보하기 위해 숱한 실패와 시행착오를 겪고 간신히 매일 저녁 모여 책을 읽는 루틴이 자리 잡혀 아이가 혼자 책을 읽기 시작하면 슬슬 아이의 태도가 거슬리기 시작합니다. 왜 맨날 저 책만 보는 걸까? 왜 저렇게 엎드려서 읽는 걸까? 왜 책장을 저렇게 후루룩 넘겨버리는 걸까? 도대체 생각은 하면서 읽는 걸까? 그동안 보이지 않던 게 하나둘 보이기 시작합니다. 그러면서 슬금슬금 독서에 관한 지적이 늘어갑니다.

물론 이 모든 지적은 다 아이를 위한 것입니다. 실제로 이런 지적은 아이의 자세를 꼿꼿하게 만들고, 아이에게 더 많은 책을 읽게 하기도 합니다. 문제는 아이의 독서가 여기서 끝나는 게 아니라는 겁니다. 우리는 이제 2단계에 들어섰고 5단계까지 긴 여정을 코칭해야 하는 부모입니다. 그런데 아이가 책과 함께하는 시간을 싫어해서는 코칭이 망할 수밖에 없습니다. 아이가 책 읽는 시간을 싫어하지는 않아야 합니다. 그래야 이후 단계를 무난하게 넘어갈 수 있습니다. 책 읽는 시간이 지적받는 시간이 아니라 재미있고 편안한 시간이라 여기도록 애써주시고 때로는 맘에 안 들어도 못 본 척 눈감아주세요.

아이는 기계가 아닙니다. 매일같이 부모가 기대하는 표정과 자세로 열심히 책에 집중할 수 없어요. 물론 그런 아이도 있지만 그 아이마저도 언제 달라질지 모릅니다. 우리는 매일 최고의 성적을 낼 필요가 없습니다. 목표는 단 하나, 중단하지 않는 것뿐입니다. 중단하지 않아야 다음 단계를 시도할 수 있습니다.

이야기책을 싫어하는 아이

"이야기책으로 시작해야 하고, 이야기책을 많이 읽을수록 좋다는 건 알겠는데요, 애가 싫대요. 이야기책은 재미없대요. 우주와 행성에 꽂혀 1년 내내 그것만 찾아보는 아이인데 괜찮은가요? 생각하는 힘을 키워야 하는데 이야기책을 읽지 않아 걱정돼요."

이런 질문이 나오는 게 당연합니다. 세상의 모든 아이가 이야기책에만 열광한다면 그게 이상할 일입니다. 이야기를 유별나게 좋아하는 아이도 있고, 다들 재미있어한다는 이야기에도 시들한 아이가 있습니다. '우리 아이는 도대체 왜 이러는 걸까요?'라는 한숨 섞인 질문이 '우리 아이의 이런 면을 발견했는데, 어떻게 이끌어주면 좋을까요?'로 바뀌었으면 합니다. 아이의 일반적이지 않은 면은 이상하거나 부족한 게 아니라 아이만의 고유함입니다. 그게 소위 말하는 우등생·모범생·최상위권의 특징과 일치하지 않는다고 해서 불안할 일도 아닙니다. 내 아이는 자기만의 방식으로 기어이 멋진 어른이 될 겁니다.

다들 재미있어하는 이야기책에 흥미를 보이지 않는 아이라면 그 취향이 대중적이지 않을 뿐 뚜렷하다고 바라봐주세요. 아이가 뚜렷하게 열광하는 무언가가 있을 거예요. 동물 중 어느 한 마리일 수도, 어느 듣도 보도 못한 벌레일 수도, 3억짜리 자동차일 수도, 지리산 깊은 숲에 사는 야생초일 수도 있습니다. 어쩌다 거기에 꽂혔는지 모르지만 좋아하는 것, 관심 가는 것, 더 알아보고 싶은 것이 있다는 건 걱정할 일이 아니라 환영할 일입니다. 사회든 과학이든, 학교 공부와 상관이 있는 주제든 아니든 중요하지 않아요. 지금 우리가 주목할 것은 '생각하는 힘'이거든요.

아이가 좋아하는 게 있다면 그것에 관해 되도록 다양한 경험을 하게 해주세요. 처음부터 책이 아니어도 괜찮습니다. 관련된 영상이나 애니메이션 영화를 보는 것도 좋고, 박물관이나 과학관 등의 체험도 좋아요. 부모님에게 관련된 경험이 있다면 그 이야기를 들려줘도 좋습니다. 그러다가 그것이 등장하는 이야기책으로 이야기책 읽는 경험을 하게 하고 서서히 글밥을 늘려가는 전략을 세워두세요.

자동차에 열광하는 아이라면 자동차를 소재로 한 이야기책에 관심을 보일 확률이 높고, 해양 동물을 좋아하는 아이라면 바닷속 이야기를 다룬 책에 흥미를 보일 겁니다. 그런 책들을 찾아내고 집 안에 들여와 아이 눈에 띄게 만드는 것까지가 독서 코치인 우리가 할 일입니다. 아이가 걸려들 수도 있고, 실패할 수도 있어요. 될 때까지 느긋한 마음으로 가는 겁니다. 이렇게 계속 시도하는데 언젠가 한 번은 걸려들겠지, 하는 마음이면 무조건 성공합니다.

혼자 읽기를 위한 학습만화 활용하기

한글을 간신히 뗀 아이가 문장으로 그득한 책을 펼쳐놓고 줄줄 읽으면 얼마나 좋겠습니까마는 욕심입니다. 아직 누가 읽어줬으면 좋겠고, 내용을 이해하기는커녕 글자를 읽어내는 것조차 힘겨운 아이들이 대다수입니다. 이런 아이에게 글로 된 책만 들이밀며 읽으라고 요구하지 않아야 합니다. 글자보다 영상이 편하고 친숙한 시대에 태어난 알파 세대라는 점을 잊지 마세요. 이런 환경에서 나고 자란 건 아이의 선택이 아니라는 점 역시 기억해야 합니다.

먼저 흥미로운 소재를 다룬 글 책으로 시도하되, 누차 시도하고 기다려봐도 안 먹힌다 싶으면 학습만화 활용도 괜찮은 전략입니다. 관심 없는 내용과 긴 문장으로 채워진 책을 들이밀고 너도 좀 읽어보라고 사정해봐야 별 소득이 없습니다. 만화이기만 하면 쉽고 재미있을 것 같은 마음에 이제 막 더듬거리며 읽기 시작한 아이들도 혼자 읽기를 시작합니다. 학습만화를 읽기 독립을 위한 전략적인 수단으로 활용하는 겁니다. 그러고 나서 미련 없이 버리면 됩니다. (이 문제로 고민이 깊은 엄마들을 위해 학습만화에 관한 자세한 내용을 3부에서 따로 자세히 다루겠습니다.)

[요령] 읽기 독립 시기에 필요한 부모의 마음가짐

읽기 독립은 그 시기에 연연할 필요가 없습니다. 물론 부모의 노력으로 읽기 독립 시기를 아주 조금 당길 수 있지만 그것만으로 되는 일이 결코 아닙니다. 조금 느긋하게 바라봐주세요. 읽기 독립 시기를 잘 보내려면 무엇보다 부모의 마음가짐이 중요합니다. 우리는 어떤 마음을 가져야 할까요?

아이의 때를 기다리는 여유

조금이라도 더 빨리 읽기 독립을 해내길 바라는 부모의 기대는 부모만의 조바심인 경우가 대부분입니다. 때가 되면 읽어준대도 아이가 싫다고 합니다. 중학생인 제 아이도 언제부터인지 읽어준다고 하면 싫다고 합니다. 자기 책을 각자 붙들고 앉아 남보다 못한 거리를 유지하며 읽습니다.

이런 아이들을 보면서 고맙고 후련한 마음이 듭니다. 이제 품에 안고 책과 씨름하던 아이들의 유년기가 끝났다는 아쉬운 감정도 없진 않습니다. 하지만 달리 생각하면 중학생이 된 지금까지도 마음 붙일 책을 찾지 못해 제 곁을 맴돌거나 유튜브만 보고 있다면 그 일을 어쩔 뻔했나 싶습니다. 감사한 마음이 훨씬 큽니다. 아무리 늦된 아이도 결국 혼자 밥을 퍼먹고, 혼자 누워 자고, 혼자 교실까지 걸어가는 것처럼 읽기라는 것도 결국 이렇게 자기만의 속도로 독립을 이루어냅니다.

읽기 독립이 또래보다 늦어지면 뒤처지는 듯해 답답한 마음이 들게 마련이지만 아직 아이의 때가 안 되었을 뿐 결국 된다는 점을 계속해 떠올리세요. 아이를 재촉하고 훈련해 그 시기를 약간 당길 수 있지만 그래봤자 고작 1년 남짓입니다. 초등 시기에 1년이 작냐고 물으시면 '점보다 못한 차이'라고 단언합니다. 겨우 그 정도의 차이 때문에 아이의 학습, 성장, 학교생활, 공부 독립이 치명적으로 늦어지는 일은 없을 겁니다.

어떤 일이든 상황이 벌어지는 중에는 잘 보이지 않습니다. 저도 초등이라는 터널을 지나면서 불안함과 답답함이 적지 않았습니다만 지나고 보니 확실해졌습니다. 살짝 먼저 빠져나온 제가 확신을 드릴게요. 읽기 독립 그거, 늦어도 괜찮습니다. 때 되면 혼자 읽고요, 때가 좀 늦어도 아무 일도 일어나지 않습니다.

속도를 존중받은 아이의 독서에 관한 감정

혼나고 재촉당한 덕분에 읽기 독립의 시기를 몇 개월 당긴 아이들은 책에 관한 부정적인 감정을 오래도록 안고 삽니다. 이 아이에게 책은 반드시 혼자 또박또박 읽어내야 하는 것, 친구들보다 잘 읽어야 하는 것, 읽은 책의 내용은 제대로 기억해야만 하는 것, 읽고 나면 말과 글로 느낌을 표현해야만 하는 것이라는 부담스럽고 어려운 숙제입니다.

그래서 저는 아이 각자의 속도를 존중하려 노력했고, 속도를 존중받은 아이는 자기 나름대로 책에 관한 긍정적인 감정을 갖기 시작했습니다. 제 두 아이는 생김새도 하는 짓도 너무 다른데, 어쩜 그렇게 한글 해득과 읽기 독립은 약속한 듯 늦었는지 한참을 애태웠습니다.

그렇게 아이들의 속도를 존중하면서 아이들에게 기대한 책에 대한 감정은 다분히 이런 것들입니다.

'책이 유튜브보다는 훨씬 재미없지만 어차피 유튜브 보는 시간은 끝났으니까 슬슬 어제 읽던 책이나 다시 읽을까? 책도 뭐 그닥 나쁘지는 않아.'

'지난번에 읽어보니까 이 책이 재미없지는 않았어. 뒷얘기가 궁금하니까 조금 더 읽어볼까?'

'그래도 책 읽는 게 공부하는 것보단 훨씬 낫지. 책 읽으면 공부하라고 덜 시달릴 수 있으니 일단 책을 읽자.'

'아, 공부하기 지겨워. 잠깐 쉬면서 책 좀 읽어야지.'

'친구들이랑 놀 때, 재미있긴 하지만 번거롭고 시끄럽고 복잡해. 오늘은 그냥 책 읽어야겠다. 싸울 일 없으니 이것도 나쁘진 않지.'

이런 정도의 느낌이면 충분합니다. 그 이상은 기대하지 맙시다. 어른인 우리도 책보다 유튜브가 백배는 더 재미있지 않습니까.

읽을 수 있는데 안 읽는 아이의 마음 살피기

한글을 완벽하게 뗐고 혼자서도 잘 읽을 수 있는데 혼자 읽으라고 하면 기어이 안 읽는 아이가 있습니다. 꼭 약 올리는 것처럼 말이죠. 그래서 계속 읽어주면 읽기 독립이 늦어지고 버릇만 나빠질 것 같아 험악한 분위기를 만들어서라도 혼자 읽게 하는 부모님이 있습니다. 그게 아이를 위한 거라 믿기 때문에 그런 결정을 했을 겁니다.

이 상황에서 아이의 마음을 들여다볼 필요가 있습니다. 아이는 왜 혼자 읽지 않으려고 할까요? 아이 마음에는 아빠 엄마에 대한 서운함과 외로움이 있을 거예요. 분명 얼마 전까지 무릎에 자기를 앉히고 책을 읽어주던 아빠 엄마였습니다. 그런데 한글을 읽게 되자 기다렸다는 듯이 독서라는 숙제를 던져놓고 아빠 엄마는 스마트폰만 붙잡고 있습니다. 그 모습을 보면 아이는 김이 빠집니다. 아무도 도와주지 않는 숙제를 받은 것처럼 외롭습니다.

책 표지를 보면 분명히 재미있을 것 같은데, 엄마가 틀어놓은 텔레비전 소리에 귀가 쫑긋해지고, 아빠의 스마트폰 화면에 눈이 쏠립니다. 아빠 엄마가 읽어줄 때는 재미있었는데 혼자 책을 읽으려니 별 재미가 없어 보입니다. 읽으라는 만큼만 딱 읽고 텔레비전이나 스마트폰 대열에 합세합니다. 눈을 반짝이며 책을 꺼내 들고 오던 아이가 읽기 독립 단계에서 책과 시들해지는 평범하고 자연스러운 과정입니다.

아빠 엄마의 심정도 모르는 건 아닙니다. 지난 몇 년간의 구연동화에 지친 부모가 간신히 아이의 읽기 독립에 닿으면 '이제 나도 좀 쉬자, 너무 힘들었다!'라는 마음이 듭니다. 그래서 스마트폰과 텔레비전으로 쉬이 돌아가지만, 그러기에는 아직 아이의 독서 심지가 약합니다. 간신히 닿은 읽기 독립이 물거품이 되어버릴 수도 있습니다. 아이의 독서 심지가 단단해질 때까지, 당분간만이라도 아이가 혼자 책을 펴드는 기특하고 감동적인 시간에 부모도 무언가 읽는 것을 원칙으로 해주세요. 어른 책, 아이 책, 그림책, 만화책, 잡지, 신문 등 종이에 글자가 써진 거라면 뭐든 좋습니다. 하물며 전단지나 관리비 내역서도 됩니다.

더불어, 혼자서 충분히 즐겁게 읽을 수 있다는 걸 알게 해주면 좋습니다. 그림만 봐도 이해가 될 만한 쉬운 그림책이 있다면 혼자 뒤적여보게 하고, 만화책은 읽겠다는 아이라면 그거라도 읽게 해주고, 오디오북을 들으며 눈으로 따라 읽게 해도 괜찮습니다.

부모의 부업은 책 큐레이터

1단계의 부모가 영혼 없는 목소리로 그림책을 읽어주는 오디오북 역할이었다면, 2단계부터는 역할이 달라집니다. 각 단계마다 성공한 책의 소재와 주제를 반영하여 아이 나름의 책 세계를 자연스럽게 확장해주는 안내자 역할로 말이죠. 박물관이나 미술관 등에서 재정 확보, 유물 관리, 자료 전시, 홍보 활동 따위를 하는 사람을 '큐레이터'라고 부릅니다. 부모는 내 아이만의 책 큐레이터라는 부업을 시작해야 합니다.

초등 아이가 의지와 열정을 실어 스스로 독서 단계를 밟아가는 일은 결코 없다고 전제하고, '어떻게 하면 혼자서도 읽고 싶은 마음이 들게 만들 것인가?'를 고민해야 합니다. 이 모든 수고는 훗날 어떤 식으로든 보상으로 돌아온다는 걸 알기에 재능 기부나 헌신이 아닌 '부업'이라고 생각해주세요.

최고의 방법은 노출입니다. 초등 독서의 성패를 좌우하는 사자성어는 '견물생심(見物生心, 물건을 보면 가지고 싶은 마음이 생김)'입니다. 집 안 곳곳에 아이가 호기심을 느낄 만한 책을 전시해야 합니다. 거창한 전시는 아니고요, 소파 팔걸이에 한 권, 책상 구석에 한 권, 등교할 때 책가방에 한 권, 방바닥에 한 권, 침대 근처에 한 권, 책장에 표지가 보이게 꽂아놓은 책들, ….

이런 식으로 마음이 동하면 읽어볼 수 있을 만한 책을 집 안 곳곳에 뿌려서 아이 눈에 자꾸 띄게 해야 합니다. 늘어놓은 책 중 한 권에라도 걸려들면 성공입니다. 대부분 실패하지만 개중 한두 권엔 걸려듭니다. 이런 큰 기쁨을 주는 부업도 흔치 않습니다.

책이 있는 공간에 일부러 데려가는 방법도 훌륭합니다. 한 달에 한 번은 서점과 도서관에 들러 아이가 직접 책을 골라보게 하세요. 그러다 운 좋게도 아이가 좋아하는 작가나 재미있게 읽은 책이 생기면 그 작가가 쓴 다른 책을 엮어서 권해보세요. 시리즈물 중 1권을 재밌게 보았다면 2, 3, 4권도 있음을 알려주고, 같은 작가가 쓴 다른 시리즈도 있다고 알려주세요. 그러다 보면 그 시리즈 신간은 무조건 읽어야 하는 줄 압니다. 이런 책들의 존재를 무심한 듯 알려만 주세요. 선택과 결정은 아이의 영역입니다.

또 이 과정에서 아이가 관심을 보이는 특정 주제가 생기면 그 분야에 관한 책의 존재를 알려주면서 서서히 3단계에 오를 준비를 해야 합니다. 오프라인 도서관이나 서점 방문이 어렵다면 온라인 서점 중 초등 분야의 베스트셀러 목록을 아이와 함께 살피면서 마음에 드는 책을 골라보는 것도 추천합니다.

[추천] 읽기 독립을 하고 싶게 만드는
진짜 재미있는 이야기책

아이들은 자신과 가까운 이야기를 더 재미있다고 여기고, 또래 아이들과 이야기를 나눌 수 있는 요즘 뜨는 책을 더 읽고 싶어 합니다. 아무래도 단행본이 이런 트렌드를 잘 담고 있고, 부담 없이 읽기에도 낫기 때문에 읽기 독립의 성공 확률도 전집보다는 단행본이 높습니다. 재미있다고 느낄 만한 단행본을 전시해둔 대형 서점 나들이를 추천하는 이유입니다.

· **마법사 똥맨** 송언 글·그림 | 창비
· **만복이네 떡집** 김리리 글, 이승현 그림 | 비룡소
· **수상한 화장실** 박현숙 글, 유영주 그림 | 북멘토
· **천하무적 개냥이 수사대** 이승민 글, 하민석 그림 | 위즈덤하우스

· **엄마 사용법** 김성진 글, 김중석 그림 | 창비
· **꽝 없는 뽑기 기계** 곽유진 글, 차상미 그림 | 비룡소
· **고양이 해결사 깜냥** 홍민정 글, 김재희 그림 | 창비
· **강남 사장님** 이지음 글, 국민지 그림 | 비룡소

· **프린들 주세요** 앤드루 클레먼츠 글, 양혜원 그림 | 사계절
· **한밤중 달빛 식당** 이분희 글, 윤태규 그림 | 비룡소
· **우당탕탕 야옹이와 바다 끝 괴물** 구도 노리코 글·그림 | 책읽는곰
· **잘못 뽑은 반장** 이은재 글, 서영경 그림 | 주니어김영사

· **변신 돼지** 박주혜 글, 이갑규 그림 | 비룡소
· **욕 좀 하는 이유나** 류재향 글, 이덕화 그림 | 위즈덤하우스
· **책 먹는 여우** 프란치스카 비어만 글·그림 | 주니어김영사
· **깊은 밤 필통 안에서** 길상효 글, 심보영 그림 | 비룡소

같은 작가의 시리즈물 활용하기

이야기책의 재미를 알아가는 이 단계는 시리즈물이나 같은 작가가 쓴 다른 책으로 확장하기 좋은 시기입니다. 아래와 같이 같은 작가의 시리즈물로 이을 수 있습니다. 한동안 책과 소원했던 아이라도 재미있게 읽었던 시리즈의 신작이 나오면 다시 책의 바다에 빠질 수 있으니 활용해볼 만합니다.

만복이네 떡집

장군이네 떡집

소원 떡집

양순이네 떡집

수상한 화장실

수상한 방송실

수상한 기차역

수상한 운동장

내 멋대로 아빠 뽑기

내 멋대로 나 뽑기

내 멋대로 동생 뽑기

내 멋대로 친구 뽑기

고양이 해결사 깜냥

걱정 세탁소

눈물 쏙 스펀지

엄마 출입 금지!

잘못 뽑은 반장

또 잘못 뽑은 반장

잘못 뽑은 전교 회장

잘못 걸린 짝

책 먹는 여우

책 먹는 여우와
이야기 도둑

책 먹는 여우의
겨울 이야기

책 먹는 여우의
여행 일기

한밤중 달빛 식당

신통방통 홈쇼핑

사라진 물건의 비밀

글밥 늘리기
더 어려운 책에 도전하게 하려면

좋은 책을 읽는 것은 과거의 가장 뛰어난 사람들과
대화를 나누는 것과 같다.

- 르네 데카르트

글밥 늘리기
더 어려운 책에 도전하게 하려면

2단계인 읽기 독립 시기가 흥미롭고 다양하고 재미있는 이야기책을 접하면서 책과 친해지는 단계라면, 3단계는 글밥이 확연히 늘고 서사 구조도 복잡해지는 어려운 책에 도전하는 단계입니다. 우리도 이제 슬슬 수준 좀 높여볼까요?
3~6학년 아이들 중 글밥을 늘리고 더 어려운 책을 시도하는 모든 아이가 이 단계에 해당합니다.

[점검] 더 어려운 책을 읽을 준비가 되었을까?

아이가 더 복잡하고 수준 높은 책을 읽을 준비가 되었는지 점검해 볼게요. 요즘 우리 아이의 책에 관한 마음과 반응이 어떤지 짚어보는 것으로 3단계를 시작해보겠습니다. 아이가 다음과 같은 모습을 보인다면 글밥 늘리기가 이미 시작되었거나 충분히 준비된 상태라 생각할 수 있습니다.

1

어렵다던 책을 다시 읽었는데 이해가 되는 모양이다.

분명히 2단계에서 어렵게 느껴 포기했던 책이라 못다 읽고 책장 어딘가에 꽂아뒀는데, 그 책을 꺼내어 읽고 조금씩 이해하는 것 같아 보일 때가 있습니다. 아이 생각이 그만큼 자랐다는 증거입니다.

2

책을 읽다가 이 어휘가 무슨 뜻이냐며 자꾸 물어본다.

모르는 어휘의 뜻을 묻는다는 건 어휘 수준이 낮다는 의미가 아니라 어딘가에서 조금 더 어려운 글을 읽고 새로운 어휘에 노출되었다는 의미입니다. 이전에는 관심도 없던 어휘의 뜻을 궁금해한다면 글밥을 올려주는 시도가 필요합니다.

3

좋아하는 영화/동물/유튜브/연예인 정보를 검색해서 찾아보더니 줄줄 왼다.

좋아하는 영화를 보고 왔거나, 좋아하는 TV 오디션 프로그램을 보고 난 다음 인터넷 서핑을 하면서 관련 정보를 찾아보고 있다면 알고 싶은 욕구가 생기기 시작했다는 증거입니다. 지금입니다.

4

책을 고를 때 겁 없이 덤빈다.

표지 그림은 신경 쓰지만 본문에 그림이 얼마나 들어있는지, 글밥이 얼마나 되는지 크게 신경 쓰지 않고 대담하게 책을 고르곤 합니다. 어렵지 않겠냐고 물어도 상관없다며 잘난 척합니다. 재미있어 보이면 글밥이 많아도 읽어보려 합니다.

5

반복해서 보는 책이 생긴다.

대충 쓱 읽는가 싶었는데 언제부턴가 찬찬히 읽곤 합니다. 무슨 책인가 들여다보면 2단계에서 대충 읽고 말았던 책일 겁니다. 그때는 정확히 이해하지 못해 진짜 재미를 못 느꼈던 책을 이제 다시 읽으니 재미있다고 한다면 긍정 신호!

[핵심] 학원 앞에 흔들리지 않는 부모의 의지

혼자 읽는 게 최고의 목표이자 태도였던 2단계에서는 그림책과 만화책의 비중이 높을 수밖에 없었습니다. 그거라도 읽기만 하면 고마운 시기니까요. 하지만 3단계는 글밥을 차근히 늘려가면서 독서의 여러 목표, 그중 문해력을 집중적으로 다지는 시기로 바라봐야 합니다. 얼핏 들으면 대단히 깊은 독서로 보이지만 그런 것만도 아닙니다. 올라가는 학년에 맞춰 자연스럽게 글 양이 늘고, 내용이 복잡해지고, 문장이 길어지는 책으로 높여가는 과정 정도로 생각해도 괜찮습니다. 2단계에서 읽던 이야기책이 글 반 그림 반이었다면, 3단계에서 읽는 책은 글 비중이 눈에 띄게 늡니다.

3단계를 통해 글밥을 늘려본 경험이 있고, 복잡해 보이는 긴 이야기를 완독해본 경험이 있어야 다양한 영역의 독서에 도전하는 다음 단계에서 새로운 분야를 만나도 덜 당황합니다. 좋아하고 재미있는 글의 도움으로 독서력을 충분히 올려두면 관심 없고 낯설고 어렵게 느껴지는 분야의 글에도 도전할 힘이 생깁니다. 3단계의 목표이자 의미입니다.

부모의 의지로 결정되는 단계

1단계는 부모의 꾸준함이 성패를 가르고, 2단계는 읽기 독립을 향한 아이의 의지가 중요했다면, 3단계는 독서 시간을 확보해주겠다는 부모의 의지가 관건입니다. 이 단계에서 아이들은 본격적인 독서를 통해 문해력과 사고력의 수준을 높여가지만 그와 동시에 부모는 주요 과목의 성적과 진도에 본격적으로 신경을 쓰기 시작하는 시기이기 때문입니다. 부모가 애써 마음을 다잡지 않으면 문제집, 학원, 학습지만으로 일주일을 가득 채울 수 있는 시기인 동시에 학교와 학원에서 본격적인 레벨 경쟁이 시작되는 시기이기도 합니다.

학원과 학습량을 늘리고 눈에 보이는 성적을 끌어올리는 일은 중학교에 입학한 다음에도 할 수 있는 일입니다. 장담컨대, 결코 늦지 않습니다. 제가 겪어보니 그렇습니다. 이 시기의 아이가 공부를 위해 독서를 멈추면 문해력 수준은 초등 3·4학년 수준에서 올라가지 못합니다. 이 아이들에게 중·고등학교 교과 내용은 너무나 어렵습니다. 당연히 입시 결과를 기대할 수 없습니다.

초등 중·고학년 시기의 독서 시간은 어떻게든 확보해야 할 어려운 숙제로 받아들여야 합니다. 이걸 해주고 나서 입시 결과를 기대하는 게 맞습니다. 음식을 아무리 많이 만들어도 그릇이 작으면 담지 못한다는 점을 끊임없이 떠올려야 합니다. 책을 읽어오던 아이가 학원 때문에 독서를 중단했다가 중·고등학생 시기에 다시 책을 잡아 문해력, 사고력, 어휘력을 키울 가능성은 제로에 가깝습니다. 독서는 지금 멈추면 이대로 끝입니다.

사춘기 조짐을 보이기 시작한 아이가 이제 부모 말을 듣지 않는다며 엄격한 학원에 등록시키고 학습량을 파격적으로 늘리도록 결제해주는 걸 초등 중·고학년 부모의 최우선 과제로 생각하고 있었다면 한 발자국 물러나 생각해야 합니다. 학업 성적 목표가 최상위권이고, 아이가 잘하려는 의지를 보이고, 잘할 것 같은 싹이 보이면 더욱 그렇습니다.

중요하다는 과목이 매일 하나씩 바뀌고 추가되며, 아무리 늘려도 어차피 내 아이의 학습량은 부족해 보이는 시기입니다. 그럴 때 부모의 눈에 가장 만만해 보이는 게 독서입니다. 독서를 줄이면 문제집을 늘릴 수 있고, 학원 숙제를 빠짐없이 해가려면 책 볼 시간은 없는 게 당연해집니다. 책과 친해지는 물이 들어오는 바로 이 시기에 힘차게 노를 저어 앞으로 쭉쭉 나아가야 하는데 물이 들어온 걸 알면서도 노를 젓다 말다를 반복합니다. 그러니 치고 나가질 못합니다. 문해력은 결국 초등 저·중학년 수준에 머물고 맙니다.

상황이 이토록 심각한데 이 단계를 지나는 초등 아이를 둔 부모들은 오히려 걱정을 덜 합니다. 무슨 말이냐면, 초등 중·고학년 아이가 책을 읽지 않아 걱정이라고 하소연하는 부모가 사라지고 있다는 의미입니다. 독서 시간이 줄어든 건 걱정 축에도 끼지 못합니다. 초등 중·고학년 학부모의 마음은 늘 바쁘고 쫓깁니다. 수학 선행 진도를 쭉쭉 빼주는 학원을 찾느라 바쁘고, 뻔히 외운 영어 단어를 가지고도 만점이 안 나오니 등급 올릴 방법을 고민하는 것도 부모 몫입니다. 해도 해도 끝이 없고 아이 실력은 뻔하니 바쁜 것도 힘든데 머리까지 아픕니다.

중학교 성적은 무엇으로 좌우될까?

초등 중·고학년 아이의 학원 횟수·종류·시간을 늘리는 이유는 분명합니다. 똘똘한 편이라면 중학교에서 최상위권 또는 상위권 성적을 받아오길 바라는 마음이고요, 그 정도 수준이 아니라면 중학교에서 뒤처지지 않기를 바라는 마음이지요. 물론 중학교 이후 과정까지 길게 보고 대학 입시에 유리한 정보를 찾기도 하지만 일단은 닥쳐올 중학교 걱정이 산더미입니다.

다니던 영어 학원은 끊을 수 없어 계속 다니는데, 외워야 할 단어는 계속 더해지고 문법과 쓰기까지 시작한 아이는 아무리 외워도 완성되지 않는 영어의 벽을 만납니다. 고학년이 되어 다들 시작하지 않고는 못 배긴다는 수학 선행을 시작하면 이곳에 또 하나의 세계가 열립니다. 이건 뭘까, 다들 이렇게 선행을 하는 걸까 싶은 버거운 숙제와 잦은 평가 속에서 전쟁 같은 나날을 보내지요.

이런 식의 공부가 나쁘다는 게 아니에요. 제 아이들도 매일 수학 문제집, 영어 단어와 싸우고 있습니다. 모두 이해하고, 모두 겪어봤고, 지금도 겪고 있습니다. 중요한 건 전략입니다. 하지 말라는 게 아니라 우선순위를 정하고 해야 한다는 거예요. 공부 잘하고 싶다는 아이가 좋은 성적을 받을 수 있게 학원을 늘리고 독서를 중단했다면, 그게 아이의 중학교 성적을 위한 최선이라고 확신할 수 있어야 합니다.

중하위권 중학생이 최상위권 고등학생이 되었다는 천지개벽하는 사례는 다루지 않겠습니다. 상위권 고등학생은 중학생 때도 잘하던 아이들이 대부분입니다. 중학교 때 성적이 형편없었는데 고등학교에 가서 마음먹고 공부하더니 서울대에 합격했다는 사례는 내 아이의 일이 아닐 가능성이 높습니다. 훗날 어떤 대학교의 합격 통지서를 받게 될지 지금은 가늠하기 어렵지만, 중학교 성적으로 어느 정도 짐작해볼 수 있다는 말입니다.

초등학생 때 단원평가 점수를 잘 받고 선행 진도도 빠르던 아이들이 맥없이 무너지는 지점은 중학교에 입학하여 교과서 본문을 만났을 때입니다. 겨우 교과서 한 쪽 읽는 일이 이렇게까지 곤란한 일인가 싶을 만큼 중학교 1학년 교과서의 본문에는 낯선 어휘들이 경쟁하듯 등장합니다. 교과서를 읽어 내려가기도 어려운데 집중이 될 리 없습니다.

교과서가 어려우면 교과서를 정리해놓은 자습서를 보면 되고, 혼자 공부하기 힘들면 학원 선생님이나 인터넷 강의를 해주는 선생님의 설명에 기대도 되지만, 모든 과목의 공부를 자습서와 사교육에 의존해서 해결할 순 없습니다. 아니, 가능은 합니다. 하지만 그렇게도 바라는 최상위권은 기대할 수 없습니다.

자습서와 사교육 없이도 교과서와 학교 수업만으로 어느 정도까지 소화하는 상태여야 자습서와 사교육도 빛을 발할 수 있습니다. 결국 공부의 절대량이 필요한 건 맞지만, 무조건 많이 하기보다 제대로 하는 전략이 너무나도 절실합니다.

[방법] 글밥은 어떻게 늘릴 수 있을까?

책을 좋아해서 읽는 아이는 별로 없습니다. "한 시간을 자유 시간으로 줄게. 유튜브 볼래, 책 읽을래?"라고 물어보세요. 장담컨대, 책을 선택하는 아이는 없을 겁니다. 저도 같습니다. 비교가 안 되죠. 유튜브를 봐도 된다는데 누가 책을 읽습니까. 아이가 공부에 도통 관심이 없어서 그런 게 아니고, 제가 게으른 작가라서 그런 게 아닙니다. (생각해보니 살짝 그런 것 같기도 하지만요.)

사람의 뇌는 원래 그 모양으로 태어났습니다. 태어난 대로 매우 자연스럽게 한 선택이 유튜브입니다. 뇌는 조금 더 쉽고 편하고 재미있고 자극적인 것을 선호합니다. 그런 뇌의 본성을 거스르면서 굳이 해야 하는 어렵고 불편하고 지루한 활동이 독서입니다. 온갖 화려한 섬네일로 장식된 영상들이 서로 나 좀 눌러달라고 애원하는 유튜브의 바다에 푹 빠져 그 맛을 알아버린 아이를 책 근처로 오게 하는 방법은 단순하면서도 단호합니다.

이왕 목표를 '읽는 중학생'으로 잡았다면 글밥은 빠르게 늘릴수록 무조건 유리합니다. 글밥을 늘려본 부모라면 충분히 경험했을 텐데요, 글밥이 늘어날수록 책 선택의 폭이 넓어지면서 보다 재미있는 책을 어린 나이에 경험하게 될 확률이 높아집니다.

예를 들어 설명해볼게요. 히가시노 게이고 작가가 쓴 《나미야 잡화점의 기적》이라는 소설은 초등 고학년 아이도 충분히 이해할 수 있는 수준입니다. 꽤 흥미로운 이야기를 담고 있어 초등학생 중에서도 읽는 아이들이 꽤 있지만 문제는 글밥입니다. 무려 456쪽이나 되는데 이 정도면 성인용 단행본치고도 두꺼운 편에 속합니다. 이러한 이유로 어느 정도 글밥을 소화할 수 있는 아이들에게만 권할 수 있는 책이 되었습니다.

이 말은 글밥만 늘리면 지금보다 훨씬 다양한 책으로 쉽게 확장할 수 있다는 말이기도 합니다. 그래서 글밥 늘리기 전략을 공유합니다. 내 아이에게 맞는 방법을 찾을 때까지 하나씩 시도하고, 1년 후에 다시 시도하고, 아닌 척하다가 다시 시도하면서 적합한 전략인지 아닌지를 확인해가야 합니다.

첫째, 판타지 소설을 허락하세요

아이들은 재미있다고 끌어안고 보는데, 부모 눈에 탐탁지 않은 책이 두 종류 있습니다. 바로 학습만화와 판타지 소설입니다. 글밥이 꾸준히 늘고는 있지만 몇 년째 판타지 소설과 추리 소설의 세계에서 빠져나오지 못하는 아이를 보고 있자면 그냥 둬도 될지 불안할 겁니

· **이사도라 문** 해리엇 먼캐스터 글·그림 | 을파소
· **구스범스** R. L. 스타인 글, 소윤경 그림 | 고릴라박스
· **미지의 파랑** 차율이 글, 샤토 그림 | 고릴라박스
· **스무고개 탐정과 마술사** 허교범 글, 고상미 그림 | 비룡소

다. 학습만화를 읽기 독립을 위한 징검다리로 활용했다면, 판타지 소설은 글밥 늘리기라는 목표를 위한 징검다리로 활용할 수 있습니다.

재미있고 다음 이야기가 궁금하면 아무리 글자가 작고 글이 길어도 읽어내려고 애를 씁니다. 부모 마음을 흡족하게 해주는 고전과 현대문학 등의 훈훈한 분야에 도전하기 위한 준비 단계라 생각하고 판타지 소설과 추리 소설을 쿨하게 허락해주세요.

둘째, 옴니버스 형식 이야기책을 적극 활용하세요

아무리 재미있어도 처음부터 긴 글을 훅훅 읽어내는 아이는 없습니다. 아무리 맛있고 몸에 좋아도 이유식을 먹는 아이가 불고기를 먹을 수 없는 것처럼 말입니다. 복잡한 서사가 담긴 책 한 권을 쉼 없이 읽어주면 정말 훈훈하겠지만 그걸 기대하려면 옴니버스 형식, 즉 공통된 배경과 캐릭터가 등장하지만 회별로 이야기가 시작되고 마무리되는 책부터 도전하여 성취감을 맛보게 해야 합니다.

· **빤쓰왕과 사악한 황제** 앤디 라일리 글·그림 | 파랑새
· **이상한 과자 가게 전천당** 히로시마 레이코 글, 쟈쟈 그림 | 길벗스쿨
· **명탐견 오드리: 추리는 코끝에서부터** 정은숙 글, 이주희 그림 | 사계절
· **삼백이의 칠일장** 천효정 글, 최미란 그림 | 문학동네

한 챕터를 읽어본 아이는 나머지 챕터를 구슬 꿰듯 모아가며 전체 이야기를 소화합니다. 아이 친구들이 장편 소설을 읽어낸다고 하면 얼른 부러운 마음이 들지만, 사실 한 챕터를 읽다 보면 언젠가는 자연스럽게 내 아이 손에도 장편 소설이 들려 있을 거예요. 이유식 먹던 아이가 살다 보면 불고기에 밥도 비벼 먹고, 두 그릇도 뚝딱합니다.

셋째, 전개가 빠른 책으로 시선을 사로잡으세요

제목부터 심상치 않았는데 이야기 초반부터 전개가 빠르고 흥미로운 사건이 툭툭 더해지는 책이 있습니다. 등장인물들은 정신없이 어떤 사건에 휘말렸다가 해결을 했다가 또 곤경에 처하거나 새로운 상황에 놓이게 되죠. 전개가 빠르다 보니 사건 뒤를 쫓다 보면 어느새 책장이 훌쩍 넘어가 있는 경우가 많아서 읽는 아이가 놀라기도 합니다. 이처럼 다소 정신없어 보이는 책으로 글밥을 충분히 늘린 후에 전개가 느리지만 심리 묘사 비중이 높은 이야기로 자연스럽게 넘어가세요.

· **십 년 가게** 히로시마 레이코 글, 사다케 미호 그림 | 위즈덤하우스
· **천년손이 고민해결사무소** 김성효 글, 정용환 그림 | 해냄출판사
· **귀신 사냥꾼이 간다** 천능금 글, 전명진 그림 | 비룡소
· **이상한 과자 가게 전천당** 히로시마 레이코 글, 쟈쟈 그림 | 길벗스쿨

넷째, 시리즈에 도전하세요

한 권을 읽어내기 어렵다면 글밥을 좀 줄이는 동시에 다섯 권 정도의 시리즈로 구성된 책에 도전해보는 것도 의미가 있습니다. 처음엔 두세 권 정도로 구성된 시리즈도 좋고요. 발전하면 열 권짜리 시리즈도 가능합니다. 이렇게 시리즈물을 읽어내면서 얻는 성취감은 아이에게 큰 재산이 됩니다.

코드네임 시리즈 강경수 글·그림 | 시공주니어   헌터걸 시리즈 김혜정 글, 윤정주 그림 | 사계절

다섯째, 지금 사는 시대를 배경으로 하는 책에서 시작하세요

시대적 배경도 아이에게는 걸림돌이 될 수 있습니다. 고전이 쉽게 읽히지 않는 이유 중 하나가 낯선 시대적·공간적 배경 탓입니다. 미국의 남북 전쟁, 러시아의 1800년대, 중국의 근대화 시절 등 21세기의 대한민국에서 나고 자라는 아이에게 너무 낯선 배경은 부담스러운 벽처럼 느껴질 수 있습니다. 요즘 아이들의 생활 중심 책으로 글밥을 빠르게 늘리고 과거와 미래를 되돌아보는 주제 의식이 있는 책을 조금씩 추가해보세요.

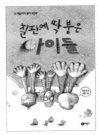

· **칠판에 딱 붙은 아이들** 최은옥 글, 서현 그림 | 비룡소
· **위풍당당 여우 꼬리** 손원평 글, 만물상 그림 | 창비
· **5번 레인** 은소홀 글, 노인경 그림 | 문학동네
· **굿바이 6학년** 최영희 외 | 위즈덤하우스

여섯째, 다양한 글밥의 책을 섞어서 보게 하세요

글밥을 늘리겠다는 욕심으로 책장에 글밥 많은 책만 줄줄이 꽂아 두면 아이는 질려버립니다. 책장 근처에 가는 게 무서워집니다. 사이 사이에 그림책이나 저학년 문고처럼 글밥이 적고 술술 읽히는 책을 섞어서 넣어주세요. 그래야 지치지 않습니다. 아이들은 책을 몇 권 읽었느냐도 매우 중요하게 생각하거든요.

읽은 책의 권수가 지속적으로 늘어나야 아이들도 더 읽을 맛이 납니다. 많이 읽었다는 걸 자랑할 수 있도록 빠르게 읽을 수 있는 글밥 적은 책을 섞어주세요. 제가 가볍게 읽히는 수필과 머리를 싸매게 만드는 인문서, 하루 저녁에 뚝딱 끝낼 수 있는 단편 소설을 섞어 읽는 이유도 실은 여기에 있습니다.

일곱째, 아이의 취향을 존중해주세요

우리 아이는 왜 독서로 사고력을 키워나가지 못하는 걸까? 아이가 문제인가, 내가 문제인가? 제발 좀 어느 날 하루 정도는 유튜브 보고 싶다고 졸라대듯 아이가 책 읽고 싶다고 애원했으면 좋겠습니다. 그런데 뜻밖에도 이 문제를 해결하기 위한 힌트를 유튜브에서 발견할 수 있습니다.

"엄마, 유튜브 봐도 돼요?"라고 묻는 아이에게 영상을 틀어주면서 "지금부터 10분 동안 이 영상을 보고, 나머지 20분은 저 영상을 봐"라고 하지 않는 게 보통입니다. 자극적이고 폭력적인 내용만 아니라면 "그래, 좋아하는 채널 재미있게 보고 대신 시간 지켜라" 정도로 협의를 볼 겁니다. 정해진 시간 동안은 유튜브에 있는 그 많은 영상 중 보고 싶은 것을 마음껏 선택해서 보라는 의미입니다.

글밥 늘리기의 출발은 언제나 '내 아이가 성공한 책 한 권'입니다. 아이가 재미있다고 한 책에서 출발하면 크게 돌아가지 않습니다. 성공한 책이 곧 아이의 취향이기 때문입니다. 세상에 얼마나 다양한 책이 있는지 모르지만 어떤 책이 내 취향을 제대로 저격해주기를 내심 기다리는 게 독서를 시작한 어린이의 마음입니다. 어차피 부모의 강요로 읽긴 읽어야 한다면 재미있는 책을 읽고 싶은 게 당연한 마음이지요.

여덟째, 좋아하는 작가의 책으로 이어주세요

어떤 작가를 좋아하세요? 저는 김영하, 임경선, 김애란, 무라카미 하루키, 더글라스 케네디를 좋아하여 이 작가들의 책을 찾아서 읽습니다. 이 작가들의 책은 거의 다 읽은 탓에 겹치는 내용도 발견하고, 작가마다 자주 사용하는 권태로운 표현도 잡아낼 정도가 되었지만 그럼에도 시간이 날 땐 또 이 작가들의 책을 집어 듭니다.

새로운 정보를 얻기 위해서도 아니고 도장 깨기를 하듯 기필코 읽어내야겠다는 다짐을 해서도 아닙니다. 그냥, 사람으로서 이들이 좋아진 겁니다. 정이 든 거예요. 뭔 얘기를 하든 일단 듣고 보겠다는 마음이에요. 개중에는 실망한 작품도 있었지만 그럼에도 다음 작품을 기다립니다. 비슷한 이야기라도 좋다, 아니, 비슷한 이야기를 써줬으면 좋겠다는 심정입니다.

책을 읽기 시작한 아이에게도 좋아하는 작가가 생겨날 거예요. 성공한 책을 발견했다면 그 책의 작가에 주목하세요. 그 작가의 다른 책은 우리 아이가 성공한 그 책과 비슷한 문체나 내용이나 배경이나 주인공을 가졌을 가능성이 높고, 아이의 마음을 또 한 번 흔들어줄 가능성이 높습니다.

아홉째, 좋아하는 주제의 책으로 이어주세요

아이가 작가가 아닌 책의 주제에 관심을 보여 성공한 경우라면 비슷하거나 관련된 주제를 담은 책으로 이어줘도 성공 확률이 높습니다. 지식 책이라면 성공 확률이 훨씬 높아지지만, 이야기책도 가능합니다.

탐정이 주인공이 되어 사건을 해결하는 주제에 관심을 보인다면 조금 더 복잡한 사건을 다루면서 탐정이 등장하는 책을 찾아보면 되고요, 교실에서 일어난 일들을 주요 에피소드로 다루는 학교물에 관심을 보인다면 비슷한 배경과 주제의 책도 많습니다. 참, 아이도 왜 그걸 재미있다고 느끼는지 정확하게 표현하기 어려워할 테니 "그게 왜 재미있어?"라는 질문은 참아주세요.

열째, 온라인 서점을 적극 활용하세요

오프라인 서점에 가면 눈에 잘 띄는 매대에 진열된 책들이 있어요. 고객들이 많이 찾을 법한, 혹은 잘 몰랐지만 표지를 들춰볼 만한 검증된 책인 경우가 많습니다. 온라인 서점에도 그와 비슷한 방식의 진열이 이루어지고 있는데요, 예를 들면 5·6학년 창작 동화 베스트 순위, 한 책을 검색했을 때 이 책을 구입한 분들이 함께 산 책, 이 책을 구입한 분들이 많이 산 책의 목록 등을 보여주는 방식입니다. 저도 제 책과 아이들 책을 고를 때 자주 활용하는 방법으로 취향을 저격당할 가능성이 매우 높으면서도 쉬운 방법입니다.

Yes24

인터넷 교보문고

알라딘

인터파크

구글 알고리즘의 원리

아무도 소개해주지 않아 모를 뻔했던 유익한 정보가 담긴 채널과 보는 내내 웃게 만드는 재미있는 영상을 내 눈앞에 가져다 놓아준 유튜브 알고리즘에 고마운 마음이 들었던 적이 있을 거예요. ('슬기로운 초등생활' 채널과의 만남이 그런 거, 맞죠?)

코치인 우리는 유튜브라는 바다에서 열심히 일하는 구글 알고리즘에 주목할 필요가 있습니다. 애나 어른이나 유튜브에 열광하는 이유를 곰곰 생각해보면 유튜브가 어떻게 성공했는지, 우리 집 독서 교육은 어째서 진도가 나가지 않는지 그 단서를 찾을 수 있습니다.

유튜브에 접속하면 처음 한두 편은 보고 싶은 연예인, 만화, 드라마, 예능 프로그램 등을 검색창에 입력해서 검색합니다. 저는 주로 'H.O.T.'와 '광고 없는 잔잔한 카페 음악'을 검색하는데요, 이런 일이 몇 번 지나고 나면 굳이 검색할 필요가 없어집니다. 유튜브에 접속하기만 하면 내가 보고 싶었던 영상과 거의 일치하는 영상들이 새초롬하게 차려져 있습니다.

보기 좋게 잘 차려놓은 밥상을 받은 느낌입니다. 이 계정으로 접속한 시청자가 지금껏 검색한 검색어, 시청 지속 시간이 길었던 영상의 범주, 노출 클릭률이 높은 영상, 자주 방문하는 채널의 구독자가 구독하는 비슷한 느낌의 다른 채널 등을 실시간으로 분석하여 이 시청자가 좋아서 클릭할 만한 영상을 띄워줍니다. 그래서 자신이 뭘 보고 싶었는지도 몰랐던 대다수 시청자가 일단 유튜브에 접속했을 때 첫 화면에 보이는 영상 중 재미있어 보이는 걸 누르는 것으로 본격적인 시청을 시작합니다.

글밥의 길이와 책의 수준을 높여가기 시작한 아이를 위해 부모는 기꺼이 구글 알고리즘과 같은 인공지능이 되어주어야 합니다. 아이가 어쩌다 한 번이라도 재미있다고 읽었던 책을 떠올리며 글밥, 주제, 소재, 판형, 주인공, 특징을 파악하여 공통점을 보이는 다른 책을 띄워주는 역할을 하자는 겁니다. 딱히 읽고 싶은 책이 없고 궁금한 게 없는 아이에게 구글 알고리즘처럼 부지런하게 시도하는 겁니다. '이렇게 다양하게 널어놨는데 안 넘어오나 보자'라는 마음이면 좋겠습니다.

충분히 다양한 책을 집 안 곳곳에 노출해놓지만 결국 선택은 아이 몫입니다. 왠지 좋아할 것 같은 영상을 쉼 없이 띄워놓고 클릭하기를 기다리는 구글 알고리즘처럼 부모가 띄워놓은 책 중 어쩌다 한 권이라도 관심을 보이면 성공입니다. 다양하고 많은 책이 아니라 아이의 기준에서 진짜 재미있는 책 한 권을 만나는 일이 중요합니다. 무슨 책을 선택해도 괜찮은 상황에서 제법 관심 가는 책이 여기저기 자꾸 눈에 띈다면, 유튜브만큼은 못하지만 책도 좀 읽어볼 만하지 않을까요.

책으로 대화하기

책을 읽기만 하는 게 아니라 부모와 아이의 대화 소재로 쓰는 것도 이 단계에서 시도할 만한 굉장히 훌륭한 방법입니다. 하지만 '오늘 읽은 책은 무슨 내용이야?'라는 식의 확인용 질문은 부담스럽습니다. 부모가 먼저 읽었던 책 중에서 인상 깊었던 부분을 아이의 눈높이에 맞게 간략하게 설명해주는 것에서 출발하세요.

"엄마가 오늘 읽은 책에 고래 뱃속에 들어갔다 나온 사람의 이야기가 있었어. 고래 뱃속은 깜깜해서 무서웠을 것 같아."

이 정도면 충분합니다. 책 한 권을 모두 논리적으로 요약해야 한다는 부담을 버리면 책은 제법 훌륭한 수닷거리가 됩니다. 더 잘할 수 있지만 잘하지 마세요. 독이 됩니다. 엄마가 잘하는 모습을 보면 아이는 엄두를 내지 못합니다.

읽고 나서 겨우 한 가지 에피소드나 짧은 후기를 전하는 부모를 보면서 '나도 읽은 책 내용을 저 정도로 말할 순 있겠어'라는 자신감을 얻게 하는 게 먼저입니다. 우리가 할 일은 내가 시도한 모습을 보면서 아이가 흉내 내게 하는 것이면 족합니다. 잘하려는 욕심을 버리면 뭐든 할 수 있고, 뭐든 하는 모습에 아이는 나의 미니미가 되어 흉내 내듯 즐겁게 종알대기 시작할 겁니다.

기억하세요. 아빠와 엄마는 더 높은 수준의 무언가를 가르치는 존재가 아니라 아이가 할 수 있는 목표와 길을 보여주고 그보다 못한 수준으로 바닥을 깔아주는 사람이 되어야 한다는 걸요. 부모가 제대로 깔아줄수록 아이는 더 높이, 더 멀리 날 수 있습니다.

[요령] 바쁜 아이를 위한 독서 시간 확보 전략

이 시기 부모의 가장 큰 고민이자 궁금증은 '아이는 너무 바쁜데, 책 읽을 시간이 과연 있을까?'입니다. 이즈음의 아이가 책과 멀어지는 이유는 게임과 유튜브와 SNS 때문이기도 하지만 더 큰 이유는 학원입니다. 학원 과목이 늘고 시간이 늘고 수업 시간대가 늦어지고 학원 숙제의 양이 폭발적으로 늘어납니다.

분명히 엄청나게 강도 높은 일정이지만 제법 많은 수의 아이가 곧잘 따라갑니다. 뒤처질까 불안한 부모는 따라주는 아이가 고마울 따름입니다. 문제는 학원 수업으로 본인의 에너지를 영혼까지 끌어모아 써버린 아이에게 독서를 위한 에너지가 남아있지 않다는 점입니다.

독서를 너무 일찍 끊고 있습니다. 아이를 키워온 기억을 더듬어보면 부모의 기대와 교과서적인 계획만으로 너무 이르게 중단하거나 시작해버린 일들이 있을 겁니다. 저는 이유식을 너무 빨리 시작했고, 모유는 너무 급하게 끊었습니다. 축구 교실에 너무 빨리 보내기 시작했고, 복직을 급하게 결정했습니다.

당시에는 어쩔 수 없는 선택이었고 그만큼 절박했다고 변명하지만 돌이켜보면 그렇게까지 서두르며 급하게 할 일은 아니었습니다. 아이가 흰밥을 먹기 시작해도 한동안 분유를 끊지 않고 영양의 균형을 도모하는 게 성장에 유리했던 것처럼, 본격적인 학원 생활을 시작해도 꾸준히 독서를 유지하며 사고력의 성장을 꾸준히 도모하는 게 성적에 유리합니다. 그런데 지금 초등 부모는 다들 너무 급합니다.

저는 제 아이들에게 매일 독서를 강요했고 지속했습니다. 영어 학원을 다니지 않았기 때문에 가능했던 방식인 데다 자칫 책과 멀어질 위험도 있기 때문에 모든 가정에 제 방식을 강요할 마음은 없습니다. 하지만 아이들이 다시 초등 시절로 돌아간다 해도 저는 같은 선택을 할 거라는 확신이 있기 때문에 저처럼 하겠다는 분들은 환영하고 싶습니다.

당시에 제가 썼던 여러 시도 중 학원 다니느라 바쁜 아이도 시도해볼 만한 현실적인 방법들을 추려보겠습니다. 학원 시간이 부쩍 늘어난 아이가 독서를 중단하지 않고 근근이 이어가기 위해 고학년의 일주일을 탈탈 털어 독서 시간을 만들어보겠습니다.

매일 독서에 집착하지 마세요

계획을 세워놓고 실천을 다짐하는 많은 사람 중 실패 확률이 가장 높은 유형은 '매일 하기'로 결심하는 사람입니다. 매일 하지 마세요. 5·6학년 아이가 매일 독서하기로 결심해봐야 얼마 못 갑니다. 3·4학년까지 매일 읽던 아이였다 하더라도 이제는 현실적으로 너무 어렵습니다. 매일 읽으라고 강요하다가 아예 읽지 않게 된 아이가 훨씬 많습니다.

대신 아이의 일주일 스케줄을 꼼꼼히 살펴, 평일 5일 중에서 30분이라도 읽을 수 있는 요일을 두 번 정도만 확보해주세요. 안 하면 불안할 것 같아 일단 끼워 넣기는 했는데 꼭 필요한 건지 아닌지 확신이 없는 과목 문제집(예를 들면 제2외국어, 한자, 사고력수학, 최상위수학, 국어 어휘 등)을 주 2회 풀게 했다면 1회로 줄이고, 주 1회 풀게 했다면 2주에 1회로 줄이는 겁니다. 그래야 학원 다니는 보람이 있습니다.

고학년인 아이에게 하나하나 지시한 후에 따르기를 강요하는 것만큼 부모와 아이를 쉽게 지치게 하는 일이 없습니다. 우리는 아주 높은 산을 함께 오르는 팀원이며, 아직 중턱에도 닿지 못했습니다. 공부 다 하고, 숙제 다 끝났는데 너는 요즘 어떻게 책 한 줄을 안 읽느냐고 재촉하면 안 됩니다. 그건 매일 나가 뛰어노는 게 직업이었던 우리 어린 시절, 그때 들었어야 할 잔소리입니다.

요즘 아이들은 학습량이 다릅니다. 유튜브 보기로 했던 시간을 독서로 바꾸지 마세요. 유튜브 시청 시간은 보장해줘야 합니다. 문제집 하나 빼고 독서를 넣는 방식으로 주 2회 정도 독서할 시간을 확보해주는 정도면 충분합니다. 매일 독서에 집착하지 마세요.

책가방에 책 한 권 끼워 넣기

학교 수업 시간마다 틈새 시간이 생깁니다. 아이마다 정해진 활동을 수행하는 시간이 다르기 때문에 먼저 끝난 아이들은 거의 매시간 남는 시간이 생깁니다. 예를 들어 수학 시간에 학습 마무리로 수학 학습지를 한 장씩 풀기로 했다면 길게는 20분, 짧게는 5분이라도 남는 시간이 생깁니다. 이 시간을 흘려보내지 말고 읽던 책을 꺼내 읽어야 합니다. 어차피 떠들어봐야 혼만 납니다.

이런 틈새 시간을 우습게 볼 수 없는 게, 이런 시간이 모이면 학교에 머무는 하루 동안 적어도 30분 정도를 독서 시간으로 확보할 수 있습니다. 매일 30분은 바쁜 방과 후 일정 어디에서도 확보하기 힘든 귀한 시간입니다. 학교에서 틈이 생길 때마다 책을 꺼내어 읽는 아이라면 집에서 하는 독서는 힘을 빼도 괜찮습니다.

쉬는 시간에 친구들과 어울려 놀아야지 책만 보면 어쩌냐고 걱정하지 않아도 됩니다. 일찍 끝내고 남는 시간을 독서로 보내는 것일 뿐, 대다수 아이는 쉬는 시간이 되면 책 덮고 놀기 바쁩니다. 물론 노는 것보다 다음 쪽 내용이 궁금한 아이라면 계속 책을 읽겠지만 그런다고 사회성이 떨어질 거라는 걱정은 과합니다. 아이의 취향이고 선택입니다. 책에 빠질 때가 있고, 친구가 좋을 때가 있습니다. 부모가할 일은 언제든 꺼내어 읽을 수 있도록 요즘 즐겨 보는 재미있는 신간을 장만해 학교 가는 아이의 가방에 넣어주는 것까지입니다.

그래서 저는 반 아이들의 알림장에 매일 '재미있는 책 한 권'이라는 준비물을 적어주었습니다. 제가 이 준비물을 즐겼던 이유는 "선생님, 학습지 다 풀었는데 뭐해요?"라는 귀찮은 질문을 줄일 수 있기 때문이기도 했습니다. 해당 수업의 활동이 끝나면 물을 것도 없이 독서가 시작되었거든요. 그렇게라도 고학년 아이들이 독서를 중단하지 않도록 돕는 것을 과제로 알고 살았습니다. 이 책을 읽는 분이 초등 담임선생님이라면 간곡히 부탁드립니다. 학교 일과 안에서 아이들에게 줄 수 있는 최대한의 독서 시간을 확보해주세요.

주말엔 독서

평일에는 학원에 다녀와 늦은 시간에 숙제해야 한다고 꾸역꾸역 책상 앞을 지키는 아이를 보면 고맙고 기특하고 짠합니다. 숙제를 마치면 책도 좀 읽다가 자라는 말이 안 나오죠. 그래서 고학년의 독서는 주말에 잡아야 합니다. 주말이라도 잡아야 합니다.

주말을 4등분해보겠습니다. 보통 주말은 '토요일 오전/토요일 오후/일요일 오전/일요일 오후'로 나눌 수 있습니다.

물론 모처럼 먼 곳에 다녀오는 일정이라면 주말 하루 혹은 이틀을 다 잡아먹겠지만 그런 일정이 매주 반복되지는 않을 겁니다. 네 번의 타임 중 한 타임을 독서 시간으로 지켜내야 합니다. 그래봤자 반나절 꼬박은 무리고요, 길어야 두 시간 정도입니다. 그 정도만이라도 주말 루틴으로 지켜내면 엄청난 시간입니다.

주말에도 학원에 다니는 아이들이 있지만, 보통 한두 타임 정도이므로 병행할 수 있습니다. 물론, 학원에 다녀와 피곤하고 힘든 아이에게 대뜸 책을 내밀 수는 없습니다. 그래도 평일보다는 상대적으로 조금 더 여유롭다는 점을 강조하여, 두 시간이 어렵다면 한 시간이라도 확보해주세요.

초등 아이의 주말 일정을 결정하는 건 부모이며, 그중에서도 엄마의 결정권이 큽니다. 주말 아침이나 오후 시간, 가족이 거실에 모여 두 시간 정도 책 읽는 시간을 갖는 건 아무리 바쁜 부모라도 함께할 수 있는 일입니다. 텔레비전 대신 잔잔한 음악을 틀고, 좋아하는 간식과 과일을 먹으며 아무 간섭도 받지 않고 각자의 책에 집중하는 시간을 우리 집의 루틴으로 만들어보세요. 이 시간에는 스마트폰을 들고 오지 않는다는 규칙을 정해두는 것도 집중도를 높이는 좋은 방법입니다.

주말 외출엔 대형 서점

책의 글밥을 있는 힘껏 올려가는 시기에는 도서관보다 서점을 권하고 싶습니다. 잘 알겠지만 대형 서점에 가면 쇼핑몰처럼 반짝이는 분위기 아래, 호기심을 자극하는 신간들이 표지를 드러낸 채 누워있습니다. 모두 공평하게 책장에 꽂혀 책등만 보여주는 도서관 책들과는 왠지 달라 보입니다. 반짝반짝해서 집으로 더 가져가고 싶게 만드는 힘이 서점에는 있습니다. 견물생심이라고 했습니다. 저마다 하나씩 사 들고 돌아가는 분위기에서 아이도 책을 갖고 싶다는 생각을 하게 됩니다. 그래서 주말 외출 코스에 대형 서점을 추가하는 겁니다. 요즘은 주요 역, 대형 쇼핑몰, 대형 마트 등 웬만한 편의 시설에 서점이 입점해 있는 경우가 흔합니다. 그 점을 적극 활용해야 합니다.

또 책이 있는 공간을 떠올릴 때는 '그곳에 가면 늘 좋은 일이 있었어'라는 경험을 더해주는 것도 전략입니다. 평소에 먹기 힘든 디저트와 음료가 즐비한 카페가 서점과 가까운 곳에 있는 경우가 있습니다. 그럴 땐 서점에 서서 책을 둘러보다가 읽고 싶은 책을 결정하면 구입해서 옆에 있는 카페에 바로 들어가 앉아 읽게 하는 거죠. 달달한 간식도 먹이고 말입니다.

이런 경험이 몇 번 반복되면 책을 읽는 것이 놀이나 쇼핑만큼 재미있고 별일 아닌 것이 됩니다. 더 나아가 카페에 앉아 책을 붙잡고 몰입하는 경험도 충분히 가능해집니다. 그러면 여행이나 카페 나들이 때마다 책을 챙겨 들고 나가는 일상도 가능해지고, 도서관에서 방금 빌린 책을 도서관 매점에 앉아 후르륵 읽어버리는 일도 가능해집니다.

[추천] 글밥 늘리기 딱 좋은 책

《푸른사자 와니니》,《복제인간 윤봉구》,《아름다운 아이》,《건방이의 건방진 수련기》 역시 후속 편이 나온 책이라 시리즈로 이어나가기 좋습니다. 김려령 작가처럼 믿고 보는 작가의 최신작도 좋지만, 문학동네어린이문학상이나 비룡소스토리킹이나 뉴베리상 같은 수상작으로 책 잇기를 해도 좋습니다.

· **푸른 사자 와니니** 이현 글, 오윤화 그림 | 창비
· **빨강 연필** 신수현 글, 김성희 그림 | 비룡소
· **복제인간 윤봉구** 임은하 글, 정용환 그림 | 비룡소
· **긴긴밤** 루리 글·그림 | 문학동네

· **모두 웃는 장례식** 홍민정 글, 오윤화 그림 | 별숲
· **아무것도 안 하는 녀석들** 김려령 글, 최민호 그림 | 문학과지성사
· **담을 넘은 아이** | 김정민 글, 이영환 그림 | 비룡소
· **불량한 자전거 여행** 김남중 글, 허태준 그림 | 창비

· **건방이의 건방진 수련기** 천효정 글, 강경수 그림 | 비룡소
· **베서니와 괴물의 묘약** 잭 메기트-필립스 글, 이사벨 폴라트 그림 | 요요
· **고조를 찾아서** 이지은 · 이필원 · 이지아, 은정 글, 유경화 그림 | 사계절
· **마지막 레벨 업** 윤영주 글, 안성호 그림 | 창비

· **리얼 마래** 황지영 글, 안경미 그림 | 문학과지성사
· **아름다운 아이** R. J. 팔라시오 | 책과콩나무
· **우리는 우주를 꿈꾼다** 에린 엔트라다 켈리 | 밝은미래
· **몬스터 차일드** 이재문 글, 김지인 그림 | 사계절

· **해리엇** 한윤섭 글, 서영아 그림 | 문학동네
· **우주로 가는 계단** 전수경 글, 소윤경 그림 | 창비
· **머시 수아레스, 기어를 바꾸다** 메그 메디나 | 밝은미래
· **찰리와 초콜릿 공장** 로알드 달 글, 퀸틴 블레이크 그림 | 시공주니어

160

넓게 읽기
다양한 분야로 넓혀가려면

남이 쓴 책을 읽는 데 시간을 보내라.
남이 고생한 걸 알면 자기를 쉽게 개선할 수 있다.

- 소크라테스

넓게 읽기
다양한 분야로 넓혀가려면

3단계가 글의 양을 늘리고 서사 구조가 복잡하지만 여전히 이야기책 분야에 도전하는 단계라면, 4단계는 늘린 글밥을 바탕으로 다양한 분야로 주제를 넓혀가는 단계입니다. 이야기책만 읽던 아이라면 지식 책에 도전하고, 지식 책만 읽던 아이라도 흥미 있는 이야기책을 시도해볼 수 있는 단계입니다.

3단계와 4단계의 순서를 바꾸어 진행하거나, 3단계와 4단계를 동시에 진행하는 아이도 있습니다. 이 때문에 3단계와 비슷한 3학년부터 6학년 아이들에게 주로 진행되는 독서 단계입니다.

[점검] 더 다양한 주제에 도전할 준비가 되었을까?

아이가 더 다양한 분야의 책을 읽을 준비가 되었는지 점검해볼게요. 요즘 우리 아이의 책에 관한 마음과 반응이 어떤지 짚어보는 것으로 4단계를 시작해보겠습니다. 아이가 다음과 같은 모습을 보인다면 넓게 읽기는 이미 시작되었거나 충분히 준비된 상태라 생각할 수 있습니다.

요즘 우리 아이, 혹시 이런 적이 있었나요?

1

사실이나 배경지식을 다룬 영상물에 관심을 보인다.

역사적·과학적·사회적 사실을 다루는 다큐멘터리, 시사 프로그램, 뉴스, 예능 프로그램 등에 관심이 조금씩 늘고, 부모와 함께 이런 영상물을 시청하는 횟수와 시간이 서서히 늘어간다면 준비되었다고 봐도 좋습니다.

2

학습만화를 볼 때 관심 보이던 주제를 글 책으로 확장한다.

아이가 유독 즐겨 보던 학습만화의 주제(한자, 신화, 국가, 역사, 과학, 지리 등)가 있을 거예요. 아무리 만화라도 관심 없는 분야는 보지 않거든요. 유독 관심을 보인 주제는 글로 된 책으로 읽을 준비가 되었다고 봐도 무방합니다.

3

사회와 과학 시간에 새롭게 배운 내용을 설명하려 한다.

독서 분야를 좀처럼 넓히지 않던 아이도 사회와 과학 수업을 듣고 나면 전에 없던 관심이 생깁니다. 배운 내용 중 관심이 가는 몇 가지를 집에 와 설명하는 경우가 있습니다. 아이의 호기심을 자극한 그 영역을 놓치지 마세요.

4

일상 속 다양한 요구가 점점 더 늘어난다.

스스로 필요한 것, 가고 싶은 곳, 사고 싶은 것 등을 이야기하는 횟수가 늘어난다면 아는 것, 알고 싶은 것, 하고 싶은 것이 많아진다는 의미예요. 세상에 대한 관심이 커지는 시기이므로 관심을 드러내는 분야의 책을 권해 흥미를 높여보세요.

5

무기력하고 냉소적인 중에도 관심을 보이는 영역이 생겨난다.

사춘기 조짐이 있는 아이들은 책, 여행, 학원, 학교생활, 친구 관계 등에 관해 질문했을 때 주로 시큰둥하게 반응합니다. 그런 와중에도 "재미있겠네?"라고 관심을 드러내는 기사, 신문, 잡지, 영화, 드라마, 책, 여행, 수업이 하나쯤 있다면 그 분야의 책을 무심히 건네보세요.

[핵심] 문학과 비문학이 밀고 끄는 주제 확장 전략

3단계를 통해 어느 정도 글밥을 끌어올리고 나면 아이마다 타고난 성향(이과적, 문과적)에 따라 즐겨 읽는 책의 주제와 분야가 어느 정도 뚜렷하게 윤곽을 드러내기 시작합니다. 유독 이야기책을 즐겨 읽어, 성인 수준의 글밥과 서사가 있는 책을 뚝딱 읽어내는 아이가 초등 고학년 교실에 등장합니다. 지식 분야 중 어느 한 주제에 꽂혀 전문가 수준의 지식과 정보를 갖고 관련 분야를 자발적으로 더욱 깊게 알아가는 아이 역시 고학년 교실에 등장합니다.

그래서 아이가 지금껏 주로 관심을 두고 읽어온 책이 문학 영역(이야기책)인지 비문학 영역(지식 책)인지, 그중에서도 유독 열광하는 분야는 어떤 주제를 담은 책이었는지를 확인하는 것이 4단계의 시작입니다. 아이는 문학과 비문학 중 어느 한쪽으로 치우친 독서를 해왔을 것이며, 그게 정상입니다. 재미없는 책을 강요해서는 이 단계까지 올라올 수 없었을 테고, 재미있다고 느끼려면 아이의 취향, 성향, 관심사, 재능 등이 책 선택에 반영되는 게 당연합니다.

그런데 문학과 비문학이라는 양대 산맥은 중학교 국어 과목을 위해 어느 정도 키 맞추기를 해야 합니다. 따라서 초등 시기의 어느 지점에서 그에 대한 준비가 한 번은 반드시 필요한데, 그 단계가 바로 4단계입니다. 이 단계는 아이에 따라 5단계와 순서를 바꾸어 진행될 수도 있습니다만, 괜찮습니다. 초등 시기에 주제와 분야를 확장하는 경험이 한 번 있기만 하면 된다는 마음으로 단계별 순서에 집착하지 않기를 바랍니다.

이 단계에서는 상당히 달라 보이는 문학과 비문학이라는 두 영역이 각 영역 안에서 넓어지고 깊어지면서 동시에 서로의 영역으로 확장됩니다. 아이의 독서는 이 단계를 거치면서 문학 영역과 비문학 영역이라는 두 가지 트랙을 동시에 돌기 시작한다고 생각하면 됩니다.

이때 주의할 점이 있습니다. 문학 책만 읽던 아이가 비문학 책을 읽기 시작하거나 비문학 책만 읽던 아이가 문학 책도 읽는 것이 이 단계의 전부는 아니라는 겁니다. 이미 이야기책을 읽던 아이라도 문학 영역 안에서 시대적·지역적 배경을 넓혀가며 깊이와 글밥을 더해야 하고, 비문학 영역 안에서도 이제껏 관심 없던 새로운 주제에 도전하여 영역과 수준을 적극적으로 확대해가는 것이 이 단계의 미덕입니다.

이 단계에 대한 가장 큰 오해는 문학 영역인 이야기책을 읽으며 글밥과 수준을 늘린 아이가 비문학 영역 독서로 갈아타기를 해야 한다고 믿는 것입니다. 비문학 영역을 읽기 시작하면 문학 영역 읽기를 중단해버리는 경우가 있는데 상당히 불리한 전략입니다. 문학은 비문학의 하위 단계나 준비 단계가 아닙니다. 그렇게 따지면 독서력을 확인하는 최종 관문인 수능 국어 영역에는 최고 단계의 실력을 확인하는 비문학 영역만 출제되면 충분할 텐데 문학과 비문학이 거의 같은 비중으로 출제됩니다. 두 영역의 독서력은 최후까지 나란히 키워야 한다는 의미입니다.

수능 국어 영역, 말 나온 김에 짚고 가겠습니다. 수능 국어 영역 시험지를 휘리릭 보면 흰 종이에 까만 글씨가 빽빽하게 들어차 있는 신문지 같은 모습이죠. 출제된 문항들의 영역을 보면 아래와 같이 구성되어 있습니다.

수능 국어 영역 문항 수와 배점표

공통		선택	
독서 (인문·사회/ 과학·기술/예술)	**문학** (고전 시가/수필/현대 시/ 고전 소설/현대 소설/극)	**화법과 작문**	**언어와 매체**
8개 지문 34문항		11문항	11문항
76점		24점	24점

초등에서는 '국어'로 시작했던 과목 하나가 수능에서는 독서, 문학, 화법과 작문, 언어와 매체로 구분되는데요, 수능의 '독서' 영역은 초등에서 지식 책에 해당하고, '문학' 영역은 초등에서 이야기책에 해당합니다. 초등 독서가 수능을 정조준하는 양대 산맥인 '독서'와 '문학' 영역은 각각 세부 영역으로 또 한 번 나뉩니다. 초등 시기에 수능 '국어' 영역을 어떻게 바라보고 준비해야 할지 생각해보겠습니다.

비문학 영역(수능 국어 '독서' 영역)

수능 국어 독서 영역은 인문·사회, 과학·기술, 예술 등 매우 다양한 내용이 매해 다르게 출제되는데, 지문 양이 상당하고 내용 난이도도 높아 수험생들이 가장 애를 먹는 영역입니다. 평소 긴 글을 읽는 연습이 덜 되어있거나 문단과 문단 또는 문장과 문장의 논리적 흐름을 빠르게 읽어내고 글에서 말하고자 하는 내용이 무엇인지 파악하는 연습이 덜 되어있다면 결코 좋은 점수를 받을 수 없는 영역입니다.

실은 아이가 지금껏 다양한 경로로 접해온 교과서, 학습만화, 비문학 책, 신문과 잡지의 기사, 영상물 등이 이 주제 중 하나에 속한 것일 확률이 높습니다. 수능 주제라 하니 얼핏 거창해 보이지만 제 아이들이 열광했던 《퀴즈! 과학상식》의 대부분이 '과학·기술'에 속할

비문학 영역 (수능 국어 '독서' 영역)

인문·사회	과학·기술	예술

것이고, 초등 사회 시간에 배운 주제가 '인문·사회'의 어느 지문으로 출제될 수도 있습니다.

해마다 각 주제의 출제 비중은 다릅니다. 어느 주제가 몇 문제나 출제될지 예측하기 어렵다는 의미입니다. 물론 출제 비중을 족집게처럼 맞춰내는 학원도 있다고 합니다. 비문학 영역의 주제별 예상 지문을 각종 전문 서적과 신문·잡지 등에서 뽑아주고, 지문에 등장할 확률이 높은 전문 용어를 암기하게 하여 정답률을 높입니다.

제가 나중에라도 이런 정보를 얻게 된다면 공유하겠지만 그 정보를 얻기 위해 일부러 노력하지는 않을 생각입니다. 그것만이 수능 국어 독서 영역을 대비하는 유일한 방법이 아니기 때문이며, 보다 확실한 방법으로 수능을 대비하는 중이기 때문입니다. 또한 그 정보를 얻었다 해도 아이의 독서를 중단할 계획은 없기 때문입니다.

족집게 과외가 아니라도 비문학 영역을 조준할 방법은 분명히 있습니다. 낮도깨비처럼 어디에서 툭 튀어나올지 모르는 전문적이고 다양한 주제의 심화된 지문에 대비하려면 최대한 다양한 주제와 수준의 비문학 글들을 찾아 '읽고 파악하기'를 반복해서 경험하면 됩니다. 생전 처음 보는 주제의 글을 읽고 파악하여 제시된 문제의 정답을 맞히는 일은 결코 쉬운 일이 아니지만 이게 쉽다는 아이도 있습니다. 단단한 독서 이력을 바탕으로 사고력과 문해력이 준비된 아이입니다.

문제를 잘 풀기 위해 문제 풀이만 연습하는 전략에는 한계가 있습니다. 초등 시기에 독서를 배제한 채 문제 풀이만 연습해서는 안 됩니다. 초등학생 때 충분히 독서를 하여 문해력과 사고력을 단단하게 만들어놓은 상태에서 중·고등 시기에 본격적인 문제 풀이를 시도해도 결코 늦지 않습니다. 이게 제가 아이들이 초등학생일 때 독해 문제집을 풀게 하지 않은 이유이며, 그 시간에 독서의 수준을 높이는 데에 집중했던 이유이기도 합니다.

그래서 이야기책의 도움이 필요합니다. 돌아가는 것처럼 보이지만 결국 최고의 전략입니다. 이야기책으로 사고력과 문해력을 탄탄하게 만들어놓은 아이는 어떤 종류의 비문학 지문에서도 쉽게 길을 잃지 않습니다. 어떤 내용의 지문이든, 일단 읽은 내용을 파악하고 이해하는 것에서 모든 것이 시작되기 때문입니다.

문학 영역(수능 국어 '문학' 영역)

이야기책을 기반으로 책의 수준과 글의 분량을 높여가는 아이를 보면서 비문학 영역에 대한 부담감과 불안감을 내려놓기가 쉽지 않습니다. 부모의 뇌는 아이의 부정적인 면에 반응하는 특성이 있어, 동화에서 소설로 깊이를 더해가는 아이의 독서에 대한 만족감보다 비문학 영역에 관한 아쉬움이 클 겁니다. 하지만 맨날 소설책, 이야기책만 본다고 불안해하기에는 수능 국어 '문학' 영역의 비중이 상당히 높은 편입니다. 게다가 문학 영역은 비문학 영역보다 점수를 올리기가 더 어렵고 최후까지 발목을 잡는 영역이기도 합니다.

문학 영역 (수능 국어 '문학' 영역)

고전 시가	수필	현대 시	고전 소설	현대 소설	극

문학이라는 영역 안에서도 주제가 상당히 세분화되어 있고 어려워 보입니다. 그러나 시, 극, 고전 시가, 고전 소설 등의 낯선 영역을 지금부터 문제집 등으로 대비할 필요는 전혀 없습니다. 이 모든 영역을 위한 준비 단계로 즐겁게 이야기책의 수준과 글밥을 더해가는 것이 최고의 전략입니다.

책을 좋아하는 아이들 중에 특정 분야의 책에 유난히 몰두하는 아이들이 있는데요, 이러한 편독은 3단계인 글밥 늘리기 과정에서 보이는 매우 자연스러운 특성 중 하나입니다. 편독을 통해 좋아하는 분야의 책을 충분히 경험하고 글밥과 수준을 올렸다면 4단계를 통해 분야를 서서히 넓혀가는 시도를 해야 합니다.

이 모든 과정은 자연스러워야 하며 여유로워야 합니다. 추리 소설만 읽던 아이가 고전 소설로 눈을 돌리려면 추리 소설에 충분히 빠져 읽어본 경험이 필요합니다. 읽다가 지겨워서 다른 것도 좀 읽어 보자는 마음이 들었을 때 시대적·공간적 배경과 소재가 낯선 주제의 소설도 시도할 수 있습니다.

[방법] 문학과 비문학을 균형 있게 넓히기

이 단계의 필수 과제는 문학과 비문학의 키 맞추기입니다. 완벽하게 맞추는 단계가 아니라 맞추기 위한 시도를 하는 단계이며, 비교적 수월하게 맞추어질지 힘이 좀 들어갈지 가늠해보는 시기이기도 합니다. 혼자 읽게 두어도 알아서 글밥과 수준을 높여갈 영역은 무엇이고, 신경 써줘야 할 영역은 무엇인지도 파악해야 합니다. 아이는 당장 재미있어 보이는 책을 보지만 부모는 한발 물러서서 전체 영역의 균형과 조화를 고민해야 할 본격적인 시기이기도 합니다. 어떤 책을 언제, 얼마나 들이미느냐에 따라 아이 독서의 방향과 색깔은 매우 달라질 겁니다. 이제 하나씩 함께 고민해보겠습니다.

문학과 비문학 비중 잡기

초등 아이의 독서, 학습, 학교생활 등 전 영역에 걸친 학부모의 고민을 가까이 들여다보면 그 고민의 실체가 '비중'인 경우가 많습니다. 독서와 학습의 비중, 영어와 수학의 비중, 혼자 노는 시간과 함께 노는 시간의 비중, 학원에서 보내는 시간과 혼자 공부하는 시간의 비중처럼 말이죠.

비중에 관한 고민은 의미가 있습니다. 결국 비중이 관건이 되고, 비중 때문에 결과가 달라지는 시기도 분명히 오기 때문이죠. 하지만 지금은 그 시기가 아니라는 점을 기억해야 합니다. 초등 공부를 결정짓는 것은 영역별 비중이 아니라 '시작했는가'와 '지속하는가'입니다. 시작하고 지속하는 과정에서 자연스럽게 비중을 고민하고 학년과 시기마다 중요한 것과 덜 중요한 것을 구분하게 됩니다. 시작하고 지속했다면, 그때가 올 때까진 불안해하기보다 믿어주는 쪽이 훨씬 이롭습니다.

그러니까 아이의 독서가 문학과 비문학 중 어느 한쪽으로 치우쳐 있더라도 두 영역을 어설프게나마 시작했고 지속하는 중이라면 크게 걱정할 필요가 없습니다. 아이가 소설책은 성인 수준으로 잘 읽지만 비문학 영역은 여전히 학습만화에 머물러 있더라도 시작은 했으니 불안해하지 않았으면 합니다. 관심 있는 과학책은 박사님 수준의 지식을 자랑하는데 이야기책은 아직 저학년의 동화 수준이라도 괜찮습니다.

두 영역의 비중을 고민할 때 전제해야 할 중요한 사실이 있습니다. 세상의 모든 독서가는 문학과 비문학 중 어느 한쪽에 치우친 독서를 하고 있다는 점입니다. 그래서 아이의 독서에 대해서도 그 비중을 완전히 똑같게 만드는 것을 목표로 삼아서는 안 됩니다. 그럴 필요도 없고, 그럴 수도 없습니다. 목표는 이제껏 한 번도 접해보지 않은 영역을 되도록 자연스럽고 다양한 방법을 통해 노출해주는 일이며 독서로 연결될 기회를 만들어주는 겁니다. 곧잘 읽어오던 영역은 글밥과 수준과 영역을 확장해주고, 생소해하는 영역은 매력적이고 만만해 보이는 방법으로 노출해주는 것으로 문학과 비문학의 비중을 조금씩 변화시켜 가고, 키를 맞추어주세요.

낯선 영역, 차근차근 수준 높이기

아이가 한참 이야기책의 재미에 빠져있는데 부모의 욕심과 불안을 덜어보자고 억지로 비문학 영역으로 확장하다간 큰 화를 당할 수 있습니다. 꽤 관심 가는 주제 한두 가지를 제외하면 아차 하는 순간 아이가 독서를 완전히 멈추는 일도 흔합니다. 어느새 독서가 공부가 되고, 책이 숙제가 됐기 때문입니다. 읽고 싶은 책만 읽다가 핀잔을 듣거나 읽기 싫은 책을 강요당한 끝에 책과 이별한 초등 고학년 아이들을 만나기는 어렵지 않습니다.

아이가 이제껏 관심을 보이지 않던 영역에 도전해보려 한다면 눈높이와 기대 수준을 완전히 낮추어야 합니다. 겨우 1단계 수준에서 봤을 법한 그림·사진·만화 등으로 구성된 책, 학습만화도 이 시기에는 훌륭한 징검다리가 됩니다. 예를 들어, 이야기책에만 빠져있으나 감사하게도 멸종동물에 관심을 보이는 아이가 있다면 아래와 같은 비문학 영역의 로드맵을 그릴 수 있습니다. 더불어 뒤에서 소개할 잡지, 영상 매체 등에 다양하게 노출된다면 관심 없던 영역도 '잘 아는' 영역이 되고, 잘 알면 관심이 지속될 가능성이 높아집니다.

· **최강 동물왕: 멸종동물 편** 학연 컨텐츠 개발팀 | 다락원
· **진짜 진짜 재밌는 멸종위기동물 그림책** 사라 우트리지 글, 조 코넬리 그림 | 라이카미
· **이유가 있어서 멸종했습니다** 마루야마 다카시 글, 사토 마사노리·우에타케 요코 그림 | 위즈덤하우스
· **고릴라는 핸드폰을 미워해** 박경화 | 북센스

'멸종동물'에 관심이 많은 아이를 위한 독서 로드맵

반대로 유독 비문학 영역에 흥미를 보이면서 다양한 주제로 활발하게 확장해가는 바람에 이야기책을 중단한 아이가 있다면 이야기책을 읽히기 위한 노력을 지속해야 합니다. 학년 수준에 맞지 않게 쉬워 보이는 그림책이나 동화책도 좋고, 다시 그림책을 읽어주는 방법도 좋으니 이야기책을 계속 읽을 수 있게 해야 합니다.

고학년이니 고학년 추천 도서를 들이밀면 읽을 거라는 생각은 어른들의 단순한 착각입니다. 문학 영역에서 길을 잃은 아이라면 2·3단계의 추천 도서 목록이 다시 유용할 거예요.

지적 허영심 자극하기

다양한 주제의 책을 접하기 시작하는 시기에 들어선 아이의 지적 허영심을 충족시켜 주는 것도 독서의 길을 열어주는 제법 괜찮은 길이 될 수 있습니다. 다양한 수단을 통해 배경지식을 넓히면서 '아는 척'과 '잘난 척'과 '다 큰 척'의 경계를 아슬아슬 오가며 소위 말하는 '주워들은 게 많은' 아이가 되게 하는 전략입니다. 아는 게 많으면 잘난 척하다가 선생님과 친구들의 눈총을 받을까 걱정도 되지만, 아는 게 많은 사람이 반드시 잘난 척하는 건 아니라는 사실에 주목해야 합니다. 아는 것을 모두 표현할 필요가 없다는 사실도 일러주세요.

주워들은 게 많은 아이는 주변 친구, 어른, 선생님의 칭찬과 놀라움의 대상이 될 때가 많은데요, 그때 경험한 으쓱한 느낌을 잊지 못합니다. 이때가 바로 더 알고 싶어지는 시기입니다. 물론 아이가 알고 싶어 하는 주제가 부모 마음에 마땅치 않아 애를 태울 때도 있지요(예를 들면 게임, 스포츠, 영화, 드라마처럼 하등 쓸데없어 보이는 주제).

그러나 몰랐던 정보를 수집하고 과시하고 싶은 시기의 아이를 무심하게 지나쳐버리지 않았으면 합니다. 그 분야가 소위 말하는 '성적에도 도움이 되는' 것이라면 더할 나위 없겠지만 그런 분야의 주제에 관심을 갖는 아이는 드뭅니다.

제 큰아이는 NBA 농구 선수들 중 연봉 TOP 10인 선수들의 풀 네임과 정확한 연봉 액수를 줄줄 읊을 수 있습니다. 좋아하는 분야이기에 가능한 일인데, 사춘기의 절정이라 웬만하면 대답도 잘 안 하던 아이가 선수들 연봉 이야기를 시작하면 완전히 다른 사람이 되어 대화를 주도합니다. 아이들에게는 누구나 이런 분야가 있으며, 그게 어떤 분야든 들어줄 인내심만 있다면 독서의 준비 단계로 생각해도 좋습니다.

배경지식을 쌓는 다양한 방법

조금이라도 학습에 도움이 될 만한 주제에 관심을 두길 원한다면 관심 없는 책을 들이밀기보다 책이 아닌 매체를 활용하는 것이 오히려 지름길일 수 있습니다. 비호감인 주제를 호감인 매체로 시작해 비호감은 아닌 상태로 만들어서 관련된 독서에 도전하게 하는 전략입니다. 기다리는 걸 지독하게 싫어하지만 맛있는 음식에 열광하는 사람이라면 기꺼이 두 시간의 웨이팅을 감수하면서 맛집에 입장하는 것과 같은 원리입니다.

책이 배경지식을 넓히는 유일한 수단이 되면 아이의 배경지식에 관한 욕구를 채워주기 어렵습니다. 그러면 아이가 책을 읽는데도 "왜 맨날 그런 쓸데없는 책만 보고 있니?"라며 혼을 내는 상황이 생깁니다. 그래서 조금 더 다양한 수단으로 확장할 필요가 있습니다. 요즘 초등학생이라면 유튜브, 영화, 드라마, 예능 프로그램, 공연, 여행, 뉴스, 시사 프로그램 중 한두 가지 정도에는 호감을 갖는 게 보통입니다. 이것들을 활용해야 합니다. 요즘 초등 교실에서는 수업할 때 교과서만 붙잡고 하지 않습니다. 수업 내용과 관련 있고 수업의 주요 개념을 효과적으로 전달할 수 있는 수단이라고 판단되면 어떤 매체든 가리지 않고 수업 자료로 적극 활용합니다.

교과서 내용에 무관심한 아이를 수업에 한 발자국 더 가까이 들어오게 만드는 것이 이러한 도구들이며, 가정에서도 아이의 독서 코칭에 충분히 활용해볼 만한 방법입니다. 잘 만든 다큐멘터리와 영화 한 편이 몇 권의 책이 주는 지적 호기심을 충족시키고 자극할 때가 있습니다. 몸도 마음도 한참 성장하는 중이라 그렇습니다.

[요령 1] 주제를 넓혀 읽는 아이를 위한 매체 활용법(비문학 영역)

《지적 대화를 위한 넓고 얕은 지식》이라는 책이 있습니다. 줄여서 '지대넓얕'이라고도 해요. '보다 넓은 지식과 관점을 가진 사람이 되어야 하지 않겠는가?'라는 평범한 어른의 바람을 담은 책이고, 제목인데요, 저는 아이들이 초등 시기에 이런 경험을 하게 되길 바랍니다. 이것저것 다소 잡다해 보이는 상식과 지식과 정보를 가졌으면 좋겠어요.

깊이는 부족할지 모르나 다양한 분야에 걸쳐 아는 게 많은 아이라는 사실은 이 아이의 삶의 태도와 직결될 수 있거든요. 일상과 인생과 세상에 관한 높은 관심과 이어지는 호기심, 이것이 초등 아이만의 특권이라 생각합니다. 도대체 뭐가 그렇게 궁금한 게 많냐는 생각이 들 만큼 지대한 관심을 보이는 아이라면, 잘 크고 있는 거 맞습니다. 탓하거나 귀찮아할 일이 아닙니다. (물론 귀찮습니다.)

비문학에 도통 관심을 보이지 않는다면 억지로 지식 책을 들이밀기보다 신문, 잡지, 영화, 체험처럼 다른 형태의 볼거리와 읽을거리로 차근차근 접근했으면 합니다. 3단계까지는 '재미'를 위한 독서였다면, 4단계부터는 '재미 + 지식 + 쓸모'를 위한 독서입니다. 시작은 재미지만 결국 재미만을 위해 독서하는 게 아니라는 사실을 아이가 자연스럽게 알아가면서, 책은 아이의 성장을 돕는 도구로 제 역할을 담당하게 될 겁니다.

아직 책과 친해지지 않은 아이에게는 책을 더 사주거나, 옆에 앉아 읽어주는 직접적인 전략이 있고요, 좋아할 만한 소재의 다른 매체로 일단 배경지식을 넓힌 후에 책으로 우회하는 방법이 있습니다. 책이 아니라도 활용할 수 있는 다양한 글과 영상물이 있습니다. 책은 글로 된 것들 중 가장 완성도가 높고 재미있으면서도 한 가지 주제와 이야기를 향해 정주행하는 물성을 지녔다는 장점이 있기에 최고로 꼽는 건데요, 책에 닿기 위해서 책이 아닌 다양한 매체로 시도하는 것도 의미가 있습니다. 방법은 간단합니다. 책은 아이가 원하는 대로 골라 읽게 두고, 동시에 다양한 종류·분야·형태의 글과 영상물이 정기적으로 노출되도록 의도하는 거죠.

어린이 신문

책으로 접해보지 못한 분야의 글을 노출하기에 가장 좋은 도구는 어린이 신문입니다. 어린이 독자를 위한 신문과 잡지가 점점 더 다양해지고 있어 선택의 폭이 넓습니다. 이 글을 읽고 무턱대고 결제부터 하지 마시고요, 일단 해당 신문의 웹사이트에 들어가 아이가 관심을 보이는 기사를 클릭해보게 하고, 출력하여 읽어보는 식으로 '기사'라는 형태의 글에 익숙해지게 하는 게 먼저입니다.

그러다 수준에 잘 맞고 흥미로운 기사와 이벤트가 많은 신문사를 정해 종이 신문으로 구독해도 늦지 않습니다. 보지도 않고 쌓이기만 하는 꼴이 보기 싫어 정기 구독을 아예 시도하지 않거나 중단해버리기도 하는데요, 아이가 엄마 뜻대로 순순히 협조하지는 않을 거라 예상하고 시작하세요. 그래야 오래 갑니다. '네가 안 읽으면 나라도 읽지 뭐'라는 마음이면 좋겠습니다.

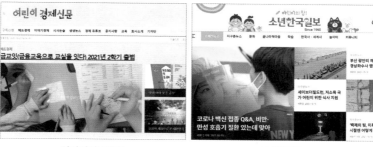

어린이경제신문
www.econoi.com

소년한국일보
www.kidshankook.kr

어린이동아
kids.donga.com

착한어린이신문
www.newsgood.co.kr

어린이 잡지

신문보다 조금 더 다양하고 깊이 있는 최신 기사를 접할 수 있는 잡지를 활용하는 것도 책에 관한 호감을 높이고 배경지식을 넓혀가는 좋은 방법입니다. 주간, 월간, 월 2회 등 발행 주기가 다양하고 주제도 점차 다양해지고 있기 때문에 초등 시기 전체에서 한 번 정도는 1년 정기 구독을 시도해보면 좋습니다.

큰아이가 3학년 때 즈음 〈어린이과학동아〉를 1년간 정기 구독했는데요, 어느 순간부터 책이 와도 건성으로 보길래 1년 후에 구독을

어린이를 위한 교양, 시사, 과학 잡지

중단했습니다. 그랬더니 그간 배송된 잡지를 다시 꺼내어 2~3년 열심히 읽더군요. 그리고 중학생이 된 올해 다시 구독해달라고 조르길래 〈과학동아〉를 추가로 구독하고 있어요. 알아보니 이렇게 1년치를 중고로 판매하시는 분도 당근마켓에 제법 있더라고요. 아이를 위해 결제할 때는 생활비 예산에서 무리하지 않아야 화가 덜 납니다. 화가 덜 나야 또 시도할 수 있습니다.

위인 전집

위인 전집은 본격적으로 한국사와 세계사 공부를 준비하는 도구라 할 만큼 활용도가 높습니다. 단순히 위인 한 사람의 일생을 들여다보고 주요 업적을 아는 데서 더 나아가 인물이 살던 시대적·공간적 배경을 자연스레 습득할 수 있기 때문입니다. 그래서 위인 전집을 많이 읽은 아이들이 역사에 강할 수밖에 없습니다. 위인들은 모두 한국사나 세계사의 어느 주요 사건에 등장하는 주인공이거든요.

예를 들어 설명해볼게요. '이순신'이라는 제목의 위인전을 읽으면서 다음과 같은 사실을 모를 수가 없습니다. 일부러 외우지 않아도 알게 됩니다. 자세한 연도와 주변 인물의 이름까지 모두 외우기를 강요하지 않는다면 역사를 공부하기 위한 훌륭한 기초 체력이 됩니다.

위인	시대적 배경	공간적 배경	사건	한·일 양국의 관계
이순신	조선 시대	한국의 남해	임진왜란	첨예한 대립

이순신 장군의 일대기와 관련된 책은 다양하며 아이 수준에 따라 차츰 넓혀가면 됩니다.

· **who? 한국사 이순신** 이수겸 글, 스튜디오청비 그림 | 다산어린이
· **진짜 대장 이순신** 안선모 글, 혜경 그림 | 다락원
· **그림으로 보는 이순신** 김경민 글, 송진욱 그림 | 계림
· **이순신의 마음속 기록, 난중일기** 이진이 글, 이광익 그림 | 책과함께어린이

수준별로 높여가는 이순신 관련 책

영화

미세먼지 수치가 높거나 전염병이 유행하여 외출이 어려운 시기라면 잘 고른 영화 한 편으로 훌륭한 주말을 보낼 수 있습니다. 초등 아이와 함께 볼 만한 분야별 영화를 추천해드립니다. 각 영화의 관람 등급을 확인하고 부모님과 함께 본다는 원칙을 지켜주세요.

마션

인터스텔라

감기

싱크홀

역사 분야

쉰들러 리스트

말모이

국제시장

아이캔스피크

사회 분야

원더

히든 피겨스

인생은 아름다워

행복을 찾아서

다큐멘터리

작품성 높은 다큐멘터리들이 속속 방영되고 있습니다. 영화를 능가하는 영상미와 스토리로 온 가족이 함께 볼 만한 수작들이 상당히 많습니다. 실제 교실 수업에서도 다큐멘터리의 일부를 영상 자료로 활용할 때가 많습니다. 이 중에서도 KBS에서 최근 방영된 〈키스 더 유니버스〉를 강력 추천합니다.

지상파

키스 더 유니버스　　아마존의 눈물　　북극의 눈물　　아프리카의 눈물　　바다의 경고

넷플릭스

우리의 지구　　나의 문어 선생님　　사카라 무덤의 비밀　　세계에서 가장 경이로운 집

72종의 귀여운 동물들　　다이노 어드벤처 육해공 킬러 엘리트　　지구의 밤　　새들과 춤을

TV 교양

교양을 담은 예능 프로그램도 훌륭한 도구가 됩니다. 뉴스는 딱딱하고 예능은 배울 게 적은데, 이처럼 교양을 담은 예능 프로그램이 등장하여 온 가족이 함께 볼 만하고 흥미롭게 지식을 쌓을 수 있습니다. 저는 아이들과 〈벌거벗은 세계사〉를 챙겨보는데요, 아이들이 역사에 관심을 갖게 되기를 바라는 동시에 중학교 사회에 나올 세계사 영역의 배경지식을 미리 챙겨두려는 야망도 있습니다.

tvN	tvN	YTN	JTBC	tvN
벌거벗은 세계사	알쓸신잡	사이언스 수다학	차이나는 클라스	책 읽어 드립니다

[요령 2] 주제를 넓혀 읽는 아이를 위한
매체 활용법(문학 영역)

문학 영역, 즉 이야기책을 읽고 있지만 편독에 머물고 있다면 억지로 고전 소설이나 고전 시가를 들이밀기보다 다양한 시간적·공간적 배경에 관심을 가질 수 있도록 유도합니다. 신문, 잡지, 영화, 체험처럼 다른 형태의 볼거리와 읽을거리로 차근차근 접근했으면 합니다.

3단계까지의 문학 영역 독서가 '재미'를 위해서였다면, 4단계에서는 다른 나라, 다른 시대의 작품으로 넓혀 읽는 것이 목표입니다. 요즘 내 생활을 다룬 이야기도 재미있지만 다른 시대와 다른 나라를 배경으로 만들어진 이야기도 재미있다는 점을 자연스럽게 알아가면서 5단계에서 시도할 고전 독서를 준비합니다.

만화로 보는 장편 고전

꼭 읽어야 할 고전으로 꼽히는 책이라면 만화로 먼저 접하게 해도 괜찮습니다.

· **만화 삼국지** 나관중 원작, 황석영 글, 이충호 그림 | 문학동네
· **만화 태백산맥** 조정래 원작, 박산하 만화 | 더북컴퍼니
· **만화 토지** 박경리 원작, 오세영·박명운 글·그림 | 마로니에북스
· **만화 수호지** 요코야마 미츠테루 글·그림 | AK

영화로 먼저 보는 고전

5단계에서 시도할 고전을 영화라는 만만한 매체로 먼저 접해두는 방법입니다. 아이가 고전에 대한 개념이 없는 상태에서 단순히 재미있는 이야기를 다룬 영화로 본다 해도 그게 다 약이 됩니다. 영화를 먼저 보고 스토리를 알게 되면 지루하고 어려운 고전의 산도 넘을 만해집니다. 역시 각 영화의 관람 등급을 확인하고 아이와 부모가 함께 보는 원칙을 지켜주세요.

레미제라블

바람과 함께 사라지다

오만과 편견

위대한 개츠비

작은 아씨들

제인 에어

맥베스

로미오와 줄리엣

한국 단편 소설 작가의 문학관 방문하기

한국 단편 소설은 중학생이 되면 반드시 읽어야 할 숙제 같은 존재인데요, 그때를 대비한다는 이유로 관심 없는 책을 미리 들이밀기보다 대표적인 단편 소설 작가들의 발자취를 볼 수 있는 문학관을 둘러보는 것도 추천하는 방법입니다. 작품 이름을 자연스레 듣게 하고, 중학생이 되어서 해당 작품을 접했을 때 '나 이거 아는데!'라는 반가움을 느끼게 하려는 의도입니다.

아래에 안내한 문학관들을 기억해두었다가 주변 여행 일정이 있을 때 잠시 들러보세요. 이효석 문학관에 들러 대표작인 〈메밀꽃 필 무렵〉을 들어본 아이와 함께 메밀 막국수를 먹는 일정이랄까요.

- 김유정문학촌: 강원도 춘천시 신동면 김유정로 1430-14 | 033-261-4650
- 이효석문화예술촌: 강원도 평창군 봉평면 효석문학길 73-25 | 033-330-2700
- 윤동주문학관: 서울특별시 종로구 창의문로 119 | 02-2148-4175
- 이육사문학관: 경상북도 안동시 도산면 백운로 525 | 054-852-7337
- 김수영문학관: 서울특별시 도봉구 해등로 32길 80 | 02-3494-1127~8
- 황순원문학촌: 경기도 양평군 서종면 소나기마을길 24 | 031-773-2299
- 소월·경암문학관: 충청북도 증평군 도안면 화성리 450번지 | 043-838-0310
- 한국근대문학관: 인천광역시 중구 신포로15번길 76 | 032-773-3800

[추천] 관심 분야를 넓히기 딱 좋은 책

4단계에서 시도할 비문학 영역의 주제별 입문용 도서 목록입니다. 이야기책 위주로 읽어오던 아이도 어렵지 않게 시도해볼 수 있어요. 비문학 영역 독서를 시작할 때는 가볍고 수월하고 재미있어야 합니다. 그래야 관심이 생기는 영역을 발견하는 동시에 빠르게 수준을 높여나갈 수 있습니다.

경제 분야 추천 도서

· **세금 내는 아이들** 옥효진 글, 김미연 그림 | 한국경제신문사
· **경제는 어렵지만 부자가 되고 싶어** 월터 안달 글, 김조이 그림 | 윌북
· **열두 살에 부자가 된 키라** 보도 섀퍼 글, 원유미 그림 | 을파소
· **오늘은 용돈 받는 날** 연유진 글, 간장 그림 | 풀빛

역사·지리 분야 추천 도서

· **한국을 빛낸 100명의 위인들** 양은환 글, 수아 그림 | M&Kids
· **실패도감** 오노 마사토 | 길벗스쿨
· **10대를 위한 나의 문화유산 답사기** 유홍준 원저, 김경후 글, 이윤희 그림 | 창비
· **안녕, 나는 경주야** 이나영 글, 이나영·박정은 그림 | 상상력놀이터

환경 분야 추천 도서

· **라면을 먹으면 숲이 사라져** 최원형 글, 이시누 그림 | 책읽는곰
· **미래가 온다, 플라스틱** 김성화·권수진 글, 백두리 그림 | 와이즈만북스
· **왜요, 기후가 어떤데요?** 최원형 글, 김예지 그림 | 동녘
· **기후 위기 안내서** 안드레아 미놀리오 글, 라우라 파넬리 그림 | 원더박스

수·과학 분야 추천 도서

· 세상 밖으로 날아간 수학 이시하라 기요타카 글, 사와다 도시키 그림 | 파란자전거
· 사이언스 2022: 2022년 올해의 과학 역사 교양 토픽 내셔널지오그래픽 키즈 | 비룡소
· 자연의 역습, 감염병 김양중 글, 이경국 그림 | 미래아이
· 별똥별 아줌마가 들려주는 우주 이야기 이지유 | 창비

사회 분야 추천 도서

· 그래서, 동의가 뭐야? 저스틴 행콕 글, 푸크시아 맥커리 그림 | 픽
· 가짜 뉴스를 시작하겠습니다 김경욱 글, 주성희 그림 | 내일을여는책
· 혐오 : 재밌어서 한 말, 뭐가 어때서? 소이언 글, 권송이 그림 | 우리학교
· 멍멍! 재판을 시작합니다! 신지영 글, 이경석 그림 | 아르볼

진로 분야 추천 도서

· 열두 살 장래 희망 박성우 글, 홍그림 그림 | 창비
· 10대를 위한 세계 미래 보고서 박영숙·제롬 글렌 | 교보문고
· 우리들의 MBTI 조수연·전판교 글, 소윤 그림 | 다산어린이
· 뭐가 되고 싶냐는 어른들의 질문에 대답하는 법 알랭 드 보통 | 아이세움

성 분야 추천 도서

· 생리를 시작한 너에게 유미 스타인스·멜리사 캉 글, 제니 래섬 그림 | 다산어린이
· 소년들을 위한 내 몸 안내서 스콧 토드넘 | 휴머니스트
· 소녀들을 위한 내 몸 안내서 소나 르네 테일러 | 휴머니스트
· 소녀와 소년 : 멋진 사람이 되는 법 윤은주 글, 이해정 그림 | 사계절

심리 분야 추천 도서

· 마음에도 근육이 필요해 마음꽃을 피우는 사람들 글, 김효진 그림 | 고래이야기
· 알쏭달쏭 상담소 이케가야 유지 글, 요시타케 신스케 그림 | 블루무스어린이
· 화 잘 내는 법 시노 마키·나가나와 후미코 글, 이시이 유키 그림 | 뜨인돌어린이
· 동의가 서툰 너에게 유미 스타인스·멜리사 캉 글, 제니 래섬 그림 | 다산어린이

생각하며 읽기

적극적으로 생각하며 읽게 하려면

독서만 하고 사고가 없는 사람은 그저 먹기만 하려는 대식가와 같다.
아무리 영양 많고 맛 좋은 음식이라도
위액을 통해 소화하지 않고서는 아무런 이로움이 없다.

- 실베스터

생각하며 읽기
적극적으로 생각하며 읽게 하려면

3단계에서 조금 더 깊이 있는 내용에 도전하여 글밥의 수준과 분량을 늘리고, 4단계에서 문학과 비문학의 새로운 영역으로 확장한 아이라면, 단순히 책 내용을 이해하는 데서 발전하여 나만의 생각을 시도해야 합니다. 독서의 목적 중 하나인 사고력 확장을 위한 필수 과정이며 적극적인 독서의 시작이자 초등 독서의 1차 목적지입니다. 결국 이곳에 닿기 위해 앞의 단계들을 이어왔던 거라 생각해도 무리가 없습니다.

[점검] 더 깊이 생각하며 읽을 준비가 되었을까?

아이가 더 깊이 생각하며 읽을 준비가 되었는지 점검해볼게요. 요즘 우리 아이의 책에 관한 마음과 반응이 어떤지 짚어보는 것으로 5단계를 시작해보겠습니다. 아이가 다음과 같은 모습을 보인다면 생각하며 읽기는 이미 시작되었거나 충분히 준비된 상태라고 판단할 수 있습니다.

1

전에 읽었던 책을 꺼내어 찬찬히 다시 읽는다.

반복해 읽는 건 내용이 궁금해서가 아닙니다. 이미 다 아는 내용이지만 정말 재미있고 궁금한 내용이라 기꺼이 다시 꺼내 읽는 겁니다. 다시 읽을 때는 휙휙 넘기지 않을 거예요. 시키지 않아도 찬찬히 읽습니다.

2

사춘기가 온 것처럼 느껴지고 부쩍 반항이 심해졌다.

무슨 말만 하면 "왜?"가 따라붙는 시기가 있습니다. 어른의 말과 생각에 전적으로 동의하기 어렵다는 건 자기만의 생각이 생기기 시작했다는 의미입니다. 책 내용과 주인공의 행동에 무조건 동의하지 않을 가능성이 높아졌습니다.

3

읽은 책에 관한 이야기를 먼저 꺼낸다.

'좋았다'나 '재미있다' 등의 단편적인 감상보다 책 내용 중 마음에 들지 않거나 이상하다고 느꼈던 점에 대한 불만을 토로하는 것으로 본인만의 생각을 표현하기 시작합니다.

4

읽은 지 한참 지난 책 이야기를 할 때가 있다.

읽은 지 한참 지난 책에 관한 이야기를 꺼낸다는 건 그 주제에 관해 오랫동안 생각하고 있었다는 의미이기도 합니다. 줄곧 그 생각만 하는 건 아니지만 그 생각을 놓지 않았다는 의미죠.

5

어른스러운 말, 행동으로 주위 어른을 놀라게 할 때가 있다.

아주 가끔이지만 '얘가 언제 이렇게 많이 컸지?'라는 생각을 하게 만들 때가 있어요. 전에 없이 논리적으로 반박하며 어른을 꼼짝 못하게 하는 시기가 오는데요, 이 시기를 주목하세요.

[핵심] 보이는 것에 집착하지 말자

초등 독서의 각 단계는 칼로 무 자르듯 정확하게 구분되기도 하지만 그렇지 않아 보일 때가 훨씬 더 많습니다. 한 시기에 두 단계를 함께 지나기도 하고, 정확하게 어떤 단계를 지나는 중인지 구분하기 어렵기도 합니다. 그런데 신기하게도 여기저기 돌다가 멈추다가 다시 돌면서 각 단계를 자기만의 방법과 속도로 경험하던 모든 아이가 결국 5단계에서 만납니다.

초등 시기에 5단계까지는 경험하게 하는 것을 목표로 삼아야 합니다. 5단계는 독서의 목적 중 하나인 사고력 확장을 위한 필수 과정이며 적극적인 독서의 시작입니다. 부모와 담임교사가 합심하고 집중하여 되도록 많은 아이가 5단계까지 경험할 수 있게 해야 합니다. 공부하라고 할 거면 잘할 수 있는 방법을 알려줘야 합니다. 힘들어도 5단계까지는 바짝 대들어 노력합시다.

일생을 통틀어 최고의 독서기를 보내도 아쉬울 시기가 바로 이 단계를 경험하는 시기로, 이 단계에 있는 아이들 대다수는 초등 6학년에서 중학교 1학년 아이들입니다. 이 시기의 독서 수준, 독서량, 책에 대한 감정, 독서 습관이 평생의 독서를 좌우하고 몇 년 후의 입시 결과를 좌우한다고 해도 과언이 아니지만 애석하게도 아이가 바쁩니다. 보통 바쁜 게 아닙니다. 그래서 이 시기의 부모는 흔히 돌아다니는 '추천 도서 목록'을 찾아다닐 게 아니라 내 아이에게 딱 맞는 도서 목록을 직접 만들 수 있어야 합니다.

적극적인 독서의 시작

이전 1~4단계 독서에는 중요한 공통점이 있는데 바로 '입력'이라는 활동입니다. 이 단계에서는 책에 담긴 내용을 비판 의식 없이 보이는 그대로 읽고 받아들입니다. 그 과정에서 차곡차곡 생각하는 힘을 키우고 문해력을 키우고 배경지식을 넓혀왔습니다. 잘한 일입니다. 거기에서 그치지 않기 위한 노력이 지금부터 알아볼 '생각하며 읽기'인 소위 '정독' 단계입니다.

정독하려면 이전 단계에 비해 능동적이고 적극적으로 읽어야 하지만 정독을 시작했다고 해서 아이의 책 읽는 모습이 특별히 달라지지는 않습니다. 지금 어떤 단계의 독서를 하고 있는지 알 수 있는 건 아이의 눈빛이나 태도가 아니라 아이의 말과 글입니다. 생각은 눈에 보이지 않기 때문에 생각의 결과물인 말과 글을 통해 유추해보는 것입니다.

정독을 시작했다는 것은 '읽기'라는 다소 수동적인 사고 과정에 자기만의 생각을 보태고 다른 방향을 생각해내기 시작했다는 의미입니다. 다시 말해 책의 내용, 주인공의 행동, 인물들의 관계에 관한 의문을 품어보고, 비판하고, 책 속의 시간적·공간적 배경을 내가 사는 시대와 상황에 적용해보고, 제시된 책 속 배경을 바꾸어 상상해보기도 하는 종합적인 사고 과정이라는 거지요. 그렇기 때문에 5단계 독서를 초등 독서 단계 중 가장 적극적인 사고 과정이라 부르는 것이며, 이 과정을 경험하는 것을 초등 독서의 최종 목표로 삼아야 합니다.

정독에 관한 큰 오해가 있는데, 정독을 '책을 천천히 읽는 것'이라 정의하여 속독의 반대말로 여기는 겁니다. 흔히 정독은 차분하게 천천히 읽는 겉모습으로 형상화되어 있는데요, 개념을 제대로 알아야 합니다. 정독은 독서의 속도로 정의하는 것이 아니라 책의 내용에 관한 나만의 생각을 했는지 여부로 구분합니다. 책을 붙잡고 아주 느린 속도로 책장을 넘겼다 해도 내용을 파악하는 정도에 그쳤다면 정독했다고 말할 수 없는 이유입니다.

반대로, 비교적 빠른 속도로 읽었어도 사고 과정이 동반되었다면 정독의 효과를 얻었을 것입니다. 그래서 눈에 보이는 속도라는 함정에 빠지면 안 됩니다. 한 가지 분명한 건 정독을 시작한 아이는 빨리 읽으라고 해도 빨리 읽기 어려워한다는 점입니다. 읽기라는 길에서 툭하면 멈추어 자기만의 생각에 빠져들거든요. 이렇게 정독을 충분히 경험해본 아이는 텍스트를 읽어내는 속도 자체가 빨라지고 익숙해져 전보다 빠른 속도로 정독하는 것도 가능해집니다만, 극히 일부의 아이들만 이런 경험을 합니다. 어른에게도 어려운 일이고요, 초등 시기에는 이 경지까지 염두에 두진 마세요.

책장이 넘어가는 속도가 아닌, 보이지 않는 아이의 머릿속 움직임으로 정독 여부를 판단할 수밖에 없기 때문에 이 시기의 부모 마음은 널을 뛸 때가 많습니다. 아이가 책을 읽는 것 같긴 한데, 이해는 하는지, 무슨 생각을 하는지 도통 알 수가 없어 답답하다는 게 중론입니다. 아이가 이 수준의 독서를 한다면 분명히 전에 없던 적극적인 사고 활동이 일어나고 있지만 그 생각의 과정과 결과를 표현하는 일에는 아직 서툴 수밖에 없습니다.

이럴 때 부모의 기본 자세는 '믿어주기'입니다. 정독을 시작한 건지 아닌지 확실치 않다면 일단 믿으세요. 믿고 기다리면서 독서를 유지하다 보면 언젠가 아이 스스로 정독하는 날이 오고, 미리 믿어주는 것도 손해 볼 것 없는 방법입니다. 더불어 중요한 원칙이 있는데, '보이는 것에 집착하지 말자'입니다. 책을 읽고 난 아이가 글을 쓰고 말을 하면 어떤 생각을 했는지 한눈에 알 수 있지만, 그걸 확인하기 위해 말과 글을 강요하지 않았으면 합니다. 보이는 것이 없다고 해서 사고 과정을 섣불리 의심하지 않았으면 합니다.

정독과 독후감의 관계

책을 읽고 줄거리를 요약하거나 독후감 쓰는 것을 정독의 필수 과정으로 오해하는 분도 많은데 반드시 그렇지만은 않습니다. 정독했지만 독후감 작성을 힘들어하는 아이도 있고, 정독의 과정 없이도 독후감 한 편쯤 뚝딱 적어내는 아이도 있습니다.

꼭 독후감을 써야 하느냐고 묻는다면 저는 아니라고 답합니다. 중요한 건 독서이기 때문입니다. 제가 온·오프라인 강연을 통해 만나는 많은 분(1,000명 이상)에게 여쭤본 결과를 종합하면, 독후감 작성이 재학 중인 학급의 숙제인 경우는 10% 미만이었습니다. 10명 중 1명 정도만 의무적으로 독후감을 작성하고 있었습니다. 숙제가 아닌데도 독후감을 작성하는 아이도 없지 않았지만 매우 드물었습니다.

이제 막 책의 맛을 알아가고, 책과 친구가 되기 시작한 아이들이 강제적인 독후감 작성에 부담을 느껴 고작 30분 읽은 책 내용을 독후감으로 옮기는 데에만 1시간 넘게 쓰는 경우도 많습니다. 배보다 배꼽이 더 큰 거예요. 읽은 책에 대해 뭐라도 기록을 남기고 싶다면 책 제목과 재미있는 내용 한 줄 옮겨 적기 정도의 간단한 독서 기록이면 충분합니다. 저학년의 간단한 독서 기록을 위해 제가 출간한 교재를 소개합니다.

저학년용
독서 기록 교재

독서 습관이 자리 잡아 문해력과 사고력의 수준이 높아지기 시작하는 고학년 아이라면 읽은 책 내용을 바탕으로 한 요약·감상을 적어보는 경험이 유익할 수 있습니다. 중학교에서 학기마다 제출하는 독서 기록을 대비하는 것이기도 합니다. 중학교에는 각 학기마다 읽은 책의 제목·줄거리·감상을 적어서 제출하면 책을 읽은 것으로 인정하여 내신 성적에 반영하는 제도가 있습니다. 보통 한 학기에 다섯 권 정도의 독후감을 제출하며, 그 양식은 학교마다 대동소이합니다.

고학년용
독서 기록 교재

[방법] 작가와의 만남, 질문과 고전

수동적인 입력에 그치지 않고 능동적으로 사고하는 게 이번 단계의 목표이므로 '더 깊고 적극적인 생각을 유도할 수 있는 방법'이 궁금할 겁니다. 정독 단계 정도면 아이 학년과 독서 경험이 안정권에 접어들었기 때문에 부모가 덜 관여해도 되겠거니 생각하지만 이 시기의 부모 역할은 더욱 적극적일수록 좋습니다. 그래서 아이와 좋은 관계를 유지해두는 것이 유리하고요.

친구들끼리 책에 관한 대화를 거의 나누지 않는 것이 초등 고학년, 중학생의 문화다 보니 독서토론 수업 형식이 아니라면 누군가와 책에 관해 대화할 일이 거의 없는 게 현실입니다. 그래서 영어와 수학은 평일에, 국어는 주말에 학원 일정을 잡는 게 요즘 트렌드라고 들었습니다만 유일한 방법도 최고의 방법도 아닙니다. 같이 살며 가장 많은 대화를 나눌 수 있는 가족과 책에 관해 이야기하면서 아이의 생각을 조금씩 더 표현하게 만들고, 더욱 깊게 생각할 수 있도록 유도하는 게 먼저입니다.

말이 먼저일까? 글이 먼저일까?

아이에게 책 내용을 표현하게 한다면 대개 말이 먼저입니다. 아이에게 모국어를 가르칠 때 말을 먼저 가르치는 것과 비슷합니다. 거의 모든 아이가 글보다 말을 쉽게 여깁니다. 말로 표현해봤던 내용을 글로 쓰면서 글이라는 표현 방식을 경험하는 거예요. 독서를 하면서 얻고 깨달은 생각과 품은 의문을 말로 표현하는 것에서 정독이 시작됩니다. 책 내용에 관한 생각을 말로 표현하는 것이 자유롭고 편안해야 언젠가 글로 쓸 수 있습니다. 말이 글이 되는 속도와 시기는 아이마다 다른데, 읽고 말하기의 충분한 경험과 쓰기의 경험이 합쳐지면서 자연스럽게 시작됩니다.

그렇다고 해도 대화가 모든 아이에게 정답은 아닙니다. 어떤 아이는 말보다 글이 편합니다. (제가 어릴 때 그랬어요.) 그래서 내 아이를 아는 게 중요합니다. 말이 편한 아이인지, 글이 조금 더 편한 아이인지를 알아야 도울 수 있고, 이끌어줄 수 있어요. 말과 글 중 어떤 것이 먼저 나오든 상관없지만, 어느 하나라도 편안한 상태에서 책에 관해 생각을 나누는 건 중요합니다.

문제는 말로도 하기 어려운 나만의 생각을 완성된 한 편의 글로 표현하기를 강요하는 현실입니다. 이제 막 책의 맛을 알아가며 독서 습관을 들이기 시작한 아이에게 읽은 책의 내용과 느낌을 공책에 꽉 채워 써오라고 하면 그 마음이 어떨까요? 그 아이에게 책은 어떤 존재가 될까요? 어떤 느낌일까요? 먼저 자연스러운 대화 형식으로 풀어내다 보면 글로 써야 하는 순간이 닥쳐도 덜 두렵습니다. 할 만한 일이 됩니다.

질문의 힘

책을 읽으며 적극적인 사고 활동을 했는지 확인하는 대표적인 방법이 독후감 쓰기지만, 가정에서 시도할 수 있는 최선의 방식은 아닙니다. 독후감은 학교라는 단체 안에서의 독후 활동에 적합한 모델일 뿐입니다. 개인적으로 깊이 소통할 수 있는 가정에서라면 더 훌륭한 독후 활동이 있습니다. 바로 질문입니다. 이유가 있습니다. 바로 뇌의 특성 때문입니다. 보통 사람은 질문을 받는 순간부터 생각을 시작합니다. 그러니까 질문을 건넨다는 건 상대에게 '생각할 기회'를 주겠다는 의미와 같습니다. 기회를 주는 거니까 답은 천천히 기다리는 게 기본 값이지만, 아이에게 질문을 건네놓고 기다리는 일이 어떤 부모에게는 참으로 쉽지 않습니다. 물론 저도 그렇습니다.

저는 초등 교실에서 수업하던 시절, 수업을 여는 수많은 방법 중 툭 하고 질문 던지기를 가장 즐겼습니다. 오늘 배울 교과서의 수업 내용과 일정 부분 맞닿아 있긴 하지만 정조준하지는 않고, 정확한 답을 요구하지 않지만 한 번쯤 생각해보면 도움이 될 만한 질문을 한두 가지 합니다. 그러면 관심 없던 아이들도 하나둘 수업 안으로 들어오기 시작합니다. 답을 강요하지 않지만 답을 말하고 싶은 아이가 있다면 어떤 엉뚱한 답도 환영합니다.

고학년 사회 과목의 역사 영역에서 단군왕검을 배울 차례라면, 개천절 연휴에 여행 다녀온 경험을 살짝 나눈 후에 "개천절은 왜 빨간 날일까?", "왜 그날을 대한민국 전체가 기념하고 기뻐하며 국경일로 지정한 것일까?" 같은 질문을 가볍게 던지는 거죠. 술술 걸려듭니다, 생각의 그물로. 개천절을 학교 안 오는 날로만 알던 아이들이 생각을 시작하고 단군왕검이라는 인물을 궁금해하기 시작하면 그날 수업은 거의 다 된 겁니다. 여기까지가 힘들지, 궁금한 마음이 들어 생각을 시작한 아이들을 데리고 알차게 한 차시 수업을 끌고 가는 건 일도 아닙니다.

(혹시. 오해의 소지가 있을까 싶어 털어놓습니다. 제가 교실에서 진행했

던 괜찮은 교육법을 소개하는 일이 잦다 보니 제가 엄청나게 능력 있고 괜찮았던 교사로 묘사되는 경향이 있는데, 그건 아닙니다. 제가 잘했던 일만 책에 쓰는 거예요. 초등 담임교사로서 스스로 점수를 준다면 아무리 후히 줘도 70점을 넘기기 어렵습니다. 겸손한 사람은 더더욱 아니고요.)

생각을 유도하는 좋은 질문

질문이 이렇게 중요하고 좋은 것이지만 어떻게 질문해야 아무 생각 없어 보이는 저 아이가 생각을 시작할 수 있을지 고민해야 합니다. 나쁜 질문과 좋은 질문이 있습니다. 좋은 질문을 알려드릴게요. 좋은 질문은 곧 '생각하게 하는 질문'입니다. 읽기의 과정에서 생각하게 하는 좋은 질문을 읽기의 목적과 연계하여 다음 쪽에 정리해두었습니다.

질문 유형도 중요하지만 질문을 던지는 사람의 태도와 형식도 중요합니다. 질문을 던지고 대답을 들을 땐 이렇게 해주세요.

첫째, 질문은 한두 개만 하기

다음 쪽 질문 예를 보면서 좋은 질문이라 생각되면 저처럼 실천력 강한 부모는 대뜸 아이를 붙잡고 질문을 퍼붓기 시작합니다. 보통 초등 아이들이 질색하는 상황입니다. 아무리 좋은 질문이라도 계속 이어지면 듣는 사람은 피로가 쌓입니다. 질문이 던져질 때마다 생각을 시작해야 하고, 생각은 에너지를 많이 소비하는 일이므로 한두 개면 충분합니다. 질문은 아껴뒀다가 곶감 꺼내 먹듯 하나씩 꺼내 씁시다.

생각을 유도하는 유형별 질문 예

읽기 유형	유형별 질문
통합적 읽기	이 책의 제목을 네 마음대로 다시 짓는다면? 책 전체 주제를 한 문장으로 딱 표현해본다면?
사실적 읽기	책 전체에서 가장 마음에 드는 장면은? 책 전체에서 가장 마음에 드는 인물은? 책 전체에서 가장 중요한 장면이라고 생각되는 것은? 책 전체에서 주인공을 제외하고 가장 중요한 인물을 한 명 뽑는다면?
비판적 읽기	등장인물 중 이해되지 않는 인물이 있다면? 여러 장면 중 이해되지 않는 상황을 뽑는다면?
적용하여 읽기	주인공의 경험은 네가 겪은 경험 중 어떤 경험과 비슷하거나 전혀 다를까? 이 책의 내용은 네 현실과 어떤 부분이 비슷하거나 다를까? 주인공의 모습은 네 모습과 어떤 부분이 비슷하거나 다를까?
상상하며 읽기	이 책의 뒷이야기는 어떻게 전개될까? 네가 작가라면, 책 내용 중 다시 쓰고 싶은 부분은?

둘째, 부모가 먼저 예시 답 말하기

질문을 던져놓고 아이 입만 쳐다보고 있으면 아이는 부담스럽고, 부모는 답답합니다. 질문에 대한 답을 부모가 먼저 내어놓는 것도 좋은 방법입니다. 예시를 들어주면 그대로 베껴서 따라 할까 걱정하지만, 아이들은 그렇게 단순하고 재미없는 존재가 아닙니다. 예시에서 힌트를 얻어 곧장 '나는 어떤 답을 만들어볼까?'를 궁리하고, 기필코 조금이라도 더 재미있는 답을 내어놓고야 맙니다. 처음부터 되느냐고요? 처음부터 되는 일은 아무것도 없습니다. 일단 시작해보세요. 세상의 모든 일은 하다 보면 잘하게 됩니다.

셋째, 원한다면 아이도 질문할 수 있게 하기

순서를 정해 질문을 하나씩 주고받을 필요는 없지만, 부모가 질문하고 본인이 답을 하는 구조에 불만을 품는 아이도 있습니다. '왜 엄마만 질문해? 나도 할래!'인 거죠. 그럴 땐 쿨하게 질문을 받아주세요. 질문을 만드는 것도 보통 일은 아니거든요. 아빠 엄마에게 던질 질문을 떠올리느라 머리를 팽팽 돌리며 생각을 합니다. 질문을 하는 이유가 아이가 생각하게 하기 위해서였기 때문에 질문을 받아주는 것으로 생각을 유도할 수 있다면 누가 질문을 하고, 누가 답을 하는지는 크게 중요하지 않습니다.

넷째, 꽤 오래 기다리기

답이 잘 안 나옵니다. 별 어려운 질문도 아니었는데 아이는 로딩 중인 컴퓨터처럼 뜸을 들이죠. 그 몇 초, 몇 분 안 되는 시간이 바로 '생각하느라 머리 팽팽 돌리는' 귀한 시간입니다. 이 시간은 돈 주고도 못 구해요. 아무리 비싸고 좋은 수업에 보내도 얻기 힘든 경험입니다. 얼마가 됐든 기다려주세요. 답을 오늘 주지 않아도 괜찮다는 마음가짐이면 기다릴 수 있어요. 기다려도 되고요, 기다려야 해요. 저는 일주일이 지나 답을 들은 적도 있었어요. 아이가 관심이 없어 지나친 거라 생각했는데, 툭 하고 답을 내어놓는 모습에 살짝 반성하고 다시 힘을 냈습니다.

다섯째, 기발한 답에 호들갑 떨기

보통 아이들은 평범하고 재미없고 단순한 답을 수시로 내어놓습니다. 그게 정상이에요. 하는 말마다 톡톡 튀고 별스럽고 상상력 풍부한 아이는 드물어요. 우리 집에 없을 겁니다. 그게 정상이고 잘 자라는 모습이려니 하고 내어놓은 답에 적절히 반응해주세요. 과한 칭찬은 진심으로 들리지 않지만, 너무 무심한 반응에 상처받는 게 아이들입니다. 아주 가끔이지만 아이가 기발한 답을 내어놓는 경우가 있어요. "세상에! 이런 생각을 했다고?" 같은 감탄할 수 있는 순간을 놓치지 마세요.

[요령] 천천히 깊게 읽기에 좋은 고전 독서

> **고전古典**
>
> 오랜 시대를 거치며 많은 사람에게 널리 가치를 인정받아 전범典範을 이룬 작품

생각하게 하려고 이런저런 질문을 던져보지만, 24시간 붙어 지내는 것도 아니고 책에 관한 훈훈한 대화만 나눌 수도 없는 사춘기 아이에게 적절한 질문을 끊임없이 제공하기는 현실적으로 매우 어렵습니다. 부모의 직업이 질문과 독서 코칭도 아니고, 아이의 직업이 대답인 것도 아니죠. 그래서 생각을 유도하는 독서를 시작해야 합니다. 물론 모든 독서는 생각을 유도하지만, 모든 독서가 이 시기의 아이에게 적절한 수준의 깊은 생각을 돕는 건 아니기 때문입니다.

그래서 고전입니다. 정독 단계의 유일한 추천 도서가 고전은 아니지만, 이즈음 아이의 생각을 제대로 자극해줄 훌륭한 도구가 고전인 것은 확실합니다. 고전은 적극적으로 생각하지 않으면 한 문장도 쉬이 넘어가지 않지만, 조금만 생각하기 시작하면 색다른 매력을 지닌 이야기에 푹 빠져들게 만들기 때문이에요. 지금의 나와 책 속 주인공의 비슷한 점과 다른 점을 찾아내고 비교하면서 뇌는 부지런히 일을 합니다. 재미가 있으니 계속 읽고 싶은데 생각하지 않으면 계속 읽을 수 없으므로 고전을 정독 단계에서 충분히 활용하라고 추천하는 겁니다.

물론 고전이라는 이름이 주는 무게를 모르지 않습니다. 고전을 읽

지 않았던 아빠 엄마가 아이에게 고전을 권해야 하는 상황의 난감함을 충분히 공감합니다. 동화책도 읽지 않는 아이가 고전을 읽는다는 것을 지금은 상상하기 어려울 수 있습니다. 그렇다고 해서 포기할 건가요?

최근 〈인간실격〉이라는 드라마를 보았는데, 주인공인 부정(전도연 분)이 아버지께 "파출부나 할까?" 그랬더니 아버지가 단호하게 안 된다고 하더라고요. 이유가 분명해서 놀랐습니다. "자식은 부모보다 잘돼야제." 짧지만 정확한 답이었습니다. 맞습니다. 우리가 키우는 자식이 모두 서울대에 갈 이유는 없지만 이렇게까지 열심을 내어 가르치고 기르는 이 아이들은 적어도 부모인 우리보다 잘되어야 합니다. 저도 어릴 적 고전이라는 산을 끝내 넘지 못했지만 저보다는 잘될 아이들을 꿈꾸며 새삼스레 고전에 관한 관심과 노력을 기울이기 시작했습니다. 내가 잘 모르거나 관심 없는 분야라고 해서 아이의 성장을 제한하거나 미리 겁먹지 않았으면 합니다.

고전을 읽는 아이에게 일어나는 일

고전 독서, 만만치 않습니다. 오랜 시대를 거치고 지금껏 읽힌다는 고전의 특징을 다르게 표현하면 '옛날 옛적 이야기'라는 뜻이거든요. 훤히 아는 이야기라도 영상이 아니라 책에 적혀 있으면 잘 입력되지 않는 아이가 지금과 완전히 다른 배경을 가진 이야기를 한 번에 이해해내거나 호기심을 보이기 어려운 건 당연합니다.

아이러니하지만 고전이 어려운 이유는 고전이 유익한 이유와 같습니다. 시대적·지리적 배경이 완전히 다른 새로운 이야기를 읽으면서 아이가 얻을 것은 그 시대의 계급 제도와 지리적 특성이 아닙니다. 다른 모습으로 살아가는 사람들의 이야기를 통해 더 깊은 생각을 하게 되고, 더 넓은 시야를 얻게 됩니다. 오늘 우리 반 교실에서 있었던 반장 선거와 비슷한 사건을 다룬 창작 동화를 읽는다면 공감과 재미를 느끼겠지만 고전 독서를 통해서만 얻을 수 있는 깊고 넓은 생각을 해볼 기회는 얻기 어렵습니다. 쉬운 수준으로라도 고전을 접한 아이는 다음의 두 가지 생각에 닿습니다.

첫째, 비슷하구나

'옛날 사람들과 다른 나라 사람들도 지금의 나와 비슷한 생각을 하며 살았구나.'

고전에는 시대와 문화를 초월하는 삶의 철학이 담겨 있습니다. 그래서 생각할 게 많은 거지요. 시대가 바뀌고 문화가 달라도 그 안에 담긴 사람의 고민은 비슷한 경우가 많습니다. 함께 고민하고 생각해볼 여지가 많은 내용이라는 이야기입니다. 그래서 고전이 사랑받습니다. 그래서 다시 읽기 좋고, 읽을 때마다 새롭게 보입니다. 한없이 달라 보이는 글에서 비슷한 점을 발견했을 때의 신기한 짜릿함을 경험한 아이는 고전의 세계에 선뜻 들어가려 합니다.

둘째, 다르구나

'옛날 사람들과 다른 나라 사람들은 비슷한 점도 있지만 이런 점은 다르구나.'

고전은 어렵습니다. 특히 요즘 아이들에게 고전 읽기는 판타지 소설보다 더 어렵고 더 많은 상상을 해야 하는 읽기입니다. 아이들은 미래에 대한 상상이나 공상은 편하게 하지만 과거를 되짚어보는 건 어려워합니다. 지금 상황과 너무 다르니까요. 시대상을 이해하고 문화적 배경을 이해한 상태에서 인물과 사건을 이해해야 하니까요. 도무지 이해할 수 없는 상황이 펼쳐지니까요. 그래서 정독하지 않고서는 넘길 수 없습니다.

고전 독서, 목표는 이곳입니다

목표를 확인하고 출발하겠습니다. 목표를 알아야 로드맵을 그릴 수 있습니다. 아이에게는 로드맵이 없습니다. 읽으라면 읽고, 사주면 읽고, 빌려다 주면 읽는 게 전부입니다. 책은 알아서 읽는 거 아니냐, 다음 책으로 무얼 읽을지까지 알려주면서 끌고 가야 하느냐 같은 의문이 들겠지만 시대가 달라졌습니다. 아이가 알아서 이 길을 찾아내주길 바라는 건 무리입니다. 턱없이 부족해진 독서 시간 때문입니다.

저는 초등학생 시절 날씨 좋은 날엔 봉지 하나 들고 나가 잠자리를 가득 잡아왔고, 비 오는 날엔 배를 깔고 누워 종일 책을 읽었습니다. 모든 시간이 제 것이었습니다. 책의 맛을 안 뒤로는 스스로 책의 길을 찾았습니다. 이 책, 저 책 닥치는 대로 읽다 보니 읽는 어른이 되었습니다. 요즘 아이들은 그럴 만한 시간이 없습니다. 탐색하고 실패하고 시행착오할 시간은 물론이고, 책을 잡고 뒹굴 한두 시간의 여유도 없습니다. 그래서 어른이 도와야 합니다. 책을 놓지 않게, 책의 길에 들어서게 도와야 합니다. 그래서 알려드리는 고전 독서의 목표 지점은 바로 이곳입니다.

민음사 세계문학전집

장편 대하소설

　이런 책들, 책장에 한두 권쯤 있으시죠? 그러나 완독한 경험은 거의 없을 거예요. 보통 수준이 아닙니다. 어른도 쉽게 읽어내지 못하는 완역본입니다. 그런데 5·6학년 교실에도 읽는 아이가 있습니다. 저희 반 아이가 읽는 모습을 보면서 놀랍고 부러운 마음에 고학년이 된 저희 아이에게도 시도해보았는데요, 쉽지 않지만 꾸준히 읽어나가면 가능하다는 사실을 알았습니다. 그 과정에서 숱한 시행착오 끝에 알아낸 로드맵을 공유하고 싶습니다.

고전만이 정답일까?

고전을 시도해본다는 점에서 5단계는 초등 독서의 묵직한 비중을 차지합니다만 반드시 고전을 읽어야 정독할 수 있는 건 아니라는 점도 기억해주세요. 또 초등 시기에 고전까지 읽으라니 힘겨워하는 아이와 부모가 많다는 점도 알고 있습니다. 아이가 지금 읽는 책이 무엇이든 그곳 어딘가에 멈춰 자기만의 생각을 시작했다면 정독하고 있다는 점을 의심하지 마세요. 고전이 아니어도 정독은 일어납니다.

그럼에도 고전을 추천하는 이유가 있습니다. 지금껏 읽어온 동화, 소설, 지식 책 등과 다른, 눈에 보이는 생각의 도약이 일어나는 지점이 고전 독서이기 때문입니다. 초등 시기에 책을 열심히 읽는 아이들은 많지만 고전이 주는 유익함을 모른 채 중학생이 되는 아이들이 많다는 사실이 못내 안타까웠습니다. 책 좀 읽는 아이라면 고전을 시도하게 도와주세요. 엄마가 안 읽었다는 이유로 아이를 제한하지 마세요. 아이는 엄마보다 더 잘 읽게 해야 합니다.

로드맵을 살펴보기 전에 정독 단계에서 빠지기 쉬운 오해 몇 가지를 짚고 가겠습니다. 제가 빠졌던 착각이기도 한데요, 다음과 같은 오해를 풀지 못하면 자칫 고전 만능주의에 빠져 지금껏 꾸준히 쌓아온 독서 습관이 허무하게 무너질 수도 있습니다.

첫 번째 오해, 고전을 읽지 않으면 정독을 안 한 것일까?

그렇지 않습니다. 고전을 읽지 않아도 정독할 수 있습니다. 고전은 정독을 위한 하나의 수단일 뿐, 목표가 아닙니다. 정독의 목표는 쉽게 읽히지 않고 대번에 이해되지 않는 글을 읽어가는 과정에서 한 번 더 생각하고 고민하게 만드는 것입니다. 따라서 고전을 읽어야 정독한 것이고, 고전을 읽지 않으면 정독하지 않은 것으로 단순하게 구분 짓지 않았으면 합니다. 고전이 아니어도 정독, 즉 생각하는 독서는 가능합니다. 다만 고전은 정독이 아니고는 도저히 읽어낼 수 없기에 한 번쯤 도전해볼 만한 것으로 여기길 바랍니다.

두 번째 오해, 고전은 정독 단계에서 꼭 읽어야만 하는 책일까?

이 역시 단단한 오해입니다. 고전이 아니어도 읽을 만하고 읽을 수 있는 책은 많고, 그 선택은 아이 몫입니다. 그럼에도 고전을 소개하고 추천하고 시도하자고 제안한 건 이런 책의 세계가 있다는 사실을 몰라 초·중등 시기에 고전 독서를 한 번도 경험해보지 못하는 안타까운 아이들이 있기 때문입니다. 정독이 일어날 법한 최적의 시기에 고전을 권하고 노출해줬더라면 그 경험을 가질 수도 있었을 아이들이 그 맛을 보지 못한 채 독서를 중단하는 모습이 안타깝습니다.

세 번째 오해, 고전은 완역본이 아니면 차라리 안 읽는 게 낫다?

이 또한 오해입니다. 고전 완역본 읽기는 대한민국의 읽는 어른들, 그중에서도 독서 경험이 풍부하고 수준도 상당히 높은 일부 어른들의 취미 중 하나로 여길 만큼 어렵습니다. 주변을 살펴보세요. 고전 완역본을 읽었거나 읽고 있는 어른을 찾기가 쉽지 않을 겁니다. 그런 수준의 책을 완역본으로 권하다 보니 고전 읽기는 어렵거나 불가능하다는 선입견이 생겨 고전을 슬금슬금 피해 다니는 국민의 수가 늘어버렸습니다.

심지어 서양 고전은 번역 수준에 따라 책의 완성도가 갈린다는 이유로, 어린이용과 청소년용으로 나온 축약본이나 쉽게 각색한 책은 아예 보지 말라는 주장도 있습니다. 하지만 이렇게 울타리를 치면 고전 독서는 불가능에 가까워집니다. 그림책, 동화책, 청소년 소설 수준으로 각색된 고전도 의미가 있습니다.

[추천] 초등 독서 단계의 고전 독서 로드맵

고전 독서를 무턱대고 시작하고 강요했다가는 아이가 평생 고전을 무서워하고 끝내 못 넘을 수 있으니 조심해주세요. 제가 자란 시골 마을에는 도서관도 변변치 않아 책을 고르고 시도할 방법이 없었어요. 없는 살림에 무리해서 부모님이 세계문학전집이라는 걸 사주셨고, 감사한 마음에 계속 시도해봤지만 잘 안되더라고요. 실패 경험만 차곡차곡 쌓였습니다. 아무리 시도해도 번번이 실패하니 그 책들 근처에는 가기가 싫었습니다. 마흔을 넘긴 이제야 고전에 대한 트라우마에서 벗어나 한 권씩 시도해보는 중입니다.

반려견을 소재로 쓴 책은 요즘 대한민국에서도 찾기 쉽습니다. 반려동물을 키우는 게 유행이 되면서 관련 분야 도서는 더욱 활발하게 출간되고 있습니다. 그래서 강아지를 키우고 싶은 아이라면 관련된 소재의 책에 마음을 열기도 쉽습니다. 반려동물이라는 소재는 같지만 완전히 다른 시대와 장소를 배경으로 하는 《플란다스의 개》가 내 아이에게는 고전 독서를 시작하기 위한 최적의 마중물입니다.

방법 1. 수준별로 단계 올리기

'고전' 하면 꽤 어렵게 생각하는데 어릴 때 아이들이 읽는 전래 동화와 세계 명작 대부분이 고전입니다. 그렇게 그림책으로 읽던 고전을 다시 접해보는 시기가 초등학생 시기입니다. '어린이를 위한'이나 '청소년을 위한'이라는 제목으로 출간되는데, 이런 책은 고전 완역본을 초등학생이나 중학생 눈높이에 맞게 내용을 줄이고 다듬어낸 책들입니다.

참으로 고마운 일입니다. 어렵게만 보이고 멀게만 느껴지는 고전을 원하는 시기마다 쉽고 편하게 만날 수 있도록 연령별·수준별로 다양한 책이 나오고 있으니까요. 아이 수준에 맞춰 시작하면 고전도 어렵지 않게 시작하고 이어나갈 수 있습니다. 저는 이렇게 맞춤형으로 다양하게 책을 출간하는 대한민국 출판계의 열심을 진심으로 응원합니다. 그들이 지치지 않아야 우리 아이들이 더 다양하고 좋은 책을 읽을 수 있기 때문입니다.

어린이용	청소년용	성인용

한상남 옮김 | 삼성출판사

진형준 옮김 | 살림출판사

강미경 옮김 | 알에이치코리아

이다은 옮김, 윤성미 그림 | 대일출판사

장성욱 옮김 | 문예림

황현산 옮김 | 열린책들

전래 동화와 세계 명작처럼 고전도 전집으로 나오는 경우가 많은데, 이왕이면 낱권으로 만나게 하길 추천합니다. 아이가 좋아하는 주제·소재·주인공이 있는 책으로 시작하여 한 권씩 한 권씩 모으는 기쁨을 누리게 해야 좋습니다.

방법 2. 공간적 배경에 따른 고전 독서 로드맵

고전을 한국의 옛이야기와 다른 나라의 옛이야기로 나누기도 합니다. 한국의 옛이야기는 공간적 배경은 같아도 시대적 배경이 완전

한국 고전

· **허생전** 최수례 글, 정지윤 그림 | 보리
· **춘향전** 조현설 글, 유현성 그림 | 휴머니스트

· **토끼전** 장재화 글, 윤예지 그림 | 휴머니스트
· **구운몽** 김만중 글, 송성욱 옮김 | 민음사

· **메밀꽃 필 무렵** 전국국어교사모임 글, 이은희 그림 | 휴머니스트
· **운수 좋은 날** 전국국어교사모임 글, 민은정 그림 | 휴머니스트

· **소나기** 황순원 글, 강우현 그림 | 다림
· **동백꽃** 김유정 | 문학과지성사

· **어린 왕자** 생텍쥐페리 | 열린책들
· **작은 아씨들** 루이자 메이 올콧 | 알에이치코리아

· **노인과 바다** 어니스트 헤밍웨이 | 문학동네
· **달과 6펜스** 서머싯 몸 | 민음사

· **베니스의 상인** 찰스 램·메리 램 엮음, 아서 래컴 그림 | 창비
· **위대한 개츠비** F. 스콧 피츠제럴드 | 푸른숲주니어

· **데미안** 헤르만 헤세 | 문학동네
· **동물농장** 조지 오웰 | 민음사

히 다른 덕분에 친숙함과 낯섦이 교차하는 재미가 있고, 다른 나라의 옛이야기는 공간적 배경까지 완전히 다르다 보니 생소함에서 오는 색다른 즐거움이 있습니다.

생소함에서 오는 '다름'이 고전을 만나기에 이른 아이에게는 '어려움'으로 다가가지만, 준비된 아이에게는 '호기심'을 일으키기도 합니다. 아이가 고전에 흥미를 보이지 않고 밀어내면 실망하지 말고 '아직 이른가 보다' 정도로 생각해주세요. 지금이 아니라면 때를 기다려 또 슬쩍 들이밀어보는 게 부모의 일이려니 생각하세요.

방법 3. 작품 모음집을 활용하는 고전 독서 로드맵

글밥이 적은 그림책을 읽던 아이가 글밥이 많은 소설책 읽기에 도전하듯, 고전의 세계도 작품 길이, 즉 글밥으로 단계를 올리는 방법이 있습니다. 특히 한국 고전에는 길이가 다양한 작품이 포진돼 있어, '벌써 끝이야?' 싶을 정도로 짧은 작품부터 차근차근 시도해볼 수 있습니다. 단편·중편 소설은 추천 작품 위주로 여러 작품이 한 권에 담긴 책이 범주별로 다양하게 출간되어 있으니 단편 소설 모음집부터 하나씩 시도하기를 추천합니다.

'중고생이 꼭 읽어야 할' 시리즈 | 리베르

읽는 중학생

중학생이 되어도 계속 읽게 하려면

독서 습관은 닥쳐올 인생의 여러 가지 불행으로부터
당신의 몸을 보호하는 하나의 피난처가 되기도 한다.

- 윌리엄 서머셋 모옴

읽는 중학생
중학생이 되어도 계속 읽게 하려면

5단계까지 얼추 밟아온 것 같다면 일단 숨을 돌리세요. 충분합니다. 5단계까지가 초등 필수 단계였다면 지금부터 알려드릴 6단계는 읽는 어른이 되기 위한 디딤돌이라 생각하면 됩니다. 시켜서, 정해서, 권해서, 억지로 읽는 아이와 함께 지난한 시간을 견디고 나면 진심으로 책이 좋고, 편하고, 재미있고, 필요해서 읽는 단계에 이릅니다. 이왕 이곳까지 왔고, 아이가 '읽는 어른'이 되도록 돕겠다고 결심했다면 6단계에도 반드시 도전해보세요. 모든 도전이 성공이라는 결과를 낳지는 못하지만 도전만으로도 충분한 의미가 있는 것이 책의 길입니다.

[점검] 우리 아이는 읽는 중학생이 될 수 있을까?

아이가 중학생이 되어서도 독서를 지속할 준비가 되었는지 점검해볼게요. 요즘 우리 아이의 책에 관한 마음과 반응이 어떤지 짚어보는 것으로 6단계를 시작해보겠습니다. 아이가 다음과 같은 모습을 보인다면 이미 읽는 중학생이거나 중학생이 되어서도 독서를 지속할 가능성이 충분히 높은 상태라 생각할 수 있습니다.

1

엄마, 아빠, 선생님은 무엇을 읽는지 궁금해 기웃거리고 읽고 싶어 한다.

'책 = 좋은 것'이라는 공식을 장착했기 때문에 남의 책장, 더 정확하게 말하면 가까운 어른의 책장을 기웃거리기 시작합니다. 그래서 이 시기에 책 읽는 어른의 모습을 되도록 많이 보게 할수록 목표 달성이 쉬워집니다.

2

권해주는 책은 안 보더니 본인이 고른 책은 챙겨 읽는다.

'내가 읽고 싶고, 내가 고른 이 책'이 좋아지는 단계이기 때문에 추천 도서 목록이 먹히지 않습니다. 엄마끼리 친해서 만난 친구 말고 진짜 나랑 잘 맞는 내 친구를 찾아가기 시작하는 모습과 상당히 유사합니다.

3

공부하다가 쉬고 싶을 때 읽던 책을 펼친다.

모든 부모의 로망인 '엄마 친구 아들'의 대표적인 행동입니다. 늘 책으로만 휴식하는 아이는 극히 드물고요, 읽는 중학생은 아주 가끔이지만 이런 행동을 할 때가 있답니다. 물론, 유튜브를 더 사랑하는 건 별반 다르지 않습니다.

4

읽는 중학생이라는 사실에 큰 만족감을 표현한다.

읽는 중학생의 주변에는 책을 읽는 친구들이 거의 사라진 상태입니다. 학원 숙제로 하는 독서가 전부인 아이들이 많아집니다. 그래서 남들과 다른 자신의 모습에 자부심을 느끼고, 특별하다는 만족감을 느끼고 표현합니다.

5

성인 독자를 대상으로 하는 신문과 잡지에 관심을 보인다.

글을 좋아하고 책을 좋아하게 된 아이는 글로 된 것들에 무조건적인 호감을 보입니다. 읽을 수 있고 이해할 수 있으니 거부감이 들지 않거든요. 성인 독자를 대상으로 하는 읽을거리에 관심을 보이기 시작합니다.

[핵심] 읽는 중학생, 어떤 아이일까?

당연한 이야기지만 전 세계 모든 학교, 모든 학년의 교실 안에는 읽는 아이와 안 읽는 아이가 공존합니다. 읽는 아이는 읽으라고 시키지 않고, 읽는 시간이라고 따로 정해주지 않아도 알아서 읽던 책을 꺼내어 읽는 아이를 말합니다. 자발적 독서를 하는 거죠.

읽는 아이는 쉬는 시간에도 읽습니다. 쉬는 시간마다 빠짐없이 읽는 건 아니지만, 읽을 때도 있습니다. 읽는 아이에게는 '읽던 책'이 있습니다. 시간이 남을 때 그곳을 바로 펼칩니다. 교내 도서관에 함께 가보면 읽는 아이는 본인이 좋아하는 책을 빠르게 선택해 바로 독서에 몰입합니다. 책을 좋아하고 자주 읽어 재미있을 것 같은 책에 대한 감과 경험이 풍부하기 때문에 가능한 일입니다.

초등 교실에는 읽는 아이들이 많게는 절반까지 될 때도 있습니다. 고학년이 되면서 그 비중이 줄어들긴 하지만, 그래도 읽는 아이들이 제법 눈에 띕니다. 부모님이 권해준 책을 읽는 아이는 거의 없고, 본인이 고른 책에 빠져 읽는 경우가 보통입니다. 정말 책이 좋아서 읽는 거라 읽으라고 시키지 않아도 읽습니다. 시키지 않아도 학교 도서관에 들러 책을 살펴보거나 빌려 읽고 반납하는 것을 일상으로 여깁니다. 점심시간이면 바깥 놀이를 하기보다 도서관을 지키는 경우도 많습니다. 스스로 분야와 글밥을 확장하면서 책이 주는 즐거움을 알아가기 시작합니다.

걱정스러운 건 중학교 아이들입니다. 독서의 결정적인 시기를 지나는 중이지만 한둘을 제외하고는 모두 독서를 멈춰버립니다. 그렇다고 안 읽는 아이가 독서를 안 하는 건 아닙니다. 하고는 있습니다. 국어·독서·논술 학원을 다니며 숙제로 부과된 독서를 하고는 있습니다. 이들에게 독서는 숙제 중 한 가지입니다. 일주일에 한 권씩 필독서 위주로 꼬박꼬박 읽어냅니다. 책의 즐거움은 알 길이 없습니다. 안 읽으면 안 되니까 억지로 읽는 것뿐입니다. 이 독서는 학원을 멈추거나 입시가 끝나면 바로 중단될 공부입니다. 따라서 숙제로 독서를 하던 아이들은 결국 읽는 어른이 되긴 어렵습니다.

제가 바라는, 읽는 중학생의 독서는 자발적 독서입니다. 중학생이 되어도 책이 정말 편안하고, 좋고, 재미있고, 유익하고, 읽을 만해서 찾아 읽는 독서를 이어갔으면 합니다. 사춘기 호르몬이 절정을 찍은 중학생인데도 읽는 아이들은 읽지 말래도 읽습니다. 그래서 초등 부모의 목표는 '읽는 중학생 만들기'였으면 합니다. '읽는 중학생'은 기필코 '읽는 어른'이 됩니다.

책에 정서적으로 의지하는 중학생 아이

중학생이 되어도 읽는 아이들만의 특징이 있습니다. 책을 좋아하는 것을 넘어 책에 정서적으로 의지하기 시작합니다. 책을 진심으로 좋아하기 시작한 거죠. 지쳤거나, 복잡해졌거나, 허무해졌거나, 짜증이 올라올 때 책이 주는 위로를 기대하는 아이들입니다. (애들이 이렇게 힘든 일이 뭐가 있겠나 싶지만 많습니다. 부모인 우리가 다 알지 못할 뿐이에요.)

사춘기에 접어들면 그동안 한없이 편하고 좋았던 부모, 가족, 친구들이 때로는 멀게 느껴집니다. 한마디로 '마음 둘 곳'을 잃을 때가 종종 찾아옵니다. 매사에 짜증과 불만으로 가득 차서 "쟤 진짜 도대체 왜 저래?"라는 말이 절로 나오게 만드는 아이가 폭발하는 사춘기 호르몬을 책이라는 도구로 다스리는 과정이라 생각해주세요.

이 경험을 더욱 정확히 표현하면 '마음 둘 곳 없어 외롭다'라고 느껴지는 시기에 책이라는 존재 덕분에 그 시기를 조금 덜 외롭게, 조금 더 부드럽게 넘어가는 상황을 뜻합니다. 친구나 가족과 전에 없던 갈등으로 외로움과 스트레스를 느끼는 시기이기 때문입니다.

주변인의 조언과 위로가 간섭과 훈계로 들리기 시작하여 일상이 짜증이 되어버린 아이는 잠시 현실을 잊게 해줄 도피처를 찾습니다. 어떤 아이들은 게임이라는 도피처 뒤로 숨어버리고, 어떤 아이들은 친구에 집착하기 시작하고, 어떤 아이들은 책이 주는 표현하기 어려운 종류의 안정감과 위로를 느끼면서 한동안 책에 빠져듭니다.

책에 과도하게 의존하고 집착하는 것도 환영할 일은 아니지만, 성장기에 책이 주는 도움을 경험한 아이들은 어른이 되어 인생의 어려움 앞에서 술, 담배, 도박을 먼저 떠올리지 않습니다. 저는 제가 만났던 아이들이 불합격, 승진 탈락, 사업 실패, 파혼, 이혼 등의 위기에서 서점이라는 공간을 떠올려 그곳에서 다시 털고 일어날 힘을 얻게 되기를 바랍니다. 다시 정상적인 삶을 사는 것이 가능할까 의심할 만큼 극심한 우울증에 빠졌던 제가 결국 도서관에서 심폐소생술을 받고 살아난 것처럼 말이죠.

책으로 도움을 받은 중학생 아이

사춘기 아이들은 주변을 굉장히 의식합니다. 외모에 높은 관심이 생기고, 별일 아닌데도 심하게 부끄러워하고 호들갑을 떱니다. '왜 저래'라는 생각을 하게 만들죠. 이 행동들은 주변을 의식하기 시작하면서 동반되는 자연스러운 성장의 모습입니다. 초등 저학년까지는 책을 읽으면 따라오는 칭찬만으로도 만족하지만 초등 고학년과 중학생에게는 여간해 안 먹힙니다. 그래서 전략을 수정해야 합니다.

책 읽는 모습을 남이 보게 해야 합니다. 책 읽는 모습을 누군가 쳐다보는 것만으로도 '내가 지금 좀 멋진가?'라는 느낌이 들면서 온몸의 피가 빠르게 돌기 시작합니다. 사춘기 때 피가 제대로 한번 빠르게 도는 경험을 하고 나면 그날의 짜릿한 느낌을 쉽게 잊지 못합니다. 이걸 못 잊어 또 슬그머니 책을 들고 학교로 나섭니다. 교실 구석에 앉아 책을 읽으면서 선생님과 친구들이 내가 책 읽는 모습을 발견했으면 좋겠다는 소박한 꿈을 꿉니다.

아이가 책에서 도움을 받고 나면 그 경험을 아이의 성공과 엮을 수 있습니다. 예를 들어 학교 시험, 경시대회, 영재원 입시, 수행평가 등 공부를 실력으로 증명해야 하는 목표가 있었는데, 평소 쌓아둔 독서력과 참고한 책 덕분에 목표를 이룰 때가 있습니다. 그런 경험을 하고 나면 아이에게 책은 언제든 꺼내 쓸 수 있는 든든한 무기처럼 여겨집니다. '내가 널 이용했고, 그 전략이 성공했어'라는 느낌을 갖게 되면 그야말로 성공입니다. 이런 식의 경험은 사실 공부 의욕이 넘치는 일부 아이들에게 한정된 거라 일반화하기 어렵지만 아이가 잘하고 싶은 분야와 과목이 있다면 그 분야에 한정해 경험해볼 수 있습니다.

[방법] 어떻게 해야 중학생이 되어도 계속 읽을까?

뭘, 도대체, 어떻게 성공하게 하라는 건지 막막하다면 눈을 반짝여주세요. 아이는 혼자 성공할 수 없어요. 성공할 수밖에 없는 상황을 부모가 미리 설정해두고 자연스러운 성공을 유도해야 해요. '짜고치는 고스톱'이라는 표현은 이럴 때 쓰는 거예요. 짜고 치려면 일단전략을 잘 짜야겠죠?

인생 책을 발견하게 하자

어른이 권해주는 책, 집에 있던 책, 선물 받은 책처럼 수동적으로선택된 책 말고, 아이가 스스로 골랐는데 성공하는 책이 아주 가끔있습니다. 이게 아이에게는 성공이에요. 인생 책을 발견한 게 왜 아이의 성공 경험이 되느냐고요? 어른의 도움이나 추천 없이 내 생각만으로 선택했는데 어라, 이게 재미있는 거죠. 내 안목이 틀리지 않았음을 확인하는 순간입니다. 물론 그간 숱하게 실패했겠지만 단 한번 성공으로도 책에 대한 다른 감정을 갖는 게 아이입니다. '내가 고른 책이 재미있구나, 내가 골랐는데 실패하지 않았구나, 내가 책 고르는 눈이 있구나'라는 생각을 하며 책을 고르는 일에 적극성을 띠기시작합니다.

마음먹고 책 좀 사주려고 서점에 데려가 골라보라고 하면 "아, 몰라. 그냥 엄마가 골라줘"라고 남 일처럼 시큰둥하던 아이가 시크하게 "내가 골라 올게"라는 말을 남기고 판타지 소설 코너로 직진합니다. (탐탁지 않지만) 이번에도 제대로 재미있는 책을 골라내리라는 의지가 느껴집니다. 아이에게 성공은 별다르거나 대단한 일이 아니고요, 도움 없이 해봤는데 나쁘지 않았던 것이면 충분합니다.

이때, 아이가 골라온 책에 토 달지 마세요. 그럴 거면 애초에 선택권을 주지 말았어야 합니다. 폭력적이거나 선정적인 내용을 담고 있는 말도 안 되는 성인 도서를 들고 나타난 게 아니라면 아이 스스로 선택했다는 것부터 성공으로 받아들이게 유도해야 합니다.

함께 읽는 경험을 주자

부모가 읽는 책을 아이에게 권하면서 함께 읽기를 시도하는 것도 이 시기의 아이에게는 훌륭한 경험이 될 수 있습니다. 불과 몇 년 전만 해도 글씨를 읽지 못해 무릎에 앉혀 놓고 한 글자씩 짚어가며 읽어줘야 했던 아이가 어느새 자라 같은 책을 보게 되었다는 건, 아이와 키가 같아지는 순간만큼이나 감동적입니다.

초등 시기에 아이와 함께 책을 읽어왔던 부모라면 읽었던 책 중에서 아이가 읽어볼 만한 책을 골라 권하고 함께 읽으면 됩니다. 어른을 대상으로 한 책은 아이가 쉽게 읽어내지 못할 수 있습니다. 그래서 더욱, 아이가 관심을 보이고 재미있어할 만한 소재를 다룬 책을 권해야 합니다. 그 분야는 역사, 과학, 진로, 의학, 전쟁 등으로 초등학생에게는 다소 어렵거나 새로울 수 있지만 그간 영상, 텔레비전 등을 통해 접해본 경험을 바탕으로 하여 관련 독서로 연결할 수 있습니다.

함께 읽기의 정수는 독서 후 대화입니다. '읽게 한 사람-읽은 사람'이라는 포지션으로 내용을 제대로 이해했는지 부모가 묻고 아이가 답하던 것이 지금까지의 대화였다면, 한 책을 사이에 두고 독자 대 독자로 대화를 나누는 거죠. 같은 책을 읽었으나 다른 감상을 가진 두 사람이 각자의 생각을 대등한 위치에서 교환해보세요. 아이의 생각이 얼마나 자랐는지 엿볼 수 있고, 내가 미처 생각하지 못한 이야기를 불쑥 꺼내는 아이가 기특하고 고마워집니다.

'2020청소년책의해 포럼 제6차 읽은 권리, 성장의 조건'에서 고려대학교 이순영 교수님은 '책 읽는 청소년 독자 연구'를 발표했습니다. 발표 내용에는 최초 긍정적 독서 경험에 가장 큰 영향을 준 사람이 누구냐는 설문이 있었습니다. 결과는 부모님 35.4%, 학교 선생님 11.2% 순이었습니다. 좀 더 들어간 설문 결과를 보면 독서가 습관이 된 '습관적 독자'에게 가장 큰 영향을 준 사람은 부모님이 40.3%, 친구·선후배가 10.1%, 학교 선생님이 7.6% 순이었습니다. 부모 비중이 압도적입니다. 지금 거실에서 돌아다니는 아이가 습관적 독자가 될 가능성과 그것에 가장 큰 영향을 준 사람이 부모인 내가 될 가능성에 대해 고민하는 부모가 되길 바랍니다.

분위기가 전부다

즐겨 보는 교육 전문 유튜브 채널인 'STUDYCODE'에서 흥미로운 설문 조사를 했습니다. 어떤 결과가 나왔을지 여러분도 맞혀보세요. 무려 4만 명이 넘는 초·중·고등학생이 설문에 참여하였고 그 순위는 다음과 같습니다. (물론 설문자의 정확한 학년과 연령은 파악하기 어렵지만 해당 채널 구독자의 대부분이 초·중·고등학생임을 감안한 결과입니다.)

설문	중간고사 때 엄마·아빠에게 공부에서 도움받았으면 하는 영역은?

① 사교육 지원
② 집에서 공부하기 좋은 환경 조성
③ 함께 밤새우기
④ 조건 없는 믿음과 지지
⑤ 무관심

결과

1위. 집에서 공부하기 좋은 환경 조성 (40%)
2위. 조건 없는 믿음과 지지 (32%)
3위. 무관심 (13%)
4위. 사교육 지원 (12%)
5위. 함께 밤새우기 (3%)

어느 정도 예상은 했지만 설문 결과를 보면서 다시금 무릎을 칠수밖에 없었습니다. 공부하는 자녀를 위해 지극히 당연하다고 여겨왔던 '사교육 지원'과 '함께 밤새우기'는 아이가 받고 싶은 도움이 아니었습니다. 아이들은 부모가 '공부하기 좋은 집안 환경'을 만들어주고, 이것저것 조건을 내미는 대신 열심히 할 거라고 '믿어주길' 바라고 있습니다.

자기 나름대로 독서의 길을 찾아 나서기 시작한 중학생 아이에게 필요한 건 책 읽기 좋은 집안 환경과 더불어 질문, 추천, 간섭, 과제 없는 무관심한 부모의 태도입니다. 더 많은 책을 사주거나 옆에 바싹 붙어 앉아 함께 읽는 것도 어느 정도 도움은 되지만 최선은 아닙니다. 그러기엔 아이가 많이 컸습니다. 그래서 우리는 읽고 싶어지는 집안 분위기에 집중해야 합니다.

책 읽는 분위기 점검하기

안 시켜도 읽는 초등 저·중학년 아이라면 문자, 글, 책에 대한 관심을 타고난 아이들이 대다수지만, 안 시켜도 읽는 초등 고학년과 중학생은 철저하게 환경의 영향으로 만들어진 아이들입니다. 부모가 환경을 만들고 분위기를 조성해줘야 합니다.

분위기만 만들어주면 책을 펼칠 아이들이 너무도 많습니다. 그런 아이가 아직 분위기를 못 만났다는 게 안타까워 당부하고 싶습니다. 읽고 싶어지게 만들어주세요. 읽기형 아이로 낳지 않았더라도 읽는 환경은 만들어주셔야 합니다. 그래도 끝까지 안 읽으면 그때 포기해도 늦지 않습니다. 읽기형 아이가 아니라는 이유로 포기하면 안 됩니다.

저희 부부는 전형적인 읽기형 인간이지만 그 사이에서 읽기와 심하게 먼 아이가 한 명 태어났습니다. 어릴 때부터 책만 펼치면 멀리 도망가버렸습니다. 하지만 읽는 부모와 읽는 형이 만들어놓은 읽는 분위기를 이겨내지 못하고 어쩔 수 없이 읽기 시작하더니, 지금은 가족 중 최고의 책벌레가 되었습니다.

저학년 책벌레는 타고난 성향과 취향 덕이 크지만, 고학년 책벌레는 만들어집니다. 만들어봅시다. 우리 집의 책 읽는 환경을 점검할 수 있는 항목을 공유해드립니다. 만점은 아니어도 괜찮습니다. 도달해야 할 지점을 아는 상태에서 효율적인 노력을 하자는 의미입니다.

우리 집 책 읽는 분위기 점검 항목

	점검 항목	
1	아이가 흥미를 느낄 만한 책이 잘 보이는 곳에 있다.	☐
2	아이가 자주 머무는 곳 주변에 책이 눈에 띄게 배치되어 있다.	☐
3	소파, 바닥, 침대, 책상 등 어디에서나 편한 자세로 책을 볼 수 있다.	☐
4	책 읽을 때 자세, 속도, 종류 등을 간섭받지 않는다.	☐
5	더 읽을 만한 관심이 가는 책들이 꾸준히 집에 들어온다.	☐
6	텔레비전, 컴퓨터, 스마트폰 시청이 자유롭지 못하다.	☐
7	가끔은 가족이 다 같이 모여 책을 읽으며 맛있는 간식을 먹는다.	☐
8	책을 읽을 때 다른 가족이 옆에서 크게 떠들거나 텔레비전을 보지 않는다.	☐
9	빌린 책이 아니라면 책을 구기거나 책에 낙서해도 크게 혼나지 않는다.	☐
10	부모가 책 읽는 모습을 볼 수 있다. (자주는 아니어도)	☐
11	외출하거나 여행 갈 때 각자 읽을 책을 한 권씩 챙긴다. (하지만 결국 못 읽을 때가 훨씬 많음)	☐
12	책에 관한 대화가 점점 늘어난다. (처음엔 재미있다, 재미없다로 단순하게 시작함)	☐

읽는 중학생을 위한 아주 작은 노력

안 그래도 바쁘고 유튜브의 유혹이 큰 중학생 아이에게 책은 특별한 날, 정해진 시간에 읽는 것이라는 생각을 버리게 해야 합니다. 사춘기 아이들은 숨 쉬는 것도 귀찮아합니다. 초등 귀염둥이들처럼 시간을 정해 앉혀 놓고 읽힐 수 없습니다. 일상 곳곳에 책과 관련된 일정을 배치하여 번거로운 노력 없이도 독서와 일상이 병행되도록 해야 합니다.

첫째, 쇼핑할 때 대형 서점이 있는 쇼핑몰에 가기

쇼핑몰에 가야 한다면 대형 서점이 입점한 곳을 선택하세요. 쇼핑하기 싫으면 서점에서 책 보면서 기다리라고 하고, 쇼핑을 마치고 나올 때 책도 한 권 사주세요. 대형 쇼핑몰에 갈 수 없다면 마트 구석의 책 코너라도 한 번씩 들르세요. 위대한 성취는 거창한 계획만으로 이루어지지 않습니다. 마트+책, 쇼핑+책의 구성이면 웬만큼 거창한 계획이 부럽지 않습니다.

둘째, 여행할 때 동네 서점 들르기

아무리 바빠도 여름휴가를 챙기고, 가족 여행을 가고, 친척 집을 방문하잖아요? 낯선 지역에 간다면 그곳의 책방을 코스에 넣어보세요. 해외여행을 할 때도 마찬가지입니다. 새로운 분위기에서 호기심이 가는 책을 발견하게 하세요. 박물관에 갔다가 1층 기념품 코너에 들르는 것처럼 여행지에 가면 동네 책방에 들르세요. 제가 가본 괜찮은 동네 책방 추천 목록을 공유할게요.

고래책방(강릉)
@gore_bookstore

동아서점(속초)
@bookstoredonga

서점, 리스본&포르투
@bookshoplisbon

책발전소(합정, 위례, 광교)
@bookplant_gg

• 사진 출처: 각 서점 인스타그램

셋째, 외출하고 여행할 때 책 챙기기

꺼내 읽을 가능성이 낮은 건 상관이 없습니다. 책은 늘 챙겨 들고 나가는 거라는 사실을 알려주기 위함입니다. 그러다 보면 열 번에 한 번 정도는 책을 꺼내어 읽을 기회가 오기도 합니다. 외출할 때 차 트 렁크에, 여행할 때 캐리어에 가족 각자가 읽을 책을 한 권씩 담는 것이 일상이 되면 됩니다. 숙소에서 여유로운 시간에, 외출해서 카페에 잠시 들른 시간에 책을 펼치는 것만으로도 읽는 어른이 될 준비를 단단히 하는 중입니다.

[요령] 읽는 중학생을 위한 독서 선행 로드맵

대한민국을 휩쓸고 있는 수학 선행의 거센 바람에 맞서 '독서 선행'이라는 키워드를 제안합니다. 수학 선행이 그 자체가 나쁘거나 비효율적인 것이 아님에도 손가락질 받는 이유는 선행 학습이 필요한 일부 학생뿐 아니라 선행 학습을 할 수 없고, 할 필요도 없고, 할 이유도 없는 모든 아이가 그것에 매달려있기 때문입니다.

20년 경력의 고등학교 담임선생님의 말을 빌리자면 수학 선행이 필요한 아이는 10명 중 1명인데, 대여섯 명이 선행을 하는 게 현실이랍니다. 그런 대다수 아이에게 수학 선행은 독이 된다고 합니다. 선행 학습이 나쁜 게 아니라, 모두의 선행 학습이 나쁜 거예요.

그에 비하면 독서 선행은 사정이 좀 낫습니다. 수학 선행 학습이 필요하고 유의미한 아이가 10명 중 1명이라면, 초등 6학년까지 독서를 지속해온 아이라면 그중 상당수가 독서 선행을 도전해볼 만합니다. 개념이 이해되지 않은 상태에서 진도만 내달리기 바쁜 교육 현실 때문에 득보다 실이 많다는 평가를 면하기 어려운 게 수학 선행인 데 반해, 독서 선행은 잃을 게 없습니다. 강요하지 않는다면 말이죠.

좋아서 시간을 내어 독서를 지속하는 초·중등 아이가 우리 집에 있다면 독서 선행을 시도해보세요. 어려운 것도, 부작용이 있는 것도, 큰돈이 드는 것도, 전문가의 도움을 받아야 하는 것도 아니거든요. 아이가 지금 읽는 책을 살펴, 그것보다 조금 더 재미있고 복잡한 내용이 담긴 책을 고를 만한 기회를 주는 게 전부입니다. 그렇게 단계를 높인 책 한 권 한 권의 도움으로 자연스러운 독서 선행이 시작되고, 겨우 책을 읽었을 뿐인데 읽기를 중단한 아이들과는 비교하기 어려운 수준의 단단한 문해력과 사고력을 얻게 될 것입니다.

시도해볼 만한 방법을 하나씩 알려드릴게요.

청소년 도서 시도하기

이 시기까지 책을 읽는 아이들은 초등 권장 도서, 초등용 고전 축약본, 초등용 비문학 전집에는 흥미를 잃은 지 오래입니다. 안 읽고 말지, 유치하게 뭐 이런 책을 읽냐는 반응을 보일 겁니다. 본인이 중학생이라는 사실을 완전히 잊고 낼모레 대학에 입학하는 줄 압니다. 15세 영화를 기웃거리는 것도 같은 심정입니다.

그런 아이에게 아무리 권장 도서라도 만만해 보이는 책을 권하면 반응이 시들합니다. 애들도 보는 눈이라는 게 있습니다. 더 세련되고, 호기심을 자극하고, 어려워 보이지만 재미있어 보이고, 들고 다니면 친구들이 부러워할 만한 좀 멋져 보이는 책을 갖고 싶어 합니다. 이해도 안 되는 책을 굳이 학교에 가져가서 볼 거라며 들고 나서는 아이의 마음에는 "너 이런 책도 읽냐?"라고 신기해하고 부러워할 친구들에 대한 기대감이 있습니다.

그때가 청소년용 도서를 들이밀어 볼 때입니다. 중·고등학생 독자를 대상으로 하기 때문에 폭력성이나 선정성은 높지 않으면서도 소재와 주제가 다양하고 신선한 책이 줄줄이 출간되고 있습니다. 어른이 읽어도 흥미롭고 작품성을 갖춘 책들을 권해보는 겁니다.

이 수준의 책은 부모가 함께 읽어도 좋습니다. 아이 때문에 구입했다가 제가 더 재미있게 읽은 책이 많아지고 있고, 제가 읽던 책을 아이에게 권했는데 대성공한 것들도 많아지고 있습니다. (책 목록은 뒤에 공유합니다.) 아이를 위해 빌렸거나 구입했는데 아이가 안 읽으면 이때다, 하고 아빠 엄마가 먼저 읽으세요. 그리고 책의 후기를 먼저 나눠보세요. 곧 넘어옵니다.

YES24 국내도서 > 청소년 > 청소년 문학 베스트 목록

알라딘 국내도서 > 청소년 > 청소년 문학 베스트 목록

고전 완역본 시도하기

5단계에서 보여드린 고전 독서의 목표 지점인 고전 완역본을 중학생이 되면 한 권씩 시도해볼 수 있습니다. 최근 다양한 출판사에서 소장하고 싶은 표지와 판형의 고전 완역본을 경쟁적으로 출간하고 있는데, 다시 한 번 출판 관계자들에 고마움을 표하고 싶습니다. 전집으로 사지 말고, 읽을 만한 책부터 한 권씩 사 모으면 나만의 책장을 완성하는 즐거움이 있습니다.

· 민음사 세계문학전집
· 문학동네 세계문학전집
· 문학동네 세계문학전집 리커버 특별판
· 시공사 시공제인오스틴전집

장편 소설 시도하기

5단계에서 보여드린 고전 독서의 목표 지점인 장편 소설을 중학생이 되면 한 세트씩 시도해볼 수 있습니다. 1권에서 좌절하기 일쑤지만 중고로 전집을 들여놓고 방학처럼 시간적인 여유가 있을 때 한 세트씩 계속 시도해보도록 도와주세요. 책 좀 읽는 아이들은 이런 책도 읽습니다. 전쟁 등의 폭력적인 장면, 선정적인 장면 들이 등장하는 소설도 있기 때문에 미리 살펴볼 필요가 있습니다. 성교육을 마쳤고, 전쟁 영화나 영웅 영화를 즐겨보는 취향의 아이라면 하나씩 시도해보는 것도 읽는 중학생을 위한 책의 길 중 하나가 될 수 있습니다.

[추천 1] 읽는 중학생을 위한 사춘기 취향 저격 책 목록

문학 영역

청소년용 도서를 권할 때는 부모가 먼저 읽거나 함께 읽기를 추천합니다. 보기에 따라 지나치게 자극적이거나 무겁거나 예민하다고 여겨지는 지점이 있을 수 있기 때문입니다.

· **까칠한 재석이가 달라졌다** 고정욱 글, 박태준 그림 | 애플북스
· **어쩌다 중학생 같은 걸 하고 있을까** 쿠로노 신이치 | 뜨인돌출판사
· **시간을 파는 상점** 김선영 | 자음과모음
· **완득이** 김려령 | 창비

· **맹탐정 고민 상담소** 이선주 | 문학동네
· **모모** 미하엘 엔데 | 비룡소
· **어느 날 내가 죽었습니다** 이경혜 글, 송영미 그림 | 바람의아이들
· **세계를 건너 너에게 갈게** 이꽃님 | 문학동네

· 귤의 맛 조남주 | 문학동네
· 아몬드 손원평 | 창비
· 체리새우 : 비밀글입니다 황영미 | 문학동네
· 페인트 이희영 | 창비

· 구미호 식당 박현숙 | 특별한서재
· 독고솜에게 반하면 허진희 | 문학동네
· 아무도 들어오지 마시오 최나미 | 사계절
· 호랑이를 덫에 가두면 태 켈러 | 돌베개

· 구덩이 루이스 새커 | 창비
· 개를 훔치는 완벽한 방법 바바라 오코너 | 놀
· 유원 백온유 | 창비
· 모범생의 생존법 황영미 | 문학동네

비문학 영역

《수학 귀신》은 '즐거운 지식',《재밌어서 밤새읽는 화학 이야기》는 '재밌어서 밤새읽는',《왜요, 그 말이 어때서요》는 '왜요',《환경과 생태 쫌 아는 10대》는 '쫌 아는 10대' 시리즈에 속한 책입니다. 비문학 역시 시리즈로 이어가면 수월합니다. 만만한 느낌이 들거든요.

학습·진로 추천 도서

· **이토록 공부가 재미있어지는 순간** 박성혁 | 다산북스
· **공부의 쓸모** 송용섭 | 다산에듀
· **공부란 무엇인가** 김영민 | 어크로스
· **10대를 위한 완벽한 진로 공부법** 앤디 림·윤규훈 | 체인지업

수학·과학 추천 도서

· **이런 수학은 처음이야** 최영기 | 21세기북스
· **수학 귀신** 한스 마그누스 엔첸스베르거 글, 로트라우트 수잔네 베르너 그림 | 비룡소
· **정재승의 과학 콘서트** 정재승 | 어크로스
· **도구와 기계의 원리 NOW** 데이비드 맥컬레이 글·그림 | 크래들
· **재밌어서 밤새읽는 화학 이야기** 사마키 다케오 | 더숲

· 왜요, 그 말이 어때서요? 김청연 | 동녘
· 오늘부터 나는 세계 시민입니다 공윤희·윤예림 | 창비교육
· 오늘의 법정을 열겠습니다 허승 | 북트리거
· 환경과 생태 쫌 아는 10대 최원형 글, 방상호 그림 | 풀빛

· 곰브리치 세계사 에른스트 H. 곰브리치 글, 클리퍼드 하퍼 그림 | 비룡소
· 1페이지 한국사 365 심용환 | 빅피시
· 철학의 숲 브렌던 오도너휴 | 포레스트북스
· 만들어진 나 니콜라우스 뉘첼 글, 라텔슈네크 그림 | 비룡소

중등 교과에 진짜 도움 되는 과목별 책 목록

아이가 중학생이 되면 아이뿐 아니라 엄마 마음도 입시 모드로 들
어갑니다. 책 한 권을 골라도 교과 학습에 도움이 되는 책을 골라주

어야 할 것 같은 마음이 들면서 책 선택에 신중해집니다. 책 읽을 시간이 충분치 않은 아이의 상황을 너무나도 훤히 알기 때문입니다. 한 권을 읽어도 알짜배기만 골라 읽히고 싶은 마음, 그 마음을 모르지 않기에 교과 학습에도 도움이 되는 도서를 과목별로 추천합니다.

수학 교과에 도움이 되는 책

· **이런 수학은 처음이야** 최영기 | 21세기북스
· **수학이 막히면 깨봉 수학** 조봉한 | 매경주니어북스
· **누구나 읽는 수학의 역사** 안소정 | 창비
· **청소년을 위한 최소한의 수학** 장영민 | 궁리출판

사회 교과에 도움이 되는 책

· **지리의 쓸모** 전국지리교사모임 | 한빛라이프
· **최저임금 쫌 아는 10대** 하승우 글, 방상호 그림 | 풀빛
· **이 장면, 나만 불편한가요?** 태지원 | 자음과모음
· **가짜 뉴스, 뭔데 이렇게 위험해?** 만프레트 타이젠 글, 베레나 발하우스 그림 | 리듬문고

· **식탁 위의 세계사** 이영숙 | 창비
· **옷장 속의 세계사** 이영숙 | 창비
· **최태성 한국사 수업** 최태성 | 메가스터디북스
· **청소년을 위한 백범일지** 김구 | 나남

· **누가 내 이름을 이렇게 지었어?** 오스카르 아란다 | 동녘
· **청소년을 위한 AI 최강의 수업** 김진형·김태년 | 매경주니어북스
· **1분 과학** 이재범 글, 최준석 그림 | 위즈덤하우스
· **사소해서 물어보지 못했지만 궁금했던 이야기** 사물궁이 잡학지식 | 아르테

책으로 시작하는 진로 교육

읽는 중학생이라면 성적도 제법인 경우가 많습니다. 그래서 진로 교육 역시 조금 더 일찍 시작하길 추천합니다. 물론 진로라는 게 수

도 없이 바뀌고 심지어 어른이 되어서도 몇 번씩 바뀝니다. 진로를 지나치게 무겁게 받아들일 필요가 없다는 말입니다. 하고 싶은 일이 생긴 아이는 자기 주도적인 공부를 시도합니다. 그런 시도를 돕기 위해 다양한 직업 세계를 엿볼 수 있는 책을 적극적으로 활용해보세요.

다양한 직업의 세계를 엿볼 수 있는 책들

· **골든아워** 이국종 | 흐름출판
· **직업으로서의 소설가** 무라카미 하루키 | 현대문학
· **판교의 젊은 기획자들** 이윤주 | 멀리깊이
· **판사유감** 문유석 | 문학동네

· **세리, 인생은 리치하게** 박세리 | 위즈덤하우스
· **축구를 하며 생각한 것들** 손흥민 | 브레인스토어
· **고도일보 송가을인데요** 송경화 | 한겨레출판
· **사람이 싫다** 손수호 | 브레인스토어

· 대통령의 글쓰기 강원국 | 메디치미디어
· 편집자란 무엇인가 김학원 | 휴머니스트
· 나는 87년생 초등교사입니다 송은주 | 김영사
· 죽은 자의 집 청소 김완 | 김영사
· 어떤 죽음이 삶에게 말했다 김범석 | 흐름출판

· 좋아하는 일을 끝까지 해보고 싶습니다 김고명 | 좋은습관연구소
· 김이나의 작사법 김이나 | 문학동네
· 구글의 아침은 자유가 시작된다 라즐로 복 | 알에이치코리아
· 누구나 카피라이터 정철 | 허밍버드
· 손석희가 말하는 법 부경복 | 모멘텀

· 어쩌다 파일럿 정인웅 | 루아크
· 아직 끝이 아니다 김연경 | 가연
· 광고천재 이제석 이제석 | 학고재
· 어느 소방관의 기도 오영환 | 쌤앤파커스
· 오늘도 택하겠습니다 박용택 | 글의온도

[추천 2] 읽는 중학생을 위한 국어 선생님의 추천 도서 목록

전국 국어 교사(중·고등) 모임의 현직 국어 선생님들께서 작성한 중학생 추천 도서 목록을 공유해드립니다. 어떤 책이 또 있을까, 고민하던 중이었다면 도움이 될 거예요. 한동안 책에서 손을 놓고 지냈던 아빠 엄마의 도서 목록으로도 훌륭하고요.

	1학년			
1	1분	최은영	시공사	소설
2	검은 바다	문영숙	문학동네	소설
3	구덩이	루이스 쌔커	창비	소설
4	구미호 식당	박현숙	특별한 서재	소설
5	그래도 나는 피었습니다	문영숙	서울컬렉션	소설
6	금연학교	박현숙	자음과모음	소설
7	까칠한 재석이가 달라졌다	고정욱	애플북스	소설
8	나는 나를 돌봅니다	박진영	우리학교	인문사회
9	나의 두 사람	김달님	어떤 책	에세이
10	나의 아름다운 첫 학기	이근미	물망초	소설
11	나이 도둑	정해왕	해와 나무	동화
12	난 그것만 생각해	카림 르수니 드미뉴	검둥소	소설
13	내 친구는 슈퍼스타	신지영	북멘토	소설
14	내가 함께 있을게	볼프 에를브루흐	웅진주니어	그림책
15	너 지금 어디 가?	김한수	창비	소설
16	다이어트 학교	김혜정	자음과모음	소설
17	담임 선생님은 AI	이경화	창비	동화
18	더러운 나의 불행 너에게 덜어 줄게	마르탱 파주	내인생의책	소설

19	독고솜에게 반하면	허진희	문학동네	소설
20	동물원에 동물이 없다면	노정래	다른	인문
21	레몬이 가득한 책장	조 코터릴	라임	소설
22	로그인하시겠습니까?	이상대 엮음	아침이슬	소설
23	류명성 통일빵집	박경희	뜨인돌	소설
24	맹탐정 고민 상담소	이선주	문학동네	소설
25	못다 핀 꽃	이경신	휴머니스트	에세이
26	뭐든 될 수 있어	요시타케 신스케	스콜라	그림책
27	바다로 간 별들	박일환	우리학교	소설
28	밥데기 죽데기	권정생	바오로딸	동화
29	별 볼 일 있는 녀석들	양호문	자음과모음	소설
30	불만이 있어요	요시타케 신스케	봄나무	그림책
31	블랙아웃	박효미	한겨레아이들	동화
32	뻔뻔한 가족	박현숙	서유재	동화
33	사자왕 형제의 모험	아스트리드 린드그렌	창비	동화
34	사춘기라서 그래?	이명랑	탐	소설
35	살아, 눈부시게!	김보통	위즈덤하우스	에세이
36	서찰을 전하는 아이	한윤섭 글 / 백대승 그림	푸른숲주니어	동화
37	세계를 건너 너에게 갈게	이꽃님	문학동네	소설
38	셜록 홈즈	아서 코난 도일	황금가지	소설
39	소년 소녀 진화론	전삼혜	문학동네	소설
40	소년 소녀, 과학하라	김범준 외	우리학교	과학
41	수상한 진흙	창비	창비	소설
42	수학으로 힐링하기	이수영	홍성사	에세이
43	아르주만드 뷰티살롱	이진	비룡소	소설
44	아무도 들어오지 마시오	최나미	사계절	소설
45	아빠를 주문했다	서진	창비	동화
46	안녕, 베트남	심진규	양철북	동화
47	안중근 재판정 참관기	김흥식	서해문집	인문사회
48	어느 날 가족이 되었습니다	박현숙	서유재	동화

49	어느 날 내가 죽었습니다	이경혜	바람의아이들	소설
50	어쩌다 중학생 같은 걸 하고 있을까	쿠로노 신이치	뜨인돌	소설
51	어쩌다 보니 왕따	좌백	우리학교	소설
52	엄마의 마흔 번째 생일	최나미	사계절	소설
53	여름이 준 선물	유모토 가즈미	푸른숲	소설
54	여우의 화원	이병승	북멘토	동화
55	오빠를 위한 최소한의 맞춤법	이주윤	한빛비즈	문법
56	옥수수 뺑소니	박상기	창비	소설
57	우주로 가는 계단	전수경	창비화	동화
58	원예반 소년들	우오즈미 나오코	양철북	소설
59	위험이 아이를 키운다	편해문	소나무	에세이
60	유령부	알렉스 쉬어러	미래인설	소설
61	유튜브의 신	대도서관	비즈니스북스	에세이
62	이게 정말 나일까?	요시타케 신스케	주니어김영사	그림책
63	이게 정말 천국일까?	요시타케 신스케	주니어김영사	그림책
64	이유가 있어요	요시타케 신스케	봄나무	그림책
65	장수 만세!	이현	창비	소설
66	저스트 어 모멘트	이경화	탐	소설
67	존재, 감	김중미	창비	에세이
68	주먹은 거짓말이다(조커와 나)	김중미	창비	소설
69	지독한 장난	이경화	뜨인돌	소설
70	지옥학교	아르튀르 테노르	내인생의책	소설
71	체리새우: 비밀글입니다	황영미	문학동네	
72	컬러풀	모리 에토	사계절	소설
73	톡톡톡	공지희	자음과모음	소설
74	통조림을 열지 마시오	알렉스 쉬어러	미래인	소설
75	팬티 바르게 개는 법	미나미노 다다하루	공명	인문사회
76	푸른 늑대의 파수꾼	김은진	창비	소설
77	푸른 하늘 저편	알렉스 쉬어러	미래인	소설
78	프로게이머를 꿈꾸는 청소년에게	조형근	가나북스	에세이

79	프린들 주세요	앤드루 클레먼츠	사계절	소설
80	플라스틱 빔보	신현수	자음과모음	소설
81	하모니 브라더스	우오즈미 나오코	사계절	소설
82	할머니의 열한 번째 생일 파티	라헐 판 코에이	낮은산	소설
83	햇빛마을 아파트 동물원	정제광	창비	동화
84	행복한 나라 부탄의 지혜	사이토 도시야, 오하라 미치오	공명	에세이
85	허세라서 소년이다	김남훈	우리학교	인문
86	홈으로 슬라이딩러	도리 힐레스타드 버틀러	미래인	소설
87	휴대폰 전쟁	로이스 페터슨	푸른숲주니어	소설
88	희망의 목장	모리 에토, 요시다 히사노리	해와나무	그림책

2학년			
1	10대를 위한 사랑학 개론	정연희 외	꿈결	사회
2	10대와 통하는 성과 사랑	노을이	철수와영희	사회
3	2미터 그리고 48시간	유은실	낮은산	소설
4	4월이구나, 수영아	최숙란	서해문집	에세이
5	5월 18일, 맑음	임광호 외	창비	역사
6	가시고백	김려령	비룡소	소설
7	강남역 10번 출구, 1004개의 포스트잇	경향신문 사회부 사건팀	나무연필	사회
8	거기 내가 가면 안 돼요? 1, 2	이금이	사계절	소설
9	경찰관 속으로	원도	이후진프레스	에세이
10	고릴라는 핸드폰을 미워해	박경화	북센스	과학
11	고장난 거대 기업	이영면 외	양철북	사회
12	광장에 서다	윤혜숙 외	별숲	소설
13	괜찮아, 인생의 비를 먼저 맞았을 뿐이야	김인숙, 남민영	휴(休)	에세이
14	구름 위 마음이 따뜻해지는 이야기	사에구사 리에코	함께북스	에세이
15	그날 고양이가 내게로 왔다	김중미	낮은산	소설
16	그림책이면 충분하다	김영미	양철북	에세이

17	그치지 않는 비	오문세동네	문학동네	소설
18	금요일엔 돌아오렴	416세월호참사 작가기록단	창비	수필
19	기억 전달자	로이스 로리	비룡소	소설
20	나는 내가 누구인지 말할 수 있었다	미카엘 올리비에	바람의아이들	소설
21	나는 매주 시체를 보러 간다	유성호	21세기북스	에세이
22	나는 초콜릿의 달콤함을 모릅니다	타라 설리번	푸른숲주니어	소설
23	나에 관한 연구	안나 회그룬드	우리학교	소설
24	낙타는 왜 사막으로 갔을까	최형선	부키	소설
25	내 어깨 위 고양이, 밥(Bob)	제임스 보웬	페티앙북스	에세이
26	내일 말할 진실	정은숙	창비	소설
27	노근리, 그해 여름	김정희	사계절	소설
28	다시 봄이 올 거예요	416세월호참사 작가기록단	창비	소설
29	당신의 별자리는 무엇인가요?	유현준	와이즈베리	에세이
30	리남행 비행기	김현화	푸른책들	소설
31	웃음을 선물할게	김이설 외	창비	소설
32	멧돼지가 살던 별	김선정	문학동네	소설
33	명령(그들이 떨어뜨린 것)	이경혜	바람의아이들	소설
34	밀레니얼 칠드런	장은선	비룡소	소설
35	바다소	챠오원쉬엔	다림	소설
36	발차기	이상권	발시공사	소설
37	백마 탄 왕자들은 왜 그렇게 떠돌아다닐까	박신영	바틀비	세계사(교양)
38	백설공주는 왜 자꾸 문을 열어줄까	박현희	뜨인돌	인문사회
39	벌레들	이순원 외	북멘토	소설
40	별을 보내다	대한사회복지회	별리즈앤북	소설
41	보손 게임단	김남중	사계절	소설
42	불량한 주스가게	유하순 외	푸른책들	소설
43	비트 키즈	가제노 우시오	창비	소설
44	빨간 신호등(영두의 우연한 현실)	이현	사계절	소설
45	사랑에 빠질 때 나누는 말들	탁경은	사계절	소설
46	사랑을 물어봐도 되나요?	이남석	사계절	인문사회(성)

47	사랑의 온도	하명희	북로드	소설
48	산책을 듣는 시간	정은	사계절	소설
49	서툴다고 말해도 돼	권명환	호밀밭	에세이
50	설이	심윤경	한겨레출판	소설
51	세상이 멈춘 시간, 11시 2분	박은진	꿈결	인문사회
52	소녀, 설치고 말하고 생각하라	정희진 외	우리학교	소설
53	소년의 레시피	배지영	웨일북	에세이
54	소년이여, 요리하라	금정연 외	우리학교	인문사회
55	수의사님 왜 그러세요?	제프 웰스	신인문사	에세이
56	순례자들은 왜 돌아오지 않는가	김초엽	허블	소설
57	스프링 벅	배유안	창비	소설
58	스피릿 베어	벤 마이켈슨	양철북	소설
59	식탁 위의 세계사	이영숙	창비	인문사회
60	싱커	배미주	창비	소설
61	싸우는 소년	오문세	문학동네	소설
62	야시골 미륵이	김정희	사계절	소설
63	어느 날 신이 내게 왔다	백승남	예담설	소설
64	어쩌자고 우린 열일곱	이옥수	비룡소	소설
65	얼음 붕대 스타킹	김하은	바람의아이들	소설
66	여름의 고양이(웃음을 선물할게)	최상희	창비	소설
67	여우와 토종 씨의 행방불명	박경화	양철북	소설
68	여자들은 다른 장소를 살아간다	류은숙	낮은산	인문
69	열세 번째 아이	이은용	문학동네	소설
70	영두의 우연한 현실	이현	사계절	소설
71	옆집 아이 보고서	최고나	한우리문학	소설
72	오뚝이 열쇠고리(류명성 통일빵집)	박경희	뜨인돌	소설
73	오월의 달리기	김해원	푸른숲주니어	소설
74	오즈의 의류 수거함	유영민	자음과모음	소설
75	완득이	김려령	창비	소설
76	외로워서 그랬어요	문경보	샨티	에세이

77	용기 없는 일주일	정은숙	창비	소설
78	우아한 거짓말	김려령	창비	소설
79	우연한 빵집	김혜연	비룡소	소설
80	웃어도 괜찮아(웃음을 선물할게)	김중미	창비	소설
81	위저드 베이커리	구병모	창비	소설
82	이 일기는 읽지 마세요, 선생님	마거릿 피터슨 해딕스	우리교육	소설
83	이름 없는 너에게	빌리 도허티	창비	소설
84	잠들지 못하는 뼈	선안나	미세기	소설
85	조커와 나	김중미	창비	소설
86	좀 예민해도 괜찮아	황상민	심심	사회
87	지구에서 한아뿐	정세랑	난다	소설
88	창밖의 아이들	이선주	문학동네	소설
89	청소년을 위한 나는 말랄라	말랄라 유사프자이, 퍼트리샤 매코믹	문학동네	에세이
90	초콜릿 레볼루션	알렉스 쉬어러	미래엔	소설
91	최후의 늑대	멜빈 버지스	푸른나무	에세이
92	축하해	박금선	샨티	에세이
93	커피 우유와 소보로빵	카롤린 필립스	푸른숲주니어	소설
94	키싱 마이 라이프	이옥수	비룡소	소설
95	트루먼 스쿨 악플 사건	도리 힐레스타드 버틀러	미래인	소설
96	파란만장 내 인생	구경미	문학과지성사	소설
97	페인트	이희영	창비	소설
98	평양의 시간은 서울의 시간과 함께 흐른다	진천규	타커스	인문사회
99	피구왕 서영	황유미	빌리버튼	소설
100	피그말리온 아이들	구병모	창비	소설
101	하이킹 걸즈	김혜정	비룡소	소설
102	한국이 싫어서	장강명	민음사	소설
103	핵 폭발 뒤 최후의 아이들	구드룬 파우제방	보물창고	소설
104	허구의 삶	이금이	문학동네	소설
105	형, 내 일기 읽고 있어?	수진 닐슨	라임	소설
106	후쿠시마에 남겨진 동물들	오오타 야스스케	책공장더불어	소설

3학년				
1	10대와 통하는 동물 권리 이야기	이유미	철수와영희	사회
2	1945, 철원	이현	창비	소설
3	4천 원 인생	안수찬 외	한겨레출판	현장리포트
4	가만한 당신	최윤필	마음산책	수필
5	가족의 두 얼굴	최광현	부키	에세이
6	가족의 발견	최광현	부키	심리학에세이
7	갑신년의 세 친구	안소영	창비	소설
8	계단의 집	윌리엄 슬레이터	창비	소설
9	고령화 가족	천명관	문학동네	소설
10	과자, 내 아이를 해치는 달콤한 유혹	안병수	국일미디어	과학
11	과학, 일시 정지	가치를꿈꾸는 과학교사모임	양철북	과학
12	괜찮지 않습니다	최지은	알에이치코리아	사회
13	국어 시간에 뭐 하니?	구자행	양철북	교육에세이
14	그 여름의 서울	이현	창비	소설
15	그때 프리드리히가 있었다	한스 페터 리히터	보물창고	소설
16	그믐, 또는 당신이 세계를 기억하는 방식	장강명	문학동네	소설
17	나는 내 파이를 구할 뿐 인류를 구하러 온 게 아니라고	김진아	바다	인문
18	나는 무슨 일 하며 살아야 할까?	이철수 외	철수와영희	인문사회
19	나는 신들의 요양보호사입니다	이은주	헤르츠나인	에세이
20	나미야 잡화점의 기적	히가시노 게이고	현대문학	소설
21	나의 첫 젠더 수업	김고연주	창비	사회
22	난민 소녀 리도희	박경희	뜨인돌	소설
23	남동공단	마영신	새만화책	만화
24	내 사랑, 사북	이옥수	비룡소	소설
25	녹색 상담소	작은것이아름답다	작은것이아름답다	인문
26	누나가 사랑했든 내가 사랑했든	송경아	창비	소설
27	당신이 반짝이던 순간	이진순	문학동네	인문사회
28	대리사회	김민섭	와이즈베리	에세이

29	대한민국 부모	이승욱	문학동네	에세이
30	덕혜옹주 : 조선의 마지막 황녀	권비영	다산책방	소설
31	동물원에서 만난 세계사	손주현	라임	에세이
32	동물을 사랑하면 철학자가 된다	이원영	문학과지성사	에세이
33	두 번째 페미니스트	서한영교	아르테	에세이
34	들꽃, 공단에 피다	아사히 비정규직지회	한티재	사회, 노동
35	딸에 대하여	김혜진	민음사	소설
36	땀 흘리는 소설	김혜진 외	창비	단편소설집
37	루머의 루머의 루머	제이 아셰르	내인생의책	소설
38	마션	앤디 위어	알에이치코리아	소설
39	멧돼지의 어깨 두드리기(지상 최대의 내기)	곽재식	아작	소설
40	모두 깜언	김중미	창비	소설
41	목요일, 사이프러스에서	박채란	사계절	소설
42	무지개 성 상담소	동성애자 인권연대 외	양철북	사회
43	버드 스트라이크	구병모	창비	소설
44	베어타운	프레드릭 배크만	다산책방	소설
45	벼랑에 선 사람들	제정임	오월의봄	사회
46	불편해도 괜찮아	김두식	창비	사회
47	사람풍경	김형경	사람풍경	에세이
48	선량한 차별주의자	김지혜	창비	에세이
49	소년은 침묵하지 않는다 : 히틀러에 맞선 소년 레지스탕스	필립 후즈	돌베개	소설
50	소년이 온다	한강	창비	소설
51	쇼코의 미소	최은영	문학동네	소설
52	숨은 노동 찾기	신정임 외	오월의 봄	에세이
53	싸울 때마다 투명해진다	은유	서해문집	사회
54	아몬드	손원평	창비	소설
55	아무튼, 비건	김한민	위고	에세이
56	아무튼, 예능	복길	코난북스	인문사회
57	아빠, 제발 잡히지 마	이란주	삶창(삶이보이는창)	에세이
58	아픔이 길이 되려면	김승섭	동아시아	인문

59	안녕, 마징가	이승현	실천문학사	소설
60	알바생 자르기	장강명	아시아	소설
61	알지 못하는 아이의 죽음	은유	돌베개	르포
62	엄마를 부탁해	신경숙	창비	소설
63	열여덟 너의 존재감	박수현	르네상스	소설
64	영국 청년 마이클의 한국전쟁	이향규	창비	에세이
65	예민해도 괜찮아	이은의	북스코프(아카넷)	에세이
66	오늘은 운동하러 가야 하는데	이진송	다산책방	인문사회(성)
67	옷장에서 나온 인문학	이민정	들녘	인문사회
68	우근이가 사라졌다	송주한	한울림스페셜	사회
69	우리 몸이 세계라면	김승섭	동아시아	인문
70	우리가 외면하고 있는 동물의 행복할 권리	전경옥	네잎클로바	사회
71	우리는 마약을 모른다	오후	동아시아	에세이
72	우리도 행복할 수 있을까	오연호	오마이북	사회과학일반
73	우리 집에 인공위성이 떨어진다면? - 청소년을 위한 천문학 이야기	지웅배	창비교육	천문학
74	유리 방패(악기들의 도서관)	김중혁	문학동네	소설
75	유진과 유진	이금이	푸른책들	소설
76	유쾌한 수의사의 동물병원 24시	박대곤	부키	에세이
77	의자 놀이	공지영	휴머니스트	현장리포트
78	이갈리아의 딸들	게르드 브란튼베르그	황금가지	소설
79	이토록 아름다운 수학이라면	최영기	21세기북스	수학
80	인간과 개, 고양이의 관계 심리학	세르주 치코티, 니콜라 게갱	책공장더불어	심리 에세이
81	일의 기쁨과 슬픔	장류진	창비	소설
82	잃었지만 잊지 않은 것들	김선영	라이킷	에세이
83	장콩 선생님이 들려주는 한국사 맞수 열전	장용준	북멘토	역사
84	저건 사람도 아니다	서유미	창비	소설
85	저는 남자고, 페미니스트입니다	최승범	생각의 힘	에세이
86	즐거운 나의 집	공지영	폴라북스(현대문학)	소설
87	천 개의 공감	김형경	사람풍경	에세이
88	책갈피의 기분	김민지	제철소	에세이

89	최후의 Z	로버트 C. 오브라이언	비룡소	소설
90	친절하게 웃어주면 결혼까지 생각하는 남자들	박정훈	내인생의 책	인문
91	페니미스트 선생님이 필요해	이민경 외	동녘	인문사회(성)
92	평화무임승차자의 80일	정다훈	서해문집	역사
93	피프티 피플	정세랑	창비	소설
94	하이타니 겐지로의 생각들	하이타니 겐지로	양철북	에세이
95	허삼관 매혈기	위화	푸른숲	소설
96	휴가 중인 시체	김중혁	아시아	소설

[추천 3] 읽는 중학생을 위한
서울대생의 추천 도서 목록

2021학년도 서울대학교 지원자들이 가장 많이 읽은 책 20권의 목록을 공유합니다(서울대학교 입학본부 웹진〈아로리〉 중에서).

· 왜 세계의 절반은 굶주리는가? 장 지글러 | 갈라파고스
· 침묵의 봄 레이첼 카슨 | 에코리브르
· 멋진 신세계 올더스 헉슬리 | 소담출판사
· 미움받을 용기 기시미 이치로, 고가 후미타케 | 인플루엔셜

 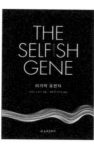  

· 정의란 무엇인가 마이클 샌델 | 와이즈베리
· 이기적 유전자 리처드 도킨스 | 을유문화사
· 사피엔스 유발 하라리 | 김영사
· 엔트로피 제레미 리프킨 | 세종연구원

- **1984** 조지 오웰 | 민음사
- **죽은 시인의 사회** N.H. 클라인바움 | 서교출판사
- **데미안** 헤르만 헤세 | 민음사
- **팩트풀니스** 한스 로슬링, 올라 로슬링, 안나 로슬링 뢴룬드 | 김영사

- **페스트** 알베르 카뮈 | 민음사
- **아픔이 길이 되려면** 김승섭 | 동아시아
- **총, 균, 쇠** 재레드 다이아몬드 | 문학사상사
- **부분과 전체** 베르너 하이젠베르크 | 서커스

- **돈으로 살 수 없는 것들** 마이클 샌델 | 와이즈베리
- **연금술사** 파울로 코엘료 | 문학동네
- **변신** 프란츠 카프카 | 아로파
- **수레바퀴 아래서** 헤르만 헤세 | 민음사

더불어 20위 안에는 들지 못했지만 서울대생이 함께 읽어볼 만하다고 추천한 도서입니다.

  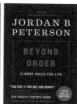  

· **아내를 모자로 착각한 남자** 올리버 색스 | 알마
· **공정하다는 착각** 마이클 샌델 | 와이즈베리
· **질서 너머** 조던 B. 피터슨 | 웅진지식하우스
· **소크라테스 익스프레스** 에릭 와이너 | 어크로스
· **자기 앞의 생** 로맹 가리 | 문학동네
· **코스모스** 칼 세이건 | 사이언스북스
· **넛지** 리처드 탈러, 캐스 R. 선스타인 | 리더스북
· **호모 데우스** 유발 하라리 | 김영사
· **빅터 프랭클의 죽음의 수용소에서** 빅터 프랭클 | 청아출판사
· **경영학 콘서트** 마셜 골드스미스 | 스타북스
· **공학이란 무엇인가** 성풍현 외 | 살림Friends
· **에밀** 장 자크 루소 | 돋을새김
· **숨결이 바람 될 때** 폴 칼라니티 | 흐름출판
· **입속에서 시작하는 미생물 이야기** 김혜성 | 파라사이언스
· **역사란 무엇인가** E.H. 카 | 까치

3부

이렇게 읽어도 될까?

: 독서 유형별 처방전

오늘의 나를 있게 한 것은 우리 마을 도서관이었다.
하버드 졸업장보다 소중한 것이 독서하는 습관이다.

- 빌 게이츠

01

책에 빠져 공부를 미루는 아이

아이가 책을 좋아해서 엄청 열심히 읽어요. 처음에는 기특했는데, 문제는 책에 빠져 공부고 숙제고 아무것도 안 하려고 한다는 거예요. 책이라도 잘 읽으니 기특하다 생각해서 내버려뒀는데 점점 더 엉망이 되어가는 느낌이에요. 마음 같아서는 책을 다 뺏어버리고 싶습니다. 그냥 둬도 괜찮은 건가요? 어떻게 하면 공부와 독서의 비중을 적절히 조정할 수 있을까요?

초등 시기에 독서가 중요하다고 하니 어찌어찌 간신히 책 읽는 습관을 만들어주긴 했는데, 뒤통수를 맞을 때가 있습니다. 책 읽는 모습을 보며 잘한다, 잘한다 했더니 아침에 눈 떠서 잠들 때까지 책만 붙잡고 있는 겁니다. 이걸 혼내야 할지 말아야 할지 헷갈릴 때가 많을 거예요. 결론부터 말씀드릴게요. 혼을 내야 합니다. (여기서 혼낸다

는 게 정말 혼내라는 의미는 아니라는 거, 아시죠? 혼내라는 건, 아이가 잘
못된 습관이 들었으니 마냥 두지 말고 고쳐줘야 한다는 의미입니다.)

　세상에 공부를 좋아하는 사람은 거의 없습니다. 전혀 없진 않습니
다. 즐겨봤던 드라마 〈슬기로운 의사 생활〉에서 채송화(전미도 분) 교
수님이 "공부가 재미있다"라고 멋쩍게 말하는데, 그런 교수님을 보
며 옆에 있던 전공의가 존경스러운 눈빛을 마구 보내더라고요. 우리
반 아이들은 어땠는지 제자들을 한 해씩 짚어봤는데요, 10년 넘는
교직을 통틀어 좋아서 공부했던 아이들은 일곱 명 정도 떠올랐습니
다. 이 정도 비율이 평균인 듯합니다.

　그렇다면 우리 아이들은 공부를 왜 할까요? 이유는 오직 하나, 하
라고 하니까 하는 겁니다. 진짜 하기 싫은데, 하라고 하니까 꾹 참고
하는 겁니다. 그게 전부예요. 하라고 해서 하는 거면 정말 착한 거예
요. 왜 해야 하는지, 이렇게 하면 뭐가 되는지, 뭐가 되면 뭐가 좋은지
를 모르는 아이가 묵묵히 하고 있다면 엄청나게 대견한 거예요. 하라
고 하니까 마지못해 억지로 한다고 아쉬워하는 부모도 많습니다만
안 하는 애들이 더 많습니다. 스스로 원해서 의욕적으로 공부하길 바
라면 욕심입니다.

　아이가 지닌 습관을 교정해야 할지 그냥 둬야 할지 헷갈릴 때는
'이 습관을 10년 동안 지속하는 게 이 아이에게 유리할까, 불리할까,
큰 상관이 없는 걸까?'를 기준으로 삼으세요. 책에 빠진 아이를 그냥
두면 10년 후에 어떤 일이 일어날까요? 책을 통해 문해력과 사고력
과 어휘력과 배경지식을 충분히 갖추겠죠. 공부를 잘할 수 있는 단단
한 그릇을 갖춥니다. 그런데 그릇만 있습니다. 음식이 없습니다. 음

식을 담으려고 만든 그릇인데, 그릇뿐인 거죠. 책은 많이 읽었는데, 그 실력을 증명할 수 없어 '어릴 때 책 좋아하던 아이'로 회자됩니다. 그걸로 끝납니다. 안타깝게도 현실이 그렇습니다. 결국 원하는 삶에 가까워지려면 실력으로 증명해야 하는데 말입니다.

아이의 마음과 상황에 대한 이해를 기반으로 독서 습관과 공부 습관의 아슬아슬한 균형을 잡아보겠습니다. 책 좋아하는 아이로 끝나지 않게 하려면 책의 내용이 깊어지고 어려워지는 시기에 적절한 정도의 공부 습관이 함께 자리 잡혀가야 하기 때문입니다.

다 좋은 건 아니다

독서가 그렇게 유익한 거라면 '책을 좋아해서 책만 파고들어 읽을수록 좋은 게 아닌가?'라는 의문이 생길 수 있습니다. 이 상황에서 비교해야 할 두 가지 가치는 '초등 시기의 독서와 공부 중 어떤 것이 대학 입시 성적에 더 좋은 영향을 미칠까?'가 아니에요. '좋아하는 일만할 것이냐, 하기 싫은 것도 하기로 약속했다면 하기 위해 노력할 것이냐?'지요.

공부가 더 중요하고 성적에 도움이 되니까 해야 한다는 게 아니고요, 매일 조금씩이라도 공부를 하기로 계획했고 약속했다면 하기 싫은 감정을 조절하며 약속을 지키는 것이 장거리 마라톤을 시작한 아이에게 유리한 원칙이기 때문이에요. 지금 아이가 하는 것은 문해력과 사고력과 어휘력과 배경지식에 도움이 되면서 대학 입시 성적을 좌우할 독서라는 유익한 활동이라기보다 재미있기 때문에 멈추지 않고 계속 더 하고 싶은 무언가일 수 있어요. '하고 싶은 것 vs 해야 하는 것' 사이에서 선택해야 한다는 의미예요. 우리 아이가 어떤 선택을 하길 바라나요?

시기마다 다르다

초등 저·중학년 시기에는 공부보다 독서입니다. 공부 시간보다 독서 시간 확보에 더 큰 노력을 기울여야 하고, 공부 못 하는 날은 있어도 독서 못 하는 날은 없어야 합니다. 공부 잘할 때보다 책을 열심히 읽을 때 더 크게 칭찬해줘야 하고, 단원평가 백 점 맞은 것보다 어려워서 이해하지 못하던 책을 줄줄 읽어낼 때 더 큰 보상을 해줘야 합니다. 그렇게 해도 고학년이 되면 공부에 밀려 사라지는 것이 요즘 초등 아이들의 독서입니다. 이렇게 강하다 싶게 독서를 우선순위에 두고 책의 바다에 빠트리는 것이 저학년의 목표고 원칙이면 좋겠습니다.

고학년은 사정이 다릅니다. 뒤늦게 책의 바다에 빠진 아이라 하더라도 공부는 팽개치고 책만 읽게 할 순 없습니다. 그러고 싶어도 그럴 수가 없습니다. 하교는 늦어지고 학원 수업은 두 배로 늘어나니까요. 그 와중에 아이가 책에 빠져 공부는 뒷전이라면 이때는 적절한 개입이 필요합니다. 이 시기에는 '하기로 했던 공부는 하는 거다'라는 큰 원칙을 정해주세요. 책이 너무 재미있어 오줌을 참아가면서까지 읽고 있더라도, 하기로 한 공부는 마쳐야 한다는 원칙을 알려주세요. 매일 칼같이 원칙을 지키기는 어렵지만, 원칙 없이 이랬다저랬다 하는 것보다는 훨씬 낫습니다.

실천 가능하고 지속 가능한 원칙

큰 원칙이 '좋아하는 책을 마음껏 읽는 것은 상관없다. 하지만 하기로 한 공부는 마친다'지만 원칙은 실천 가능하고 지속 가능해야 합니다. 공허한 원칙이 되지 않도록, 이룰 만한 수준의 계획을 세우는 일이 중요합니다.

밤 10시 이전에 끝내기 어려운 빡빡한 공부 계획을 세워놓고, 다 끝낸 뒤에야 책을 보도록 허용한다면 독서와의 인연은 거기서 마침표를 찍을 수밖에 없습니다. 열이 나고, 할머니가 찾아오시고, 방학이 시작되었는데도 칼같이 계획표대로 지키라고 강요하면 그 역시 얼마 가지 못합니다. 공부를 계획한 분량이 지나치면 결국 실패감과 피로감이 누적되어 공부도 독서도 흐지부지되고 맙니다.

지금 앞에서 달리지 않으면 큰일이 날 것 같은 불안감은 알지만, 앞에서 달리기를 강요한다고 해서 달릴 수 있는 것이 아닙니다. 초등 시기 아이에게 다양한 경험을 쌓게 하는 목적은 자기 효능감과 성취감을 느껴보라는 것입니다. 잘하는 게 목적이 아니라, 노력하여 결국 이루어내는 과정 속에서 기쁨을 찾고, 그 기쁨을 동력 삼아 비슷한 도전을 할 수 있도록 부추기려는 겁니다.

어쩌면 지금 책만 붙잡고 눈치를 보며 꾸역꾸역 읽고 있는 아이는 공부의 수준과 양이 부담스러워 책 속으로 도망가 있는 건 아닐까요? '독서 정도는 할 만한데, 공부는 도저히 안 되겠어'라는 두껍고 높은 벽 앞에 서있는 건 아닐까요? 책만큼은 아니지만 공부를 통해서도 재미와 성취감을 경험해볼 수 있게 하나씩 꼬인 매듭을 풀어봐 주세요. 책이 그렇게 좋다면 하기로 한 약간의 공부를 마치고 책으로 휴식하는 아이가 되도록 도와주세요.

지독하게 편독하는 아이

아이가 책을 좋아하긴 하는데 매일 비슷한 종류의 책만 읽으려고 해요. 편독이 심각해 보여요. 저학년 때는 탐정이 나오는 동화책만 골라 읽더니, 고학년이 돼서도 형사·탐정·추리 소설에 빠져 다른 책은 거들떠보지 않으려 해요. 그나마 두꺼운 소설도 거뜬히 읽어내지만 이렇게 계속 편독하도록 둬도 괜찮은 걸까요?

'편독偏讀'에 관한 고민도 많을 거예요. '한쪽으로 치우쳐 책을 읽는 것'을 편독이라고 하는데요, 그 반대 개념으로 '퍼질 남濫'이라는 한자어를 쓰는 '남독濫讀'이 있습니다. 전문가마다 편독에 관해서 너무도 다양한 이야기를 하는 바람에 편독하는 아이를 키우는 부모는 어떻게 아이를 지도해야 할지 혼란스럽습니다. 저 역시 반 아이들과 집에 있는 아이들을 보면서 한동안 고민했던 부분입니다.

아이가 모든 분야, 모든 주제, 모든 장르의 책을 고루 읽으면 좋겠다는 건 부모의 소박한 바람이지만 매우 비현실적이라는 걸 인정하고 고민을 짚어봐야 합니다.

당장 지독한 독서가라고 자부하는 제 책장만 봐도 책의 종류와 소재가 지극히 제한적이라는 걸 한눈에 알 수 있거든요. (그래서 책장이 부끄럽게 느껴질 때도 있습니다. 한때는 로맨스 소설만 한가득이던 시절도 있었거든요.) 물론 뭐든 읽기만 하면 미덕으로 인정받는 성인의 독서와 사고력·문해력을 더해야 인정받는 초등의 독서는 편독에 대해 조금 다른 시각으로 접근해야 합니다만, 기본적으로 편독은 '취향'이라는 인간의 본성에서 기인했음을 인정해주세요.

그럼에도 아이들의 편독을 아주 느린 속도로 조금씩 교정할 수 있는 방법을 고민해보겠습니다.

기다려주기

결론부터 말하면, 편독은 아이가 책과 진짜 친구가 되기 위해 한 번은 거쳐야 하는 과정이며, 편독 없이 책의 바다에 빠지는 아이는 찾기 어렵습니다. 책에 관심 없던 아이가 책을 좋아하게 되려면 좋아할 구석이 있어야 합니다. 좋아할 만한 매력을 느껴야 합니다. 책은 싫을 수 있지만 내용은 궁금해야 합니다. 독서를 위해서가 아니라 궁금했던 그 내용을 알고 싶어서 책을 펼쳐야 합니다. 다음 얘기가 궁금하고, 시리즈로 나온 다음 책에 관심이 가야 합니다. 지금 아이가 하는 독서는 '편독'이 아니라 '취향 독서'입니다.

좋아하는 책만 쏙쏙 골라 읽던 아이가 고학년이 되면 그 영역을 조금씩 확장하도록 도와야 합니다. 아이의 취향이 마음껏 반영된 편독을 통해 책과 진짜 친구가 되고 나면 책에 대한 호감 덕분에 영역을 확장해볼 수 있습니다. 책이라는 존재가 낯설고 싫은데, 그 내용에도 관심이 없다면 재미있는 유튜브를 두고 자발적으로 읽어야 할 이유가 없겠지요. 그러니 중학년까지는 영역 확장에 욕심을 내지 마세요. 책과 친구가 된 고학년 아이가 독서 영역을 확장할 수 있게 도와야 합니다. 아래에 소개하는 방법을 시도해보세요.

1+1 전략

저는 공부를 시키면서 아이가 잘 넘어오지 않을 때마다 1+1 전략을 즐겨 씁니다. '1+1 전략'을 저만의 번역기로 해석하면 '네가 원하는 거 1+내가 원하는 거 1'이라는 의미입니다.

제 큰아이는 유독 소설에 몰두하고, 작은아이는 학습만화에 열광합니다. 책을 사주기로 한 날이면 미리 협의한 후에 서점에 가서 각자 고르러 떠납니다. (물론 서점에 갈 때마다 사주는 건 아니고요, 구경만 하고 돌아오기로 약속하고 가는 날도 많습니다.) 큰아이에게는 '한글 소설 1권, 영어 소설 1권, 과학 분야의 정보가 담긴 한글 책 1권'이라는 미션을, 작은아이에게는 '동화책 1권, 학습만화 1권, 연산 문제집 1권'이라는 미션을 줍니다.

미션 조건에 맞춰 골라오기만 하면 그 책의 수준·제목·주제·소재 등 그 어떤 것에 대해서도 무조건 환영합니다. "재미있어 보이네", "어려워 보이는데, 이런 책을 골랐어? 대단하네", "다 읽으면 엄마도 빌려줘, 재미있을 것 같아"라는 말들로 아이의 책 고르는 안목을 칭찬합니다. 보고 싶었던 재미있는 책을 한 권 골랐으니 불만이 없고, 새로운 분야의 책에도 관심을 갖게 되었으니 엄마도 손해 볼 게 없습니다. 도서관에서 대출할 때도 이런 식으로 분야를 크게 그려주고, 그 조건에 맞는 책을 고르게 하여 낯선 분야에 대한 거부감을 줄여가는 경험이 필요합니다.

다른 매체로 접근하기

좋아하는 책만 읽는 아이에게는 새로운 주제를 담은 책을 강요하기보다 새로운 주제가 담긴 다른 매체로 우회하는 게 유익합니다. 과학을 어려워하는 아이지만 유튜브를 즐겨보는 아이라면 우주·생명과학·천체 같은 주제가 담긴 유튜브 영상을 먼저 보게 해주는 거죠. 이제껏 관심이 없어 접하지 않았던 주제인데, 잘 만들어진 영상을 보고 아이도 마음을 열곤 합니다.

제 아이들은 소설과 과학 분야는 좋아하지만 역사에는 오랫동안 관심이 없었고, 엄마인 제 취향도 마찬가지라 역사는 늘 구멍처럼 남겨진 분야였어요. 그래서 보기 시작한 게 예능 프로그램인 〈벌거벗은 세계사〉예요. 이 프로그램을 아이들과 함께 보면서 세계사에 흥미를 가져 관련 독서를 아주 천천히 시작하게 되었습니다. 만약 세계사와 관련한 배경지식을 쌓게 할 목적으로 읽던 소설책과 과학책을 제한하고 세계사 책을 들이밀었다면 아이들의 독서 인생은 여기서 멈추게 되었으리라 조심스레 추측해봅니다.

여러 매체를 통해 배경지식을 넓혀가며 책의 분야를 확장하는 구체적인 방법은 2부 4단계의 [요령 1]과 [요령 2]에 소개해두었으니 꼭 활용해보세요.

03

학습만화만 열심히 보는 아이

한글을 떼고부터 혼자 읽겠다고 하더니 결국 학습만화에 빠졌고, 3학년이 된 지금까지도 빠져나오지 못하고 있어요. 다른 책은 아무리 들이밀어도 안 보고, 책을 사준다고 해도 학습만화만 고릅니다. 화가 나서 모두 갖다 팔아버린 적도 있는데, 그랬더니 도서관에 가서 학습만화만 대출해서 보더라고요. 도대체 글 책을 어떻게 시작해야 할까요?

학습만화에 대한 고민을 나누기에 앞서 학습만화가 무엇인지부터 짚고 가겠습니다. 일단 학습만화와 만화책은 다릅니다. 만화책은 이야기를 글이 아니라 그림 여러 컷과 대화로 풀어놓은 책입니다. 일정한 줄거리를 담은 이야기에는 학습적인 요소가 빠져있습니다. 제가 고등학생일 때는 만화가 천계영의 작품이 인기였고, 저는 그중에서도 《오디션》과 《언플러그드 보이》를 사랑했습니다. 제가 보지는 않았지만 꾸준히 사랑받는 작품으로《슬램덩크》,《식객》,《미생》등이 있습니다. 라떼 타령을 해서 죄송합니다. 덕분에 추억 돋으셨죠?

학습만화는 이런 만화책과 다릅니다. 만화책은 재미가 목적이지만 학습만화는 학습이 목적입니다. 학습만화에도 이야기가 담겨 있고 만화 형식의 그림이 들어가지만, 그건 모두 해당 분야의 배경지식, 상식, 교과과정을 글보다 친숙한 형태로 담기 위한 장치입니다. 기존 만화책이 성인 독자와 청소년 독자를 대상으로 만들어진 데 반해, 학습만화는 아직 글 책을 읽기 힘들어하는 초등 저학년을 대상으로 만들어졌다는 것 역시 눈에 띄는 차이점입니다.

읽기 독립을 시작하는 7~9세 아이들에게 학습만화는 스스로 책을 골라 읽는 경험과 책에 관한 즐거운 경험을 만들어줄 수 있기에 꽤 유익합니다. "만화책 볼래, 글로 된 책 읽을래?"라고 물으면 만화책을 선택하는 아이가 대다수입니다. 쉽고, 편하고, 재미있으니까요. 처음에는 학습만화에 재미를 붙여 몰두하는 아이를 보면 책을 잡고 읽는 게 그저 신기하고 기특했다가, 시간이 지나도 글 책에 도무지 관심을 보이지 않으니 걱정스러웠을 거예요. 맞아요, 언제까지 학습만화만 붙들고 있어서는 문해력과 사고력이라는 가장 중요한 독서의 목표에 닿을 수 없으니까요.

글 책보다 글은 적고 그림이 많기 때문에 초등 아이들의 사랑을 듬뿍 받는 학습만화를 어떻게 활용하면 좋을지, 언제까지 보게 두어도 좋을지, 어떻게 해야 글 책으로 자연스럽게 넘어갈 수 있을지에 대해 하나씩 생각해보겠습니다.

학습만화 똑똑하게 활용하기

아이가 책을 한 권 골라 읽는다면 학습만화보다는 글 책이 당연히 낫습니다. 글 책은 문해력, 사고력, 어휘력, 배경지식이라는 독서의 네 가지 목표에 골고루 도달할 수 있기 때문이지요. 그렇다고 해서 학습만화가 나쁜 책은 아닙니다. 아이는 학습만화를 통해 어휘력과 배경지식을 쌓아갑니다. 직관적으로 표현하자면 이런 모습입니다.

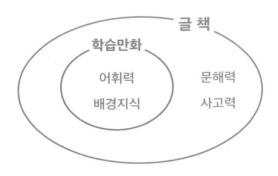

학습만화를 통해 관심 분야에 대해 알아가기 시작한 아이는 만화라는 수단을 통해 자연스럽게 어휘력과 배경지식을 넓혀갑니다. 글로 된 책을 읽으라고 했다면 감히 얻지 못했을 다양한 지식을 차곡차곡 쌓아가며 세상을 알아갑니다. 물론 이 모든 배경지식을 글로 된 책을 통해 쌓아갔다면 문해력과 사고력까지 얻었겠지만 언제나 욕심은 금물입니다. 학습만화를 통해서라도 읽기 독립이 수월하게 이루어지고 관심 분야가 확장되는 것은 긍정적인 독서의 성장 단계로

봐도 괜찮습니다.

　한글은 읽을 수 있지만 아직 글 책에 마음을 붙이지 못한 시기의 아이에게 권해줄 만한 유익한 학습만화도 많이 있습니다. '○○에서 살아남기' 시리즈, '설민석의 한국사 대모험' 시리즈, '마법천자문' 시리즈, '수학도둑' 시리즈 등 일부러 찾아보지 않아도 될 만큼 매우 다양합니다.

책에 마음을 붙이지 못한 시기의 아이에게 권하는 학습만화

왜 학습만화 수준에서 벗어나지 못할까?

　문제는 6학년이 되도록 오직 학습만화만 붙들고 있는 아이인데요, 이 경우에는 부모님이 적절히 개입해야 합니다. 교직 생활을 하는 동안 가장 안타까웠던 건 6학년 교실에서 수준이 천차만별인 책을 읽는 아이들의 모습을 볼 때였습니다. 같은 6학년인데 어쩜 그렇게 서로 다른 책을 들고 있는지 놀랄 때가 많았습니다.

　1학년 때 즐겨 봤을 법한 학습만화가 아니면 그 어느 책에도 마음을 주지 못하는 6학년 아이들이 교실 안에는 제법 많습니다. 글 책을 읽기로 원칙을 정하고 나니 이 아이에게 독서 시간은 마음 수련 시간이 되었습니다. 눈에 들어오는 글 책은 없는데 조용히 앉아 책만 읽어야 하니 온몸이 뒤틀리고 지루하겠죠. 열심히 읽는 친구들을 건드려 보지만 책의 맛을 알아버린 아이들은 반응하지 않습니다. 그 시간이 얼마나 꿀처럼 달콤한지 알아버렸거든요.

학습만화 수준에서 벗어나지 못한 아이들을 보면서 안타까웠던 이유는 이제껏 이 아이들은 자기의 호기심을 자극할 만한 글 책을 만날 기회가 없었다는 점이에요. 부모님과 서점이나 도서관에 가서 책을 골라본 적도 없고, 관심이 갈 만한 책을 자주 만나본 적도 없어 학교 도서관에 가서도 구석에 앉아 학습만화에만 몰두하다 6학년이 된 거죠. 이 아이들에게도 책의 재미를 알게 해줄 기회가 있었다면 분명 달라졌을 거라는 아쉬움이 지금도 진하게 남습니다.

학습만화와 글 책의 투 트랙 전략

줄곧 학습만화만 열심히 보다가 어느 날 갑자기 글 책으로 넘어가야 하는 게 아니에요. 실은 저도 제 아이들이 학습만화만 들여다보길래 화도 나고 걱정스러워 어느 날 작정하고 모두 처분해버린 적이 있었어요. 학습만화가 사라지면 어쩔 수 없이 글 책을 보지 않을까 하는 기대감 때문이었죠. 보기 좋게 실패했습니다.

학습만화와 글 책을 번갈아 보며 평화롭게 뒹굴던 거실이 레슬링

판으로 바뀌었습니다. 학습만화를 보면서 조금씩 글로 된 책의 글밥을 늘려가던 아이들이 마음 둘 곳을 찾지 못해 거실에서 날뛰기만 하더군요. 돌이켜보면 그때 했던 과감한 중고 거래가 저희 집 독서 이력에서 가장 큰 흑역사로 남았습니다. 저 같은 실수를 하지 않으셨으면 하는 마음에 당부하고 싶습니다.

학습만화든 만화책이든, 만화책은 만화책대로 읽게 두세요. 중요한 건 글밥을 차근히 늘려가는 일입니다. 글밥이 늘어가고 있다면 남은 시간 동안 만화책을 읽든, 그림을 그리든, 색종이를 접든 아무래도 상관없습니다. 글 책을 읽기로 약속한 시간을 채웠다면 나머지 시간에는 아무 기대 없이 아이의 취향과 취미와 부질없어 보이는 모든 행동을 그대로 받아주고 응원해줘야 합니다. 그래야 책이 싫어지지 않고, 책을 거부하지 않고, 책을 귀하게 여기며 독서 수준을 높여갈 수 있습니다.

04

너무 엉망인 자세로 책을 읽는 아이

제 아이는 왜 저럴까 싶게 이상한 자세로 책을 읽어요. 엎드려 읽고, 누워서 읽고, 소파에 쭈그려서 읽고, 어떨 땐 고개를 거꾸로 처박고 읽기도 해요. 바른 자세로 앉아 읽는 모습을 본 게 언제인지 기억도 나지 않아요. 시력도 걱정되고, 척추도 걱정되는데 아무리 잔소리해도 아이 자세가 좋아지지 않네요. 이렇게 내버려둬도 되는 걸까요?

아이가 책에 빠지기 시작한 것까지는 환영할 만한데, 자세가 영 거슬리는 날이 있습니다. 공부할 땐 안 그러더니 책만 잡으면 드러눕거나 엎드리거나 소파에 삐딱하게 기대거나 하는 거죠. 때마다 교정해주려니 애는 귀찮아하고 나도 바쁜데, 그냥 두려니 오며 가며 자꾸 거슬립니다. 이러다 시력이 나빠지고, 자세가 나빠지고, 잘 잡힌 공부 자세까지 흐트러질까봐 걱정됩니다. 나아지겠지 싶어 기다리는데 기다려도 변한 게 없어 언제까지 기다려야 하나 싶어지고 말이에요.

괜찮습니다. 정말 아무 일도 아닙니다. 책이라는 바다에 빠지기 위해서는 몇 가지 원칙이 필요한데요, 그중 가장 중요한 것을 꼽으라면 '읽고 있는 아이에게는 그 어떤 잔소리도 더하지 말라'입니다. 좋아서 읽는 것도 아니고, 읽으라고 해서 간신히 손에 잡은 책에 눈길을 주려는데 바르게 앉아라, 허리 펴라, 일어나 앉아라, 눈 나빠진다 등의 지적이 더해지면 책을 들고 보내는 시간이 편치 않습니다.

기억하세요, 초등 독서의 라이벌은 유튜브입니다. 무슨 수를 써도 유튜브를 이기기 어렵습니다. 어른도 유튜브가 훨씬 좋은데, 아이는 말할 것도 없지요. 그런 아이가 유튜브 보고 싶은 걸 꾹 참고 책을 잡았는데 이런저런 잔소리까지 줄줄 따라온다면 오늘은 그럭저럭 참고 읽는다지만 내일 또 읽고 싶어질까요? 일단 참읍시다. 언제까지 참느냐고요? 읽으라는 말을 하지 않아도 알아서 책을 들고 읽을 때까지요. 자세는 그때 교정해도 늦지 않습니다.

제 아이들도 상당히 심각했습니다. 분명히 독서를 시작할 때는 소파에 앉은 자세였습니다. 그런데 지나다 흘깃 보니 비스듬히 누운 자세로 바뀌었고, 좀 지나니 몸을 뒤집어 누워서 읽는데 멀리서 보면 머리를 바닥 쪽으로 향한 채 물구나무를 선 듯한 자세로 책을 읽더라고요. (상상이 되실까요. 부족한 필력이 한스럽습니다.) 온몸의 피가 머리로 쏠리니 얼굴과 귀는 터질 듯 벌게졌지만 멈추지 않고 식식대며 계속 읽더군요. 그런 자세를 오래 유지하기 힘들 텐데 언제까지 저럴 건가 싶어 둬봤는데요, 본인도 버티기 힘든지 이런저런 (역시나 이상한) 자세로 바꾸어가며 읽던 책을 마무리했습니다.

자세 교정이 독서 습관의 필수 요소는 아니지만, 간단한 노력으로 빠르게 자세 교정할 수 있는 방법은 있습니다. 이제 간신히 책과 친구가 된 아이가 더욱 열심히 읽도록 자세와 건강에 도움이 될 방법을 공유해드릴게요.

독서 쿠션 활용하기

공부는 책상이나 식탁에서 하는 아이도 책을 읽을 때는 주로 소파에 머무는 경우가 많습니다. 텔레비전이 주인공이던 거실을 북카페 느낌의 서재로 꾸민 엄마들의 열정도 한몫했습니다. 책이 많은 공간에서 책을 펼쳐 읽기에 소파만큼 적당한 공간은 없는지라 아이는 약속한 듯 소파에 와 앉는데요, 책을 무릎에 두고 고개를 아래로 꺾어 읽는 자세가 됩니다. 그러다 목이 아프니까 눕거나 기대게 되고요.

미용실에서 염색약을 바른 뒤 멍 때리고 있으면 잡지를 가져다주는데요, 이때 함께 주시는 쿠션이 있습니다. 우리 집 아이들에게도 이 쿠션이 유용합니다. 책을 무릎보다 높은 곳에 둘 수 있어 고개가 덜 꺾이고 등이 굽지 않습니다. 저는 온라인 서점에서 책을 주문하고 쿠션을 함께 받아본 적이 있는데, 아이랑 저랑 서로 그 쿠션을 차지하려고 치열했습니다. 저희 집에는 독서대도 있었는데 그것도 유용했습니다.

포털 검색 창에 '독서 쿠션'을 입력하면 예쁜 쿠션이 쏟아져 나옵니다. 책 읽느라 꺾이는 목이 걱정된다면 독서 쿠션을 활용해보세요.

스트레칭의 생활화

아무리 자세가 바르더라도 한 자세로 오랜 시간을 보내면 해롭습니다. 성장기를 지나는 중인 아이에게는 더욱 그렇습니다. 어쩌다 한두 시간 정도 삐딱한 자세로 책을 읽는 것은 괜찮지만 그 자세가 굳어지는 건 막아야 합니다. 자세를 바르게 고치라고 지적하기보다 주기적인 스트레칭을 할 수 있게 도와주세요.

책이 재미있어지고 그 즐거움을 알아가기 시작하면 아이가 밥도 숙제도 잊고 책에 한참 몰두하는 경우가 종종 생기는데요, 그런 아이가 혼자서 잘 챙겨 스트레칭까지 하는 경우는 드물어요. 못 한다고 봐야 합니다. 알람을 맞춰두거나 정시마다 하기로 약속한 다음 그때가 되면 목을 돌리고 팔과 다리를 뻗는 스트레칭을 습관적으로 할 수 있게 만들어주세요. 정확한 시간 간격이 아니더라도 일정 시간 동안 고정된 자세로 독서하거나 공부하고 나면 반드시 몸을 부드럽게 풀어주어야 한다는 사실을 아이가 알게 해주세요. 평생의 건강을 지켜줄 참 괜찮은 습관입니다.

스트레칭 좀 하라고 백날 말해도 안 듣습니다. 신나는 음악을 틀고 아이 몸을 일으켜 1분이라도 함께 해보세요. 마지못해 따라 합니다. 그 작은 습관이 아이의 삶을 달라지게 한답니다.

정기적인 안과 검진

자세가 좋건 아니건 상관없이 성장기 초등 아이들에게 정기적인 안과 검진은 필수입니다. 책과 눈의 적절한 거리 유지하기, 어두운 곳에서 책 읽지 않기 등 눈 건강을 위한 기본적인 환경과 습관을 조성해두는 것과 더불어 정기적인 안과 검진을 병행할 필요가 있습니다.

이미 나빠진 시력을 돌이키긴 어렵지만, 안과 검진을 통해 더 나빠지는 건 막아야 합니다. 살짝 안 좋아지기 시작할 때 안경으로 도움을 주어 시력을 유지하는 거죠. 시력은 유전적인 영향을 많이 받는 영역이지만 책 보는 시간이 늘어나면 시력이 좋던 아이도 어쩔 수 없습니다. 사람의 몸은 소모품이기 때문에 많이 쓰는 만큼 닳게 마련입니다.

05

읽어도 내용을 이해하지 못하는 아이

책은 곧잘 읽는데 읽은 내용을 물어보면 대답을 잘 못해요. 한참을 가만 있다 답할 때도 있지만 보통은 대답을 못하고, 방금 읽은 책인데도 내용을 잘 몰라요. 읽으면서 딴생각을 한 건지, 읽어도 이해가 전혀 되지 않는 건지, 알고는 있는데 말로 표현이 안 되는 건지 알 수가 없으니 답답하네요. 그래도 읽고는 있으니 괜찮은 걸까요?

읽은 내용을 바로 표현하지 못하는 아이를 보며 느끼는 답답함을 이해합니다. 저도 숱하게 겪었던 일이고, 그럴 때마다 읽고 난 아이의 행동이 못마땅할 때가 참 많았어요.

먼저 짚어야 할 사실이 있는데요, 어른에게도 처음 읽은 책의 내용을 바로 정확하게 이해하여 말이나 글로 표현하는 일은 결코 만만한 일이 아닙니다. 그런데 아이에게 "줄거리 요약해봐", "이 책이 어떤 내용인지 말해봐", "어떤 생각을 했는지 설명해봐" 식으로 질문하면 답이 제대로 나올 리 없습니다. 내용을 이해했지만 표현하지 못하는 시기거든요.

표현하는 것만 아는 것으로 인정하면 자녀 교육은 지옥이 되고 아이는 바보가 됩니다. 바로 표현하지 않았다고 해서 모른다고 단정하지 않았으면 합니다. 아이는 20년 넘게 예능 프로그램을 진행해온 유재석이 아니에요. 1초의 빈틈도 없이 오디오를 채워야 할 이유가 없습니다. 읽은 것과 경험한 것과 생각한 것과 들은 것이 뇌의 어느 지점에서 서로 만나기 시작하면 그때부터 하나씩 표현합니다. 그게 아이의 때예요. 언제가 될지 모른다는 게 함정이지만 오래 걸린다고 해서 그때가 안 오는 건 아니에요.

책 내용을 확인하는 질문에 선뜻 대답할 수 있는 아이는 드뭅니다. 저도 못합니다. 재밌게 책을 읽고 나서 여운을 삼키곤 멍 때리는 제게 누가 불쑥 나타나 책 내용을 확인하는 질문을 던지면 저는 아무 대답도 못할 것 같습니다. 열심히 읽어놓고도 우물쭈물할 것 같습니다. 그렇다고 저를 의심할 건가요. 정신 안 차렸다고, 집중 안 했다고, 제대로 안 읽었다고.

아이가 지금 읽은 책 내용을 이해하는지 궁금하겠지만, 궁금한 모든 것을 기필코 알아내는 게 미덕이 아닌 순간이 분명히 존재합니다. 궁금해도 참고, 알고 싶어도 그렇지 않은 척해야 하는 때입니다. 잘 참았다면 나를 칭찬해도 좋습니다. 아이의 독서 습관이 안정적으로 자리를 잡았다면 책 내용을 이해하는지 확인하는 시도를 해봐도 괜찮은데요, 언제나 가장 중요한 건 아이와의 관계입니다.

관계가 부드러운 상태에서 시도해야 합니다. 아이의 마음에는 관심도 없다가, 책을 읽었다고 하니까 내용을 확인하려 한다면 아이는 책도 부모도 부담스럽습니다. 독서가 숙제로 느껴질 거예요. 아이와 어느 정도 대화가 잘되는 상태에서 시도해볼 만한 확인법을 알려드리겠습니다.

뭐가 그리 재미있었어?

책 한 권을 다 읽고는 "아, 재미있다!"라는 혼잣말과 함께 기지개를 펴는 아이를 발견할 때가 있을 거예요. (꼭 발견하길 바랍니다.) 그때가 책에 관한 대화를 시도할 때입니다. 급한 마음에 전체 줄거리를 요약해서 말하라고 하지 말고요, 뭐가 그리 재미있었는지 물어봐주세요. 그걸로 충분합니다. 전체 내용을 요약하기는 어렵지만 내가 재미있었던 부분에 관해 조잘대는 건, 초등 아이라면 누구나 가능합니다. 그것부터 시작하다 보면 슬그머니 책에 대한 수다가 잦아지고 늘어나면서 책 내용을 파악했는지 여부가 확실히 구분됩니다.

아, 물론 아이가 하는 이야기를 듣다 보면 엄마 귀에서 피가 날 수 있습니다. (실제 피가 아닌 건 아시죠?) 그런데요, 아이의 독서 습관과 문해력 향상을 위해 이보다 좋은 독후 활동과 책 내용 확인 활동이 없습니다. 쫑알대는 아이에게서 간혹 책 내용을 제대로 파악하지 못한 것으로 보이는 엉뚱한 이야기가 흘러나올 수는 있어요. 괜찮습니다. 처음부터 정확하게 파악하는 게 중요한 게 아니고요, 이런 허용적인 대화 분위기 속에서 책 내용을 말로 표현해본 경험 자체가 중요해요. 이걸 해본 아이는 자기만의 생각을 정리할 수 있고, 더 나아가 책 내용을 바탕으로 한 글쓰기도 가능해집니다.

책 속 한 문장 쓰기, 한 줄 느낌 쓰기

책을 읽고 나서 글로 표현하려면 중간 단계인 말의 도움이 필요해요. 책에서 재미있었던 것을 찾아보고 왜 그렇게 생각하는지 말로 표현하는 거죠. 책 속 한 문장 쓰기는 바로 그다음 단계라고 생각하면 됩니다. 책을 다 읽은 아이에게 책 속에서 아무거나 한 문장을 골라 독서 기록장에 옮겨 적어보라고 하는 거예요. 방금 읽은 책에서 재미있어 보이는 문장 하나를 골라 공책에 옮겨 적는 일 정도는 아무리 만사가 귀찮고, 아무리 어리고, 아무리 책을 좋아하지 않아도 가능한 일입니다.

한 문장을 옮겨 적은 아이에게 "와, 재미있는 문장을 잘 골랐네. 이 문장을 왜 고른 거야?"라고 물어보세요. 이유를 말해주면 고맙고 아니면 관두세요. 흔쾌히 말해주는 아이에게는 이 문장을 고른 이유에 관해서 한 줄 더 적어보게 유도합니다. 더는 못하겠다는 아이라면 문장을 골라 옮겨 적는 것까지만 해도 충분합니다. 강요하면 하겠지요. 소리를 크게 지르면 하긴 합니다. 하지만 딱 거기까지예요. 소리 지르는 엄마 때문에 했던 아이들은 엄마가 시키지 않은 공부는 단 10분도 하지 않게 됩니다. 싫다면 존중해주고, 다음 기회를 노리는 것이 마라톤 입시의 전략이랍니다.

엄마의 선수 치기

선수 치기는 제가 가장 즐겨 쓰는 방법인데, 잘 먹힙니다. 물론 엄마가 독서를 하는 경우에만 가능하기 때문에 먼저 책을 읽으세요. 초등 아이가 사는 집에서 엄마가 독서를 한다는 건 일일이 열거하기 어려울 만큼 좋은 점투성이입니다. 엄마가 책 읽는 모습을 보며 아이도 따라 읽게 되고요, 책 읽기 싫은 아이는 억울함이 덜하고요, 집에 좋은 책이 자주 들어올 가능성이 높아지고요, 책을 읽어 어휘가 풍부해진 엄마 덕분에 아이의 어휘력도 올라갑니다. 숙제도 아닌데 책을 열심히 읽는 엄마를 보면서, 어른이 되어도 책을 친구 삼아 살아가는 삶의 소중한 방식을 경험하게 되기도 하고요.

책 읽는 엄마로 살고 있다면, 책만 읽지 말고 책 내용으로 선수를 쳐보세요.

"엄마가 오늘 이 책을 읽었는데, 주인공 남자가 요트를 타고 가다가 요트에 불이 나서 죽을 뻔했어. 간신히 살아나서 집에 돌아갔는데 그 사이에 가족들이 모두 이사 가서 연락이 안 되는 거야. 너무 황당할 거 같아."

저희 반 아이들과 저희 집 아이들은 귀에서 피가 났을지도 모르겠네요. 제가 책에서 읽은 이야기의 줄거리를 틈만 나면 쫑알댔거든요. 그런데 말입니다. 이렇게 몇 달 쫑알댔더니 결국 아이들의 말문이 터졌습니다. 한 번도 해보라고 한 적이 없는데 제게 와서 읽은 책에 대해 쫑알대기 시작하더라고요. 저렇게 아무렇게나 편하게 책 내용을 말해도 되는구나, 라는 깨달음을 얻은 게 아닐까요? 저런 식이라면 나도 할 수 있겠다는 자신감을 얻게 된 덕분이라고 생각합니다.

아이 앞에서 망가지는 일, 어설픈 시범을 보이는 일, 실수하는 일, 최선을 다했으나 결과가 시원찮음을 공유하는 일을 두려워하지 마세요. 아이는 부모의 성공을 보며 성공하지 않습니다. 실수해도, 잘하지 않아도, 실패해도, 빠트려도, 누가 알아주지 않아도 훌훌 털고 다시 일어나는 모습을 보며 자랍니다. 그것 없이 성공하는 사람, 어디 있을까요? 성공의 빠른 길, 확실한 길을 보장해주지 못함을 아쉬워하지 마세요. 최선을 다하는 모습만 보여주세요. 결과는 우리가 장담할 수 없을뿐더러 지금 내 아이의 어떤 것도 결정되거나 확실해진 것은 없습니다.

06

이야기책은 싫어하고
지식 책만 읽는 아이

이야기책이 사고력과 문해력에 도움이 된다는 말을 듣고 열심히 이야기
책을 권해봤지만 5학년인 지금까지도 늘 지식 책만 읽어요. 주로 과학
쪽인데, 과학 분야가 워낙 넓고 새로운 주제가 많이 나오다 보니 그것들
을 기다려서 챙겨 읽는 편이에요. 덕분에 똑똑하다는 말을 듣긴 하는데,
이야기책을 안 읽는 아이를 그냥 둬도 될까요?

초등 아이들 중 많은 아이가 이야기책을 선호하지만, 다 그런 건
아니에요. 일부 아이들은 이야기책에 담긴 이야기에 관심을 보이지
않고 지식과 정보가 담긴 지식 책으로 독서 수준을 높여가기도 하거
든요. 지식 책을 선호하는 아이들과 이야기책을 선호하는 아이들의
성향을 비교하면 이미 엄연한 차이가 존재합니다. 이 차이를 개별 아
이에 따라 다시 세분화할 수 있지만 우선 큰 범주에서 지식 책을 선

호하는 아이에 대해 살펴보려 합니다.

담임교사일 땐 월요일 1교시마다 반 아이들을 데리고 도서관에 갔습니다. 자유로운 분위기에서 책을 읽으며 월요병을 극복하고 책의 맛을 알게 하자는 취지였는데요, 시간이 제법 흐른 지금까지도 학교에 근무하던 시절을 떠올리면 월요일 아침의 도서관 풍경이 가장 먼저 생각납니다. 물론 이렇게 도서관 수업을 확보하려면 연간 교육 과정 안에서 온갖 종류의 관련된 차시를 찾아내어 교육과정을 재구성하는 번거로운 수고를 감내해야 하지만 그 수고는 충분한 가치가 있었습니다.

이렇게 반 전체 아이들과 정기적인 도서관 수업을 하는 동안 뜻밖의 수확이 있었습니다. 아이들이 골라온 책과 아이의 성향을 연결하면서 성향과 선호하는 책의 관계에 관한 나름의 통계를 얻을 수 있었거든요. 시간이 흘러 아이의 성향을 더 또렷하게 파악하게 되자 오늘은 어떤 책을 골라올지 속으로 짐작해보고 맞히는 재미까지 생겼습니다. 물론 저 혼자만의 놀이였지만 그 정답률이 제법 올라가더군요.

그중에서도 유독 지식 책에 관심을 보이는 아이들이 있었는데요, 대체로 호기심이 강한 아이, 문과보다 이과적인 성향을 띤 아이, 국어 시간보다는 사회와 과학 시간에 질문이 많은 아이, 한 분야에 대해 눈에 띄게 관심을 보이는 아이였습니다. 아기 때라면 《팥죽할멈과 호랑이》 그림책을 읽어줄 때보다 자동차, 공룡, 한자, 정글 등에 관심을 보이는 아이들입니다. 성별로 나뉘진 않지만 대체로 남자아이 중에 지식 책을 선호하는 아이가 조금 더 많기는 합니다.

이야기책으로 글밥을 올려가며 책의 수준과 깊이를 더하는 과정이 초등 독서의 일반적인 전략이지만 유독 지식 책에 관심이 지대한 아이라면 취향을 바탕으로 한 전략이 필요합니다. 함께 세워볼까요?

아이의 취향 존중하기

모로 가도 서울로 가면 된다는 마음으로, 방법이 조금 다른 거라고 편안하게 받아들이는 데서 최상의 전략이 시작됩니다. 부모가 계획한 책을 권했지만 관심을 보이지 않는다면 아이 취향을 존중하는 것이 기본입니다. 독서 습관을 잡는 시기에 아이의 다양한 반응에 불안하거나 실망하는 일이 생길 때마다 기준으로 생각하고 떠올려야 할 질문이 있습니다. '지금 부모인 내가 어떻게 반응하는 것이 아이가 책을 더 좋아하게 만들고 더 자주 읽게 만드는 것일까?'입니다. 아무리 확실하다는 전략도 내 아이에게 먹히지 않는다면 소용이 없거든요.

지식 책에 빠져 신이 난 아이의 독서에 개입하여 이야기책을 읽게 하는 것보다 먼저 할 일이 있습니다. 아이가 고른 책, 읽는 책, 재미있다는 책에 관심을 보이고 그 책이 왜 재미있고 좋은지 설명하도록 유도하는 일입니다. 내가 읽는 책을 자랑하고 설명하고 아는 체하는 경험은 적어도 독서에 관해서만큼은 자신 있다고 느끼게 하기 때문이에요. 그래서 취향 존중이 우선입니다.

지식 책으로 글밥 올리기

이거라도 붙잡고 가야 합니다. 등장인물의 마음을 짐작하고, 앞으로 어떤 사건이 벌어질지 예측할 만한 상황이 지식 책에는 없습니다. 그렇다 해도 지식 책의 이로움을 과소평가하지 마세요. 과학이든 역사든 인물이든 아이가 관심을 보이는 분야의 책으로 글밥을 올리는 전략을 취해야 합니다.

예를 들어, 별자리에 푹 빠진 아이라면 별자리를 설명한 만화책, 그림책, 자연 관찰 책을 접했을 건데요, 이럴 때 더 수준 높은 별자리 지식과 정보가 담긴 다음 단계의 책으로 나아가게 유도하세요. 책이 더 두껍고 어려워 보이는데도 도전하게 하려면 내용이 궁금해야 합니다. 궁금해서 펼쳐 들게 만들어야 수준이 올라갑니다. 그러다 혹시나 잘 풀리면《코스모스》까지 가는 거 아니겠습니까? 가보자고요.

이야기책을 병행하는 노력 지속하기

지식 책과 이야기책의 불균형이 더 심해지지는 않도록 이야기책에 관한 관심을 놓지 마세요. 어차피 모든 아이는 각자 좋아하는 분야에 치우치므로 균형을 잡지 못하는 상태입니다. 치우친 방향이 아이마다 다를 뿐이라고 생각해야 합니다.

혼자 읽으라고 할 때마다 지식 책을 고르는 아이라면, 이야기책은 부모와 함께 읽는 책으로 삼는 게 좋습니다. 이대로 영영 이야기책과 안녕이 되지는 않아야 한다는 거죠. 관심을 보이지 않는 분야는 읽어주거나, 읽은 내용으로 퀴즈를 내거나, 적은 분량이라도 아이가 읽었을 때 바로 보상해주는 등의 노력이 필요합니다. 그렇게라도 이야기책을 접하게 하면서 흥미를 유지하게 하면 지식 책을 읽은 힘으로 글밥이 많은 수준 높은 문학 책까지 읽어낼 가능성이 높습니다. 서로 긍정적인 영향을 주고받으며 결국 키 맞추기를 할 가능성이 높아집니다. 동네에 있는 한 아파트 값이 오르면 주변 아파트 값도 슬금슬금 따라 오르는 것과 비슷하다는 점을 기억하세요.

07

독해 문제를 많이 틀리는 아이

> 독해 문제집을 매일 2장씩 풀리고 있는데요, 한 번도 다 맞은 적이 없는 것 같아요. 단순하고 쉬워 보이는 문제인데도 자주 실수하고, 집중을 못 하는 것 같아요. 안 풀면 안 될 것 같아 중단하기도 그렇고, 책을 읽긴 하는데 그것도 잘 이해하지 못하는 것 같아요. 매일 틀리는 게 습관이 될까봐 걱정스러워요.

독해 문제집은 아이가 읽은 글의 내용을 제대로 파악하고 있는지 확인할 목적으로 활용되는 일이 많습니다. 예전에는 중·고등 시기에 시험을 대비하는 연습 목적이 강했는데, 지금은 초등 아이들에게도 필수처럼 여겨집니다. 하지만 독해 문제집이 필요한 아이가 있듯, 필요하지 않은 아이도 있습니다. 그래서 내 아이를 먼저 파악하는 게 중요합니다. 독해 문제집이 필요한 아이인데도 부모가 모르고 있거나 불필요한 아이인데도 긴 시간과 에너지를 들여가며 풀게 하는 경우가 있어서입니다.

독해 문제집 없이 독서 단계를 자연스럽게 올려가며 문해력과 사고력을 키워가는 아이도 분명히 있습니다. 반면, 긴 호흡으로 읽어나가야 하는 글을 버거워하는 아이도 있습니다. 이런 아이들에게는 독해 문제집이 필요합니다. 책은 짧은 토막글의 모음집이기도 하지만 상당히 긴 서사를 가진 이야기일 때도 많습니다. 아이가 아직 독서를 힘겨워한다면 책이 싫은 게 아니라 책 속에 담긴 긴 이야기의 호흡이 힘든 건 아닌지 점검해보세요. 글이 길어지면 자연스레 등장인물이 많아지고 인물들 간의 관계가 복잡해지고 시간적·공간적 배경이 다양해지기 때문에 읽다가 길을 잃기도 합니다. 그러다 보면 책이 높은 벽처럼 느껴져 여간해 다시 펼쳐 들기 어렵습니다.

그럴 때 바로 독해 문제집이 도움이 됩니다. 혼자 꾸준히 독서하기 어려운 아이라면 짧은 지문과 쉬운 문제로 구성되어 있으면서 매일 할 분량이 정해져 있는 독해 문제집으로 출발하면 좋습니다. 문제집에 있는 짧은 글과 쉬운 책을 병행해 읽으면서 글에 대한 거부감을 없애고 뭐라도 읽는 습관을 만들어가는 전략이죠.

그런데 독해 문제집을 활용할 때 유독 많이 틀리는 아이들이 있습니다. 학년보다 어려운 문제집도 아니고, 책을 적게 읽은 것도 아닌데 풀기만 하면 절반도 맞히지 못하는 아이 말이죠. 생각만 해도 혈압이 오를 일입니다만, 이유가 있고 해결책도 있습니다. 함께 하나씩 풀어봅시다.

과감하게 단계 옮기기

시중에 나온 독해 문제집은 대부분 학년을 기준으로 시작하도록 구성되어 있습니다. 초등 전체 과정이 시리즈로 출간되는데, 한 학기에 한 권이니 초등 6년이면 12권으로 구성되는 게 보통입니다. 학년과 학기에 맞추어 고르고, 마치 수학 복습하듯 학기마다 해당 학기의 독해 문제집 풀이를 병행하는 편인데요, 이 방식이 힘겨운 아이도 있습니다.

교과서 복습용인 국어 문제집과 독해력 측정용인 독해 문제집은 그 선택 방식이 달라야 합니다. 독해 문제집의 선택 기준은 철저히 정답률입니다. 거의 백 점에 가깝게 무난히 풀어내는 단계일수록 꾸준히 풀게 되고, 꾸준히 풀면서 독서와 병행해야 결국 긴 글 읽기에 도달할 수 있습니다.

자꾸 틀린다면 단계를 이동하세요. 낮추라는 의미입니다. 아깝고 아까워서 겨우 한 단계 낮추지 말고요, 과감하게 한 학년 정도, 크게는 서너 학기 정도로 내려가도 괜찮아요. 두 발 나아가기 위한 한 발의 후퇴는 이럴 때를 두고 하는 말이에요. 과감하게 내려가면 자신감이 붙고 정답률은 100%에 가까워지며, 글 읽기에 대한 거부감이 확연히 줄어듭니다. 그게 목적이라는 걸 잊지 마세요.

풀어야 할 문제 수 줄이기

독해 문제집을 매일 네 장 풀어야 하고, 다 풀어야 게임을 할 수 있는 구조라면 지체할 이유가 없겠지요. 최대한 빠르게 읽어내려 가면서 답을 찾아내는 것이 목표일 뿐, 다 맞히려는 의지가 생기기 어렵습니다. 휙휙 건성으로 읽고, 문제도 대충 푸는 거죠. 이런 습관이 몸에 밴 아이들은 학교에서 단원평가 보는 날이면 빠르게 푼 뒤 한 번도 확인하지 않고 시험지를 뒤집어놓고는 엎드려 잡니다. 시험지의 빈 공간마다 낙서를 채우느라 여념이 없습니다. 빨리 풀기만 하면 되는 버릇 때문이지요.

쉬운 단계를 풀어도 되고, 네 장 풀던 양을 두 장 이하로 줄여도 좋습니다. 읽고 나서 푸는 문제는 단 한 문제라도 정성을 들여 정답을 찾아낼 때까지 고민하는 것이 몸에 배야 공부를 해도 제대로 합니다. 더 어릴 때부터 더 오랜 시간 동안 공부했던 모든 아이가 원하는 성적을 얻지 못한다는 점에 주목하세요. 아무리 많은 공부를 했고, 아무리 대단한 사교육을 받아도 나쁜 버릇 하나 때문에 모든 노력이 수포가 되거든요.

그래서 공부 양을 줄여야 합니다. 백 점도 맞아본 아이가 맞을 수 있어요. 한 쪽을 풀어서 백 점을 맞으면 풀기로 했던 나머지 분량은 과감히 빼주는 시도를 해보세요. 분량을 채우기 위한 노력이 아니라 지문과 문제를 꼼꼼히 읽으면서 정답을 찾아내는 노력을 하게 해야합니다. 백 점만 알아주는 몹쓸 시대라서가 아닙니다. 아이가 백 점을 맞고 싶은데, 그 백 점을 한 번도 맞아본 적이 없다면 구조를 바꿔서라도 백 점을 경험하게 해줘야 합니다.

난독증 점검하기

다른 건 또래만큼 해내는데 유독 읽고 이해하는 것에서 막히는 아이가 있다면 난독증(듣고 말하는 데에는 어려움이 없지만 문자를 판독하는 데에 이상이 있는 증세)은 아닌지 살펴봐야 합니다. 생각보다 많은 아이가 난독증을 앓고 있지만 모르는 경우가 많거든요.

난독증
분류: 뇌신경정신질환 **발생 부위:** 머리 **증상:** 읽기, 쓰기 능력 부족 **진료과:** 정신건강의학과 **관련 질환:** 주의력결핍과잉행동장애(ADHD), 성인 주의력결핍과잉행동장애
정의 난독증은 학습 장애의 유형 중 하나인 읽기 장애를 의미하며, 그 정의는 다양합니다. 좁은 의미로는 글에서 의미를 파악하는 독해력은 정상이지만 문자로 표기된 단어를 말소리로 바꾸는 해독 능력에 문제가 있는 것을 의미합니다. 넓은 의미로는 독해력만이 아니라 해독 능력에도 문제가 있는 것을 의미합니다. 난독증이 있으면 읽기 능력이 연령, 교육 수준, 지능에 비해 기대되는 수준보다 유의하게 낮습니다. 또한 이러한 증상이 작업이나 일상생활을 현저하게 방해합니다. 대체로 정규 교육을 시작하는 학령에 처음으로 발견하는 경우가 많습니다. • 출처: 다음사전

실제로 제가 2학년 담임을 하던 시절, 옆 반에 지능도 보통이고 다른 생활을 할 때는 어려움이 없는데도 유독 공부를 힘들어하는 아이가 있어 난독증 검사를 받아보라고 권한 적이 있습니다. 그 아이는 난독증 진단을 받았고 다행히 적절한 치료를 받아 학습 지연을 회복할 수 있었습니다. 아래 기관과 책으로 도움을 받을 수 있습니다.

난독증에 도움을 받을 수 있는 곳

한국난독증협회　　　　　대한난독증협회　　　　국민대 읽기쓰기클리닉센터

난독증을 이해하는 데 도움이 될 추천 도서

· **난독증이 뭔지 알려 줄게!** 마리안느 트랑블레 | 한울림스페셜
· **연두의 난독증 극복기** 최은영 글, 최정인 그림 | 바우솔
· **글자가 너무 헷갈려!** 이네 반 덴 보쉐 | 한울림스페셜
· **책 읽는 뇌** 매리언 울프 | 살림출판사

08

독서 습관이 제대로 잡힌 건지
확신이 들지 않는 아이

독서 습관이 잘 잡힌 건지 모르겠어요. 이 정도면 만족해야 하는 건지, 다른 집 아이들은 더 착실하게 꾸준히 읽고 있는 건지 알 수 없으니 제가 지금 해주는 것으로 충분한지에 대해 늘 불안한 마음이 듭니다. 아이의 독서 습관이 제대로 잡혔는지 확신이 들지 않는다면 아이의 어떤 모습을 점검해봐야 할까요?

독서 습관은 어느 날 덜컥 자리를 잡거나 한번 자리 잡기만 하면 완성되는 게 아닙니다. 제법 오랜 시간 동안 들쑥날쑥하면서 애를 태우다가 끝내는 읽는 중학생의 삶을 살게 되는 거죠. 예상했겠지만 오래 걸립니다. 어려운 일은 아닌데 오래 걸리는 일이니 적절히 이끌어주는 것만큼 중요한 것이 기다려주는 일입니다. 기다릴 준비, 되셨나요?

자, 그렇다면 우리 아이의 독서 습관이 자리 잡힌 건지, 다시 말해 이제 어느 정도 안심해도 괜찮은 정도가 되었는지 확인할 수 있는 몇 가지 신호를 알려드리겠습니다. 아이의 책 읽는 모습을 떠올리며 한 가지씩 생각해보세요.

책을 읽으라면 불평 없이 읽는다

도살장에 끌려가는 소처럼 마땅찮은 표정으로 책을 읽던 아이의 불만이 슬슬 사라지기 시작할 거예요. 물론 책 맛을 알게 된 덕분이라면 좋겠지만 반드시 그 이유가 아니어도 괜찮아요.

저는 처음 결혼해서 매일 밥을 하는데 할 때마다 화가 나더라고요. 왜 하는지도 모르겠고, 재미도 없고, 어렵기만 한데 매일 하려니까 불만이 육성으로 터져 나왔어요. 그렇게 15년째 하다 보니 왜 하는지는 알겠고, 여전히 재미없지만 처음처럼 어렵지는 않으니 할 만해지더라고요. 이 정도면 밥은 먹고 살지 않겠습니까.

아이가 책에 관한 강한 거부감과 독서에 대한 큰 불만을 표현하는 게 아니라면 안심하고 기특해하고 칭찬해주세요. 책과 친해진 것만으로도 큰일 한 거예요.

할 게 없으면 책이라도 펼친다

스마트폰 게임을 해도 되고, 유튜브를 봐도 되는 시간에 굳이 책을 읽는 아이는 없습니다. 그런 어른도 없습니다. 저도 그런 사람은 아닙니다. 그런데 스마트폰을 들여다볼 수 없고, 유튜브를 그만 봐야 하고, 텔레비전 시청도 금지되었고, 나가 놀 수도 없고, 먹을 것도 없고, 도대체 뭘 해야 할지 알 수 없어 심심하고 지루한 시간을 만났을 때 책을 펼쳐 든다면 독서 습관이 자리 잡히기 시작한 겁니다. 아직 독서가 낯선 아이들은 거실에 누워 심심하다고 몸부림을 칠망정 책을 펼치지는 않거든요.

그래서 독서 습관을 만드는 시기에는 적당한 심심함과 제한된 스크린타임이 동반되는 게 효과적입니다. 어쩔 수 없는 상황이긴 했지만 어쨌든 자기 자신의 의지로 책을 펴서 읽는 경험을 해본 아이만이 같은 일을 또 할 수 있거든요.

여행·카페 갈 때 책을 챙긴다

아이가 스스로 이렇게 하려면 부모님에 의해 이렇게 해본 경험이 필요합니다. 이건 저희 집의 오랜 루틴인데요, 여행 짐을 꾸릴 때 각자 읽을 책을 두 권 정도 가방에 담습니다. 여행지에서 너무 피곤하거나 덥거나 추울 때 색다른 카페에 들어가 두 시간 정도 책을 읽으며 쉬었다가 다음 일정을 이어 갑니다. 숙소에서 텔레비전을 즐겨 보는 편이지만 그러는 틈틈이 가져간 책을 꺼내 읽습니다. 텔레비전만큼이나 재미있다는 걸 알게 되었거든요.

이렇게 되기까지 오랜 노력이 있었습니다. 이제는 당연하다는 듯 여행을 떠나거나 카페에 갈 때 읽을 책을 들고 갑니다. 비록 한 장도 못 읽고 돌아오는 날도 있지만 그런 건 신경 쓰지 않습니다. 아이들이 스스로 책을 챙겨 들고 나설 정도로 책과 친구가 되었다는 게 중요하지요.

책을 사서 갖고 싶어 한다

독서 습관이 자리 잡힌 아이들의 또 다른 특징은 책을 소장하고 싶어 한다는 점입니다. '책 사달라고' 조르기 시작하는 거죠. 물론 장난감이나 선물과 경쟁하기는 어렵지만 친구 책을 보고 부러웠거나 도서관에서 재미있는 책을 발견했을 때 그 책을 갖고 싶다고 표현합니다. 책과 친구가 되기 전에는 있을 수 없는 일이죠.

아이가 책을 갖고 싶어 하는 시기를 놓치지 마세요. 중고라도 괜찮고, 한 달에 한 번이라도 좋으니 직접 고른 책을 집까지 들고 와 내 책장에 꽂는 경험을 하게 해주세요.

09

교과서 수록 도서, 필독서, 추천 도서가 싫다는 아이

국어 교과서에 수록된 도서 목록이라는 게 있더라고요. 방학 때 선생님께서 나눠주신 학년별 추천 도서 목록도 있고요. 그것들을 구해서 열심히 읽히는 엄마들이 주변에 하나둘 생기기 시작해서 저도 따라 해봤는데, 우리 아이는 아주 질색을 하더라고요. 이런 책들을 좀 읽어야 공부에도 도움이 될 것 같은데 꿈쩍을 안 하네요. 어쩌죠?

책 한 권을 골라도 이왕이면 교과 학습에 도움이 되는 책이었으면 싶고, 교과서 내용과 연계된 책이면 더 좋을 것 같은 부모의 마음을 너무도 잘 압니다. 가뜩이나 책 읽을 시간이 충분치 않은 아이에게 권하는 책인데 오죽할까 싶습니다. 나쁘지 않습니다. 다만 함께 생각해봤으면 하는 지점이 있습니다.

교과서 연계 도서, 얼마나 유익할까?

수업 내용과 연계된 도서를 미리 접한 아이는 당연히 교과서 내용에 관심과 흥미를 보입니다. 수업 시간에 교과서를 펼쳤는데 새카맣게 모르는 내용은 아니라는 점, 정확히 어느 책인지 기억하기 어렵지만 어딘가에서 들어보고 읽어봤던 내용이 등장한다는 점은 환영할 만합니다. 하지만 아쉽게도 교과서 연계 도서의 위력은 딱 거기까지입니다. 초등 아이에게 그 이상의 교육적인 효과를 기대하기 어렵습니다.

초등 아이는 집중하는 시간이 짧고, 이 아이들에게 학교 수업은 대부분 지루합니다. 아주 가끔 구미에 맞는 재미있는 활동을 하지만 대개 지루합니다. 집중력을 시험하는 '들어본' 내용이 이어지더라도 흥미가 없으면 결국 집중하기 어려워집니다. 그래서 저는 아이가 원하지도, 궁금해하지도 않는데 엄마의 기대를 충족시키기 위해 반강제적으로 교과서 연계 도서를 읽히는 일에 반대합니다.

강요된 독서의 위험

아이가 좋아하고 찾아보고 즐겨 읽으면 교과서 배경지식을 늘리는 데 이보다 효과적인 방법이 없지만 초등 아이에게 교과 연계 도서를 읽히면 작은 걸 잡으려다 큰 걸 놓치기 십상입니다. 일부 과목의 배경지식을 조금 더 넓혀주려다가 아이에게 독서는 지루하고 재미없고 어려운 공부 과목이라는 생각을 심어줄 수 있습니다. 배경지식을 넓힐 기회는 지금이 아니어도 또 만날 수 있습니다. 반면 책에 대한 긍정적인 감정은 지금이 아니면 심어주기 어렵습니다. 마음에 새겨주세요.

저도 왜 안 해봤겠습니까. 그 누구보다 교과서 수록 도서 목록과 추천 도서 목록을 쉽게 얻을 수 있는 직업을 가졌으니 그 목록을 들고 도서관에 가서 있는 대로 빌려다가 제 아이들에게 권해봤습니다. (이런 도서들은 인기가 좋아 대출 중인 경우가 많긴 합니다.) 그런데 저희 집 아이들의 취향과 안 맞아도 너무 안 맞았고, 여러 번 시도 끝에 제가 먼저 항복했습니다. 그렇게 추천 도서 목록은 저희 집에서 사라졌습니다. 대신 우리 아이들만의 도서 목록이 생겨나기 시작했죠. 빌려서 봤는데 다시 읽고 싶을 만큼 재미있는 책을 요구하는 아이들에게 한 권씩 선물해주었습니다. 이런 책들은 교과서와 조금도 연계되지 않았지만 소중한 도서 목록으로 자리 잡고 있습니다.

도서 목록 활용법

목록을 입수했다면 일단, 들이밀어는 봅시다. 성공은 기대하지 말고, 안 되면 말자는 마음 정도면 서로에게 유익한 시도라 생각합니다. 저처럼 무식하게 목록에 나온 책을 20권씩 쌓아놓고 읽으라 하지는 마시고요, 아이가 좋아하는 책이 있는 공간 사이사이에 목록에 있는 책도 한 권씩 슬쩍 꽂아놓는 거예요. 그게 그건 줄 눈치 채지 못하게 하는 거죠. 이 책이 어쩌다 여기에 꽂혀 있는지 모르겠는데 재미있어 보이면 꺼내서 읽는 일이 가끔 일어납니다. 그 얼마 안 되는 가능성을 위해 시도해보는 거예요.

귀신같이 알아차려 그 책만 빼고 읽는 아이도 있을 수 있지만, 그게 목록에 나온 추천 도서인 줄도 모르고 관심을 보이는 아이가 있을 수 있습니다. 어느 쪽이든 너무 크게 기대하거나 실망하지 않는다면, 엄마만의 특권인 '책 낚시'의 매력에 빠져들 겁니다.

10

글자는 읽지 않고 그림만 보는 아이

기껏 한글을 떼긴 했는데, 여전히 그림만 보는 것 같아요. 글자를 좀 읽으라고 해도 시선은 계속 그림만 가있어요. 그러니까 책 내용을 전혀 파악 못하는 게 아닌가 싶어요. 이런 식으로 그림만 보는 것도 도움이 되는지, 이대로 두어도 되는지, 글자를 좀 읽게 하려면 어떻게 유도해야 할지 방법이 궁금해요.

독서를 시작한 아이가 책을 뽑아들고 오는 이유는 뭘까요? 어떤 글자인지 궁금해서일까요? 어떤 내용인지 궁금해서일까요? 이건 철저하게 어른의 시선이고요, 아이는 그렇지 않아요. 아이가 몰두하는 건 그림이에요. 그림이 재미있었던 그 책을 다시 꺼내어 읽는 것으로 독서가의 긴 여정을 출발하는 것입니다. 그림을 다시 보고 싶었던 거예요.

세상의 모든 독서는 그림의 도움으로 간신히 시작됩니다. 글을 이해하기 위해 그림의 도움을 받습니다. 책을 좋아하도록 하기 위해 그림의 도움을 받습니다. 책 내용을 정확하게 이해하지 못하는 수준의 아이가 그림과 내용을 부지런히 연결해가며 '사과가 쿵, 하고 떨어졌다는데, 그렇다면 바닥에 있는 빨간색의 동그란 게 사과인가'라는 생각을 하기 시작합니다. 얼마나 고맙습니까? 냉장고에 있는 사과를 꺼내오지 않아도 되니 말이죠.

그림만 본다는 것

책 내용에는 관심이 없고 그림만 대충 넘기면서 보는 아이를 향한 걱정은 충분히 이해합니다. 생각하며 읽는 정독이라는 방식이 독서의 정석처럼 대접받기 시작하면서 대충 보고, 빨리 보는 습관을 향한 걱정 어린 시선이 많아졌습니다. 아이 스스로 내용을 파악하고 머물며 생각하기 시작했으면 하는 마음에 천천히 읽어라, 내용 파악하며 읽어라 잔소리해보지만 마음처럼 쉽게 고쳐지지 않는 습관입니다. 정독을 목표로 하되, 지금의 아이에게 최선은 무엇일지 고민해야 합니다.

어떤 경우든 걱정보다 앞서야 할 것은 상황에 관한 바른 이해와 따뜻한 시선입니다. 아이 행동 중 마음에 쏙 들지 않는(탐탁지 않은) 무언가가 있다면 잠시 멈춰 이유를 찾아봐야 합니다. 그리고 어떻게 유도할지 고민해야 합니다. 그게 부모의 일입니다. 실망하고, 지적하고, 비난하고, 한숨을 쉬는 건 부모가 아니어도 할 수 있습니다. 거의 모든 사람이 누군가의 부족한 행동에 이런 식의 반응을 보입니다. 이 아이를 목숨보다 사랑하고, 조금이라도 더 잘 키우고 싶은 간절함이 있는 단 두 사람, 아빠와 엄마만 할 수 있는 일은 따로 있습니다. 우리가 그 일을 합시다.

휙휙 넘겨버리는 아이의 마음, 궁금하시죠?

편안한 그림 vs 부담스러운 글자

책도 좋아하고 이야기도 좋아하는데 '글자' 읽는 걸 부담스러워하는 경우입니다. 친구와 지인의 미묘한 차이를 생각하면 이해하기 쉽습니다. '친구'라고 하면 감정이 포함된 표현이고, '지인'이라고 하면 감정이 빠진 표현입니다. 지인은 그저 아는 사이죠. 아이는 아직 글자와 친구가 아니에요. 읽을 줄은 알지만 호감이 빠져 있으니 이제 막 알게 된 지인 정도의 거리입니다.

드물지만 지인 중 몇은 간신히 친구가 되기도 합니다. 아이의 배꼽 친구는 책 속 그림과 들고 놀던 장난감이고요, 지인이었다가 친구가 되기도 하는 존재가 책 속 글자입니다. 어떤 아이에게 글자는 영영 지인으로 남고 맙니다. 만날 때마다 서먹한 지인이 아니라 어서 만나고 싶은 친구가 되도록 돕는 게 부모의 일입니다.

아직 아닌 것뿐이에요. 안 될 일도 아니고, 불가능한 것도 아닌데, 우리 아이는 아직 글자랑 서먹한 상태인 거죠. 지인이 친구가 되려면 자주 만나는 게 최고지만 자주 만나도 만날 때마다 뭔가 편치 않다면 시간의 힘이 필요합니다. 아무리 어색하고 가끔 보는 지인이라도 몇 년 동안 꾸준히 만나다 보면 편해지고 친해집니다. (이 모든 지인과 친구의 전제에는 나랑 죽도록 안 맞는 사람이 아니라는 전제가 있습니다.) 조금 더 빨리 친해지도록 자주 만나게 하는 노력을 하는 동시에 시간의 힘을 믿고 기다려주는 여유가 필요합니다. 안 친한데 자꾸 친해지라고 하면 그냥 안 만나고 싶어집니다. 글자를 강요하지 말고, 때를 기다려주세요.

그림 보는 게 너무 재밌는 아이

3학년 담임을 할 때 1초에 한 장씩 넘기며 빠르게 읽는 아이가 있었어요. 신기한 건, 씩씩거리며 웃고 있었다는 거죠. 내용을 모르는데 어찌 웃을 수 있을까 궁금해졌습니다. 혹시 그림으로만 이루어진 책인가 싶어 슬쩍 옆으로 다가섰습니다. 글자가 제법 많더라고요. 속독을 배웠나 싶어 물어봤지만 속독이 뭐냐고 되묻길래 그냥 계속 재미있게 보라고 하고는 돌아섰습니다. 방해하기 미안하게 정말 재미있다는 표정이었거든요.

나중에 따로 불러서 물어봤습니다. 그 책은 뭐가 그렇게 재미있냐고, 네 표정 보니까 선생님도 읽어보고 싶어졌다고 말이죠. (그 책의 내용을 설명해보라고 말하고 싶은 마음을 간신히 눌렀어요.)

"그림이 너무 웃겨요."

담백하고 진실한 대답에 말문이 막혔고, "그렇게 웃긴 책이면 나도 한 번만 빌려줄래?" 하고는 돌려보냈습니다.

어른의 눈으로 보면 그림만 대충 보는 것 같은데 실은 그림에 초집중해서 봤던 거죠. 어른은 글과 그림이 함께 있는 책에서 그림은 건성으로 보더라도 글자는 빠짐없이 읽어야 독서를 한 거라 생각하지만, 아이 눈엔 그 책이 흥미로운 그림으로 가득한 곳입니다. 이번 장을 넘기면 또 어떤 그림이 나올까 기대되어 눈알을 빠르게 굴립니다. 그러니 1초에 한 장씩 넘어가는 게 가능합니다. 이 아이의 행동은 독서일까요, 아닐까요?

제가 생각하는 독서의 효용 관점에서 바라보면 분명한 독서입니다. 책에 나오는 글자를 읽고 그 글자를 조합하여 내용을 파악해내는 것이 독서지만 그림을 연결 지어 내용을 추측하고 이해하는 것도 독서가 맞습니다. 그러는 동안 아이가 생각이라는 걸 했기 때문에 글자를 읽는 것만큼이나 효과적인 행동이었습니다.

글이든 그림이든 아이에게 생각할 기회를 주는 모든 것은 의미가 있습니다. 글과 그림을 모두 보며 연결 지어 생각하지 않는다는 점은 명백히 아쉽지만 지금 보이는 아이의 모습이 아무 의미 없는 책장 넘기기가 아닌 것은 확실합니다. 아이는 생각하고 있습니다. 그리고 이런 독서 방식도 오래 가진 않습니다. 조금만 더 기다리면 아이도 글에 담긴 내용이 궁금하고 자신의 예상대로 흘러가는지 확인하고 싶어 글을 읽어갈 것입니다.

11

오디오북 없이는 혼자 못 읽는 아이

밤마다 책을 읽어달라고 하는 게 힘들어서 오디오북을 들려주기 시작했어요. 차로 오래 갈 때는 오디오북을 들으며 다닐 때도 많았고요. 아이는 재미있어하고, 저도 편하더라고요. 그런데 이제는 오디오북 없이는 혼자 종이 책을 읽으려 하지 않게 되었어요. 아이가 오디오북을 몰랐다면 책을 잘 읽었을 것 같은데 그때로 돌아가 다시 책을 읽어주고 싶네요.

코로나19라는 괴물은 평범한 일상을 크고 작게 바꾸어놓았는데요, 교육 분야도 예외는 아닙니다. 대면 수업을 지양하는 분위기 속에서 학원 등의 사교육 수요가 줄었고, 방문 학습지로 관리를 받던 학생들이 원격으로 관리받는 패드 학습을 시작했습니다. 업체 간의 경쟁이 치열해지면서 더욱 다양하고 새로운 서비스가 프로그램 안에 담기고 있는데요, 대표적인 예가 오디오북입니다. 오디오북을 활용한 독서가 좋은 방법인가, 아닌가를 단편적으로 생각하기보다 이 편리한 자원을 어떻게 활용할 것인지를 진지하게 고민해야 하는 시기가 온 겁니다.

오디오북은 나쁘지 않아요

오디오북, 듣고 싶다고 하면 듣게 해주세요. 하지만 듣기만 해선 안 됩니다. 듣기도 하고 읽기도 하다가 결국 혼자 읽게 하는 것을 목표로 삼으면 됩니다. 목표에 닿기까지 걸리는 시간은 아이마다 경험치와 성향에 따라 다르니 성급하게 무 자르듯 잘라내지만 않으면 됩니다. 모유(또는 분유)를 먹다가 이유식을 먹고 밥을 먹기 시작한 아이에게도 한동안 모유나 우유를 챙겨 먹이는 이유는 이유식과 밥 어느 한 가지만으로는 아쉬운 시기이기 때문이지요.

듣는 독서의 재미에 푹 빠진 아이를 위해 혼자 읽어봐도 재미있을 만한 종이 책을 계속 노출해주세요. 오디오북을 들을 때 종이 책을 함께 넘기며 글자와 그림을 보게 하고, 오디오북을 듣고 나서는 종이 책을 읽게 하고, 종이 책을 읽고 나면 오디오북을 들려주는 시도를 하는 겁니다. 그렇게 종이 책의 존재를 편하고 가깝게 느끼는 독서를 지속하세요.

오디오북 활용법

오디오북은 부모가 책을 읽어주듯 책 속에 담긴 모든 글을 성우가 읽고 녹음해둔 것입니다. 쉽게 말해 '듣는 독서'입니다. 오디오 파일만으로 이루어져 있기 때문에 그림이 포함된 책이라 해도 그림은 볼 수 없고 글만 들을 수 있습니다.

최근 들어 성인 오디오북 시장이 빠르게 성장하고 있는데요, 그 시작은 어린이를 위한 책 녹음 파일들이었습니다. 무료 서비스는 네이버 오디오클립이, 유료 서비스는 윌라가 대표적입니다. 유튜브 검색창에 '책 제목 + 오디오북'을 입력하면 오디오북을 들을 수 있는 영상이 제공되기도 합니다.

오디오북을 들을 수 있는 다양한 서비스

대단히 좋습니다. 읽어줄 시간이 없는 부모를 대신하는 고마운 서비스가 맞습니다. 또 혼자 소리 내어 읽기 싫은 아이라면 함께 읽어주는 존재가 있어 든든하고, 빠르게 휙휙 넘겨버리는 습관을 고치기 힘든 아이는 오디오북이 들려주는 속도에 맞춰 책장을 붙들고 기다려야 하니 그것도 좋습니다. 자동차로 멀리 가야 하는 지루한 길에 멀미할까 무서워 책은 못 열어보는 아이도 오디오북은 들을 수 있습니다. 장난감을 가지고 노는 시간에 음악 대신 들도록 틀어주는 것도 즐겁습니다.

듣는 독서와 읽는 독서의 균형 잡기

관심을 가져야 할 부분은 듣는 독서와 읽는 독서의 균형입니다. 듣는 독서를 유난히 좋아하는 아이라면 오디오북을 통해 책에 담긴 이야기의 재미에 눈을 뜨게 하여 예비 독자가 되게 해주세요. 하지만 어디까지나 예비 독자입니다. 책은 읽으며 생각하는 과정에서 그 효용(문해력, 사고력, 어휘력)을 얻을 가능성이 훨씬 높기 때문에 결국 닿을 곳은 '읽는 독서'입니다.

낮에 혼자 곧잘 읽는 아이라도 잠자리에서는 잔잔한 음악 정도의 볼륨으로 오디오북을 들려주는 것도 좋은 방법입니다. 편안한 숙면을 유도해야 하기 때문에 지나치게 어렵거나 생소하거나 자극적인 내용보다는 편안하고 단순한 내용이 좋습니다. 또 이야기가 흥미진진하다는 이유로 계속 더 듣고 싶어 할 수 있으니 정해진 시간 동안만 듣기로 미리 약속해야 취침 시간에 지장이 없습니다. "더 듣고 싶다면 내일 아침에 일찍 일어나면 들려줄게" 정도의 약속이라면 아이들도 협조하고 지킬 수 있습니다.

12

비디오북만 좋아하는 아이

하도 책에 관심이 없길래 패드 학습에 포함된 비디오북과 전자책이라도 읽었으면 하는 마음에 권했더니, 재미있게 잘 보더라고요. 웬만한 글밥의 책도 패드로 읽으면 후딱 읽어버릴 정도예요. 그런데 종이 책을 멀리하게 되었어요. 지금은 거의 모든 책을 패드로만 읽고 있는데, 계속 이렇게 둬도 되는 건지 궁금하고 걱정이 되네요.

들려주기만 하는 오디오북이 진화하여 책 속 장면을 보여주며 글을 읽어주거나 자막으로 제공해주는 비디오북도 존재감을 드러내고 있습니다. 비디오북은 크게 '그림＋음성'과 '그림＋자막' 형태로 나뉩니다. 그림에 음성(오디오)를 더하는 형태는 종이 책을 넘기며 어른이 읽어주는 것과 비슷하고요, 읽는 독서라기보다 '보는 독서'에 가깝습니다.

반면 그림에 자막을 더하는 형태는 결국 아이가 읽어내야 하기 때문에 종이 책을 혼자 읽는 것과 유사합니다. 아직 글을 읽기 힘들고 이제 막 이야기의 재미를 알아가는 아이라면 그림에 음성을 더하는 방식이 유리하고, 읽기 독립을 시도하는 단계라면 그림에 자막이 추가되는 형태를 추천합니다. 어찌 됐건 글자를 읽을 기회를 주는 거니까요.

비디오북만의 생동감 있는 애니메이션과 스마트 기기에 대한 호감은 아직 책에 정을 못 붙인 아이들에게 분명한 장점으로 작용하지만, 자칫 스마트 기기 사용 시간이 지나치게 길어질 수 있습니다. 유튜브만큼이나 화려한 영상미를 뽐내는 비디오북에 익숙해진 아이는 덜 화려하고 정적인 종이 책을 지루하게 느끼기 쉽습니다. 그래서 비디오북을 통해 맛본 이야기의 즐거움이 자연스럽게 종이 책으로 연결되도록 관심의 끈을 놓지 않아야 합니다.

일상 속 비디오북 활용 원칙

아이를 키우다 보면 어쩔 수 없이 영상물의 도움이 필요할 때가 있습니다. 약속한 시간이 지났는데도 유튜브를 더 보겠다고 떼를 쓸 때, 조용한 식당에서 어쩔 수 없이 아이를 앉혀 두어야 할 때, 아이 혼자 잠시 엄마를 기다려야 하는 무서울 수 있는 상황 등이 그렇습니다. 이런 경우에 찝찝한 마음으로 게임을 하게 하거나 유튜브 시청을 허락하기보다 미리 비디오북 보는 시간으로 정하여 일관되게 지속하기를 추천합니다. 아이들은 그렇다고 하면 그런 줄 압니다. 유튜브 시청은 더는 안 되니 그래도 보고 싶으면 비디오북을 보면 된다고 미리 알려주고, 약속을 지켰을 때 긍정적인 피드백을 주면 아이도 그것을 당연히 여기고 지키려는 노력을 시작합니다.

또 아이의 종이 책 독서 시간이 짧은 편이라 조금 더 시간을 늘려주고 싶을 때도 비디오북이 유용합니다. 종이 책을 10분 읽고, 비디오북을 10분 보는 전략이죠. 종이 책 읽는 시간은 슬금슬금 늘리고, 비디오북 보는 시간은 줄여가면서 전체 독서 시간을 늘려가면 됩니다.

유튜브 속 비디오북 활용법

유튜브 채널에는 다음과 같은 동화책 읽어주는 채널이 있습니다. 어쩔 수 없이 아이 손에 유튜브를 들려줘야 하는데, 엉뚱한 영상만 찾아볼까봐 걱정된다면 이들 채널을 구독해놓고 이 중에서 골라보게 해보세요. 이곳에서 영상으로 본 책들을 나중에 종이 책으로 접하면 수월하게 독서를 시작하게 될 수도 있습니다.

주니토니 동요동화

핑크퐁

브라운TV

Korean Fairy Tales

13

독서토론을 시키고 싶은데
학원에는 안 가겠다는 아이

독서토론 수업에 보내야 할지 계속 고민이에요. 지방 소도시라 학원도 마땅찮아서 알음알음 엄마들끼리 그룹을 만들어 수업을 진행한다고 하더라고요. 그런데 직장맘이라 이런 수업을 챙겨주기도 버겁고, 아이는 친하지 않은 아이들과 수업을 듣고 싶지 않다고 버티네요. 학원에 다니지 않으면 독서토론을 하긴 어려운 걸까요?

독서는 그 자체로 상당히 유익하고 유의미한 활동이지만, 부모라면 누구나 독서로 파생된 구체적인 결과물을 기대합니다. 책을 좋아하고 열심히 읽는 아이가 되길 바라지만, 거기서 그치지 않고 독서를 통해 성적, 논술, 토론이라는 눈에 보이는 열매를 맺길 바라는 거죠. 읽은 책의 내용에 관한 이해와 비판적 시각을 바탕으로 한 토론과 논술이 그 기대의 결정체가 아닐까 싶습니다.

책을 좋아하는 아이로 만드는 것이 초등 독서 교육 목표의 전부라면 제가 이렇게까지 두꺼운 책을 써내면서까지 책을 읽히라고 설득하지 않았을 겁니다. 책을 좋아하게 된 덕분에 많은 것을 덤으로 얻어갔으면 좋겠고, 이왕이면 아이와 부모가 바라는 좋은 성적도 덤에 포함되길 바랍니다.

독서토론의 시작, 책에 관한 대화

그렇다면 그 바람을 현실로 만들어보겠습니다. 욕심은 줄일 수가 없어요. 방향이 바르고 힘을 살짝만 뺀다면, 욕심은 기대가 되고 기대는 목표가 되고 목표는 제대로 된 방향과 노력의 힘으로 마침내 현실이 됩니다.

이 과정은 정말 놀랄 만큼 간단합니다.

책을 읽는다 (독서)

⬇

책에 관한 대화를 나눈다 (토론)

⬇

책에 관해 나눈 대화를 글로 옮긴다 (독후감, 독서 논술)

집에 책이 있고, 그 책을 읽는 아이가 있고, 대화 나눌 상대인 가족이 있고, 글을 쓸 책상과 공책과 연필이 있다면 어느 가정에서나 가능한 일입니다. 저와 남편은 초등 교육의 경험이 풍부했던 덕분에,

아이들의 학년이 올라가면서 성적에 도움이 된다는 새로운 과제가 나타날 때마다 '거창하게 시작할 필요가 없다', '집에서 해보고 안되면 그때 사교육의 도움을 받아도 늦지 않다'라는 배짱이 있었습니다. '안되면 말고'라는 마음으로 힘을 빼고 비장하지 않게 시작하되 이왕 시작했으니 작더라도 결과물이 보일 때까지 해보자는 끈질긴 마음, 이것으로 충분했습니다.

부모와 아이의 관계가 나쁘지 않고 그 아이가 책을 읽고 있다면 책과 관련된 무엇이든 일단 시도하며 경험과 실력을 쌓아갈 수 있는 시기가 초등 시기입니다. 독서가 독서 하나로 끝나지 않고, 토론과 논술이 되게 도울 수 있습니다. 이왕 읽는 책으로 토론도 하고 논술도 쓰는 아이로 키워봅시다.

독서가 토론이 되려면

먼저, 독서를 토론으로 연결해보겠습니다. 토론은 거창하거나 어려운 일이 아닙니다. 독서토론 학원에서 4인용 책상에 학생 네 명과 지도 교사 한 명이 모여 앉아야 시작되는 게 아닙니다. 시작은 언제나 우리 집 거실입니다. 집에서 자기 생각 한번 똑 부러지게 말해본 적 없는 아이가 학원 교실에서 토론을 주도하고 자기주장을 피력하는 일은 일어나지 않습니다. 뭐든 해본 놈이 합니다.

그래서 거실 속 대화의 경험이 필요합니다. 거실에서 대화가 오고가기 위한 전제 조건은 거실에 앉은 가족끼리 '나쁘지 않은 관계'라야 한다는 겁니다. 너무 싫은 사람, 정말 맘에 안 드는 사람, 지나치게 다른 생각을 가진 사람을 표현할 때 "저 사람과는 말이 안 통해!"라고 말합니다. 말이 안 통하는 사람을 군이 좋아하기란 모래밭에 떨어트린 진주를 찾는 일처럼 불가능에 가깝습니다. 그래서 거실에 앉아 이런저런 대화를 나누는 분위기가 우선입니다. 밥만 먹고 각자의 방으로 쌩 하고 사라져 아이는 학원 숙제에 시달리고 부모는 감시하는 집안 분위기에서 토론을 시도할 수는 없습니다. 대화를 먼저 여세요. 충분히 무르익었다 싶을 때 책에 관한 대화도 시작할 수 있어요.

어떤 주제도 가능한 대화 분위기를 만들어두면 어느 날의 주제는 '오늘 읽은 이 책'이 될 수 있습니다. 그날을 위해 밑밥을 까는 마음으로 이해되지 않고, 재미도 없는 아이와의 대화를 지속하고 시도해야 합니다. 이런 노력이 지치고 지겹고 무의미해 보일 때는 집에서 아이를 데리고 하는 내 부업이라고 생각하세요. 이 노력으로 당장 돈이 들어오지는 않지만 나중에 돈을 덜 쓰게 될 것은 분명하기 때문입니다.

독서가 토론이 되는 순간

부모가 공부에 도움이 되는 무언가를 자꾸 들이밀면 아이는 눈치가 빨라집니다. '어, 이건 지금 공부를 시작하는 건데'라고 본능적으로 알아챕니다. (똑똑한 겁니다.) 그래서 작정하고 책 한 권씩 들고 모이라고 하면 싫어합니다. 내가 엄마랑 토론을 왜 해야 하느냐며 싫은 티를 꽉꽉 냅니다. 우리의 목표는 '토론인 줄 몰랐는데, 끝나고 보니

토론의 효과가 있었다'입니다. 그 효과를 아이가 느끼지 못해도 괜찮습니다. 초등 시기에 시도한 것들의 효과는 웬만하면 눈에 보이지 않습니다. 그 효과를 기다릴 필요가 없고, 기다린다고 나타나지도 않습니다. 콩나물에 물만 주면 됩니다.

독서가 토론이 되는 시작은 질문입니다. 책을 읽고 난 아이의 생각을 자극해줄 수 있는 적절한 질문에서 시작하다 보면 몇 년이 지나 그 질문에 답하는 아이를 만나게 되고, 내게 질문하는 아이도 만나게 됩니다. 주목할 사실은 '며칠'이 아니라 '몇 년'입니다.

이런 질문을 던져보세요.

1단계 질문: 내용 확인

- **그 책은 제목이 왜 그런 거야?**
  (내용은 잘 모르겠지만 제목이 특이해서 신기하고 궁금하다는 표정으로)
- **주인공이 결국 사건을 해결하니, 못 하니?**
  (결말부터 궁금해하는, 전형적인 성격 급한 아주머니의 다급한 질문)
- **재미없어 보이는데, 어때? 읽을 만한 거야?**
  (재미있어 보이는데 왜 끝까지 안 읽냐고 하면 읽던 책도 놓고 싶어지니까)
- **주인공이 몇 명이야? 한 명이 아닌가봐?**
  (주인공에 대한 설명을 유도하는 질문. 엄마가 잘 모르니 아이는 설명해주려고 노력함)
- **그 책이 좀 어렵다던데 어땠어? 어려워서 다 못 읽을 줄 알았는데 끝냈네?**
  (쉬운 책인 줄 알지만 성취감을 주기 위한 장치. 어렵다면서 내용 설명을 시작하도록 유도함)

2단계 질문: 생각 유도하기

- **근데, 주인공이 왜 그런 일을 하게 된 거야? 좀 이해가 안되지 않아?**
  (주인공의 행동에 대해 비판적인 시각 또는 다른 방향의 시각을 유도하는 질문)

- **주인공 친구 ○○이 있잖아, 나는 별로 마음에 안 들어.**
  (책의 내용, 등장인물의 행동에 대해 비판적으로 생각해볼 기회를 주는 질문)

- **책의 제목이랑 내용이랑 좀 연결이 안되는 거 같은데, 어때?**
  (제목과 내용에 대해 다르고, 새롭게 생각해볼 만한 기회를 주는 질문)

- **결말이 다르게 맺어지면 더 좋았을 것 같아. 너는 이 결말이 마음에 드니?**
  (책의 결말이 달라질 수 있다는 사실과 다른 결말을 생각해볼 수 있다는 점을 알게 하는 질문)

- **내가 주인공이라면 이 상황에서 이렇게 결정하지 않았을 텐데.**
  (주인공의 결정과 행동이 반드시 최선은 아니라는 사실을 깨닫게 하는 질문)

3단계 질문: 주장과 근거

- **너라면 주인공이 한 것처럼 그렇게 할 거야? 왜?**
  (주인공의 결정에 대해 찬성/반대를 정하고 근거를 찾을 수 있게 하는 질문)

- **더 어울리는 제목이 뭘까? 왜 그렇게 지었어?**
  (책 자체를 새롭게 해석하고 그 이유를 찾게 하는 질문)

- **주인공의 친구가 한 이 행동은 바람직한 걸까? 왜 그렇게 생각해?**
  (등장인물의 행동에 대해 찬성/반대를 정하고 근거를 찾을 수 있게 하는 질문)

14

3학년을 앞두고
사회와 과학을 어려워하는 아이

> 3학년을 앞두고 사회와 과학 과목에 관한 불안감 때문에 주변에 전집을
> 사는 엄마들이 늘었어요. 전집을 사면 그 책으로 수업을 해준다는 곳도
> 있어서 관심이 가네요. 아이는 아직 사회와 과학 쪽으로는 도통 관심이
> 없고 동화책만 보는 수준이에요. 이제 전집을 읽히면서 준비를 해줘야
> 할 것 같은데, 전집은 어떻게 활용하면 좋을까요?

전집(한 사람 또는 같은 시대나 같은 종류의 저작著作을 한데 모아 한 질
로 출판한 책), 익숙하시죠? 잠시 눈을 돌려보세요. 우리 집엔 전집이
몇 가지 있나요?

시중에는 위인 전집, 세계 명작 전집, 전래 동화 전집, 과학 동화
전집 등 매우 다양한 전집이 나와있습니다. 어느 전집 전문 출판사
영업사원에게 영업 당하고 정신을 차려보면 벽돌처럼 무겁고 쩍 소

리 나게 반들거리는 전집을 구입해본 경험이 있을 겁니다. 전집이 최고였던 시절에 어린 시절을 보낸 저와 같은 부모는 전집이 육아 필수품인 줄 알고 열심히 들였을 겁니다. 그런데 가격이 만만치 않습니다. 프뢰벨이나 교원 등 인기 있는 전집 출판사의 전집을 들이려면 몇 가지 안 샀는데 수백만 원이 훌쩍 넘습니다. 12개월 할부를 결심하면서까지 전집을 들이는 이유는 이런 전집을 읽어야 아이가 똑똑해질 거라는 기대감 때문이었습니다.

전집이 최고이던 시절이 분명 있었습니다. 어느 시절에는 전집이 최선이었습니다. 권당으로 치면 가장 저렴하기도 했던 게 전집이었습니다. 전집 말고 달리 선택권이 없던 시절이었고, 전집을 사서 책장에 가지런히 꽂아두면 곶감 빼먹듯 한 권씩 차례대로 가져다 읽는 아이들도 많았습니다. 그런데 시대가 달라졌습니다.

책의 경쟁 상대는 놀이터가 아니라 유튜브가 되어버렸습니다. 온몸으로 실감하시죠? 책을 읽다 지루하면 달려 나가 놀고, 놀다가 친구들이 모두 들어가 심심해지면 집으로 와 던져둔 책을 집어서 다시 읽던 시절이 아니라는 점에 주목해야 합니다. 기껏해야 저녁 시간의 만화 영화, 아빠가 보시는 저녁 뉴스 정도가 독서의 경쟁 상대였던 시절에는 전집도 괜찮았습니다. 그 정도면 재미있었습니다. 하지만 너무나 아쉽게도 지금은 그렇지 않습니다.

책 말고도 재미있는 게 너무 많습니다. 24시간 언제든 누르기만 하면 쏟아져 나오는 유튜브 영상, 온갖 자극으로 가득한 스마트폰 게임, 종일 농담이 오가는 친구들과의 단체 채팅방, 생각하지 않아도 책장이 휙휙 넘어가는 학습만화들까지. 책을 왜 읽습니까. 제가 초등학생이라도 안 읽을 것 같습니다. 환경이 이렇게까지 달라졌습니다. 달라진 독서 환경을 인지하고 그럼에도 불구하고 근근이 독서를 이어가게 만들려면 전집 구매를 참아야 합니다.

전집이 나쁘다는 말이 아닙니다. 다만 이런 자극적인 환경에 놓인 아이 눈에 비슷비슷하게 생긴 전집이 눈에 들어오겠느냐고 묻는 겁니다. 전집은 단행본과 비교하면 어쩔 수 없이 구성, 내용, 수준, 주제, 소재 등이 단조로울 수밖에 없습니다. (그러니까 전집이겠지요.) 아직 책을 좋아하지 않는 아이가 다 비슷해 보이는 전집 중에서 읽을거리를 찾아내 읽을 확률은 그만큼 낮습니다. 몇 권 꺼내어 읽다가 별 재미를 못 느끼고, 읽던 학습만화로 돌아가는 이유가 여기에 있습니다.

게다가 전집은 꽤 비쌉니다. 물론 비싸다는 게 경제 수준에 따라 지극히 상대적인 개념이라 조심스럽지만 맞벌이를 하며 두 아이를 오롯이 키우던 제게도 전집 가격은 결코 만만찮았습니다. 저처럼 부담을 느끼면서도 기어이 12개월 무이자 할부로 전집을 들일 때는 기대가 높을 수밖에 없습니다. 슬프게도 기대에 비해 아이 반응은 초라할 때가 훨씬 많고요. 비싼 값을 하겠거니 싶어 며칠을 고민하여 들였지만 아이는 처음 며칠만 관심을 보이다 그치는 일이 대부분입니다. 비싸지만 않았어도 괜찮았는데, 그 비싼 전집을 보는 둥 마는 둥 하는 아이를 보며 결제한 돈이 아까워 자꾸 화가 납니다.

본전을 찾고 싶은 마음에 오늘은 전집의 1번부터 5번, 내일은 6번부터 10번을 읽으라고 정해주기도 합니다. 이게 어떤 느낌이냐면요, 애들이 잠들고 난 저녁 시간, 내가 보고 싶어 찜해둔 영화가 있어 넷플릭스를 뒤적이고 있는데 남편이 내게 지구 온난화 관련 다큐멘터리 시리즈 열 편을 완주하라고 강요하는 것 같은 상황이에요. 느낌이 바로 오시죠?

그럼에도 중고로 저렴한 물건이 올라왔거나 주변에서 물려준다는 분이 계시면 카트를 끌고 날아가세요. 유익한 전집 몇 가지를 소개해드립니다.

위인 전집(한국/세계)

위인전을 읽히는 목적은 위인으로 선정된 훌륭한 사람들의 생애를 살펴보며 그들을 본받도록 하기 위해서입니다. 그들처럼 훌륭하게 자라라는 마음이죠. 좋습니다. 하지만 제가 위인 전집을 적극적으로 권하는 이유는 다른 데에 있습니다. 초등 고학년, 중·고등학교 교육과정 중 한국사와 세계사 공부에 유리하기 때문입니다. 위인들의 공통점은 역사의 어느 한순간을 장식했다는 점이며, 이들의 생애와 업적을 살펴보는 것만으로도 자연스럽게 역사 공부가 되거든요.

예를 들어 제가 가장 존경하는 한국의 위인인 이순신 장군의 위인전을 읽고 나면 조선시대라는 역사 속 나라의 존재를 알게 되고, 일본의 침입이 잦았던 시대적 배경을 알게 되고, 역사에 남을 큰 전쟁인 임진왜란에 대해 상세히 알게 됩니다. 이 내용을 초등 5학년 이후의 한국사 수업에서 배우고 암기해야 하기 때문에 미리 책으로 접한 경험은 상당한 도움이 됩니다.

과학 전집

아이가 초등학교 3학년을 앞두면 부모는 사회와 과학 과목에 대한 부담을 전집으로 해소하고 싶은 마음이 드는 게 보통입니다. 관련 분야의 배경지식을 조금이라도 미리 읽어두면 교과 공부에 도움이 되겠거니 하는 마음인데요, 초등 사회·과학 교과서는 배경지식이 없다고 해서 따라갈 수 없는 높고 깊은 수준의 내용을 다루지 않아요. 그러니 아이가 3학년이 된다고 해서 꼭 전집을 구입할 필요는 없습니다. 오히려 재미없고 관심 없는 사회와 과학 분야의 전집을 억지로 읽은 아이들은 교과서 내용에도 흥미를 잃어버리는 경우가 많습니다.

사회와 과학은 전집 활용 면에서 약간 차이가 있습니다. 사회는 교과서로 충분하기에 전집이 따로 필요하지 않습니다. 굳이 꼽자면 5학년 때 배울 한국사를 대비해 읽는 위인 전집 정도면 충분합니다. 반면, 과학 전집은 싫은데 억지로 읽게 할 책은 아니지만, 과학에 관심을 보이는 아이에게는 훌륭한 전략이 될 수 있습니다. (실제로 초등 아이 중에 과학을 좋아하는 아이들이 꽤 있습니다.)

최근 들어 괜찮은 과학 전집이 많이 출간되어 한없이 기쁩니다. 학교 도서관이나 공공도서관에 가면 한두 가지 정도는 꼭 비치되어 있으니 아이가 직접 보게 하면 좋습니다. 그래야 선호하는 종류, 형식, 수준을 파악할 수 있거든요. 미취학·저학년 아이라면 《꼬마 과학 뒤집기》(성우주니어), 저·중학년 아이라면 《선생님도 놀란 과학 뒤집기(기본/심화)》(성우주니어)와 《사이언싱 톡톡》(휘슬러), 고학년과 중학생 아이라면《사이언싱 오디세이》(휘슬러) 등이 무난합니다.

세계 명작 동화 전집

세계 명작은 초등 고학년, 중·고등학생 시기의 고전 독서로 연결됩니다. 세계 명작 동화는 지금, 여기와 완전히 다른 시대적·지리적 배경을 가진 주인공 이야기를 통해 시대와 공간을 이해하고 상상하는 힘을 기르게 돕습니다. 백설공주를 보면서 공주와 난쟁이가 살았던 시대와 지역을 분석하지는 못해도, '나와는 퍽이나 다르게 사는구나'라는 생각은 아이라면 누구나 할 수 있다는 거죠.

세계 명작 동화 전집을 통해 상당히 다양한 시대와 지역의 이야기를 접했던 아이라면 차츰 그 수준과 글밥을 올려 그중 관심이 가는 이야기를 초등용으로 올려갈 수 있습니다. 여자아이들은 '작은 아씨들'과 '빨간 머리 앤'을 좋아하고, 남자 아이들은 '15소년 표류기'와 '허클베리 핀의 모험' 등을 읽으며 해당 이야기의 고전 완역본까지 마라톤을 시작하는 거죠.

세계 명작 동화 전집은 다양한 출판사에서 예쁜 그림과 함께 출간된 것이 많기 때문에 출판사와 상관없이 저렴한 것으로 구해 읽어도 충분합니다.

15

책장을 휙휙 넘기며
빨리 읽어버리는 아이

며칠 전에 동네 엄마가 아이가 책 읽는 모습을 보더니 속독하지 말고 정독해야 할 것 같다며 말을 흐리더라고요. 그 말을 듣고 보니 아이가 정말 내용을 제대로 읽는 걸까 싶을 정도로 책장을 빠르게 휙휙 넘기며 읽더라고요. 아이가 책을 좋아한다고 여겨 마음을 놓고 있었는데 순간 무심했나 싶어 속상했어요. 이렇게 빨리 읽는 아이, 잘 읽고 있는 걸까요?

정독이 유익하다는 걸 아는 부모의 눈에 아이가 책장을 빠르게 넘기는 모습은 거슬릴 겁니다. 때로 아이 옆을 지키고 앉아 천천히 좀 읽으라며 속도를 조절해주려고 애를 쓰기도 합니다. 그러면 아이는 미칠 것 같습니다. 엄마가 책 좀 읽으라고 해서 싫은데도 붙잡고 읽느라 몸이 뒤틀리는데, 책장을 빨리 넘긴다고 계속 뭐라 하니 표현은 못 하지만 부글부글 끓습니다. 고학년 아이라면 참지 못하고 표현하기도 합니다. 아이의 가시 같은 반항의 말에 상처받은 엄마는 '내가 저걸 어떻게 키웠는데' 생각하며 억울해집니다. 다 비슷하게 아이 키우며 늙어가고 있습니다. 힘내자고요.

저는 성격이 급합니다. 어느 정도냐면 길을 지나다가 예쁜 카페를 하나 발견해서 '와, 나도 저런 카페 하나 차리고 싶다'는 생각이 드는 순간 포털 사이트를 열어 그런 카페가 우리 동네에도 있는지 검색하고 몇 군데 분점을 내기도 했다는 사실을 확인하면, 본사로 전화하여 동네 이름을 대며 이 동네에 분점을 낼 수 있느냐고 물어본 후에 동네 부동산에 전화해서 15평쯤 되는 카페 낼 만한 상가 1층 자리가 있느냐고 물어봅니다. 이 모든 일이 한 시간 안에 끝납니다. 이런 제게 지인들은 실천력이 강하다고 하고, 20년 지기 친구들과 남편은 성질이 저렇게 급해서 어쩌냐고 걱정하며 차분히 좀 생각하자고 합니다.

숨넘어갈 듯 급한 성격이 독서 습관에도 고스란히 반영됩니다. 저는 책을 굉장히 빠른 속도로 읽습니다. 속독(速讀, 책을 빠른 속도로 읽음)을 어떻게 하는 건지 저도 자세히 모르고요, 결말이 궁금해 죽을 것 같은 마음을 간신히 누르며 최대한 빠르게 눈과 손을 놀립니다. 궁금해서 그렇습니다. 찬찬히 읽으면서 생각도 하고 상상도 하면 좋다는 건 알지만 그럴 수 없습니다. '그래서 어떻게 됐다는 거야?'의 답을 찾기 위해 눈과 손을 빠르게 움직입니다.

교실에서 책에 몰입하는 아이들을 보면 저처럼 궁금함을 참지 못하는 아이가 제법 많습니다. 찬찬히 생각하며 읽기에는 결말이 너무 궁금해서 일단 빠르게 훑어내어 결론을 확인하는 겁니다. 달리고 싶다는 아이를 억지로 눌러앉혀 천천히 걷게 하면 넘어지거나 부딪히지는 않겠지만 그 경험이 누적되면 이도 저도 관심 없는 무기력한 아이가 되고 맙니다.

속도의 자유를 주세요

이런 아이에게는 빠르게 읽을 자유를 주세요. 그러고 나서 천천히 다시 한 번 읽을 기회를 주세요. 아이가 천천히 읽기 싫다고 할 것 같으면 처음에 빠르게 읽기 전에 미리 약속해두세요. 처음 읽을 때는 엄마가 속도든 자세든 뭐든 아무것도 지적하지 않을 테니, 두 번째는 엄마가 바라는 대로 조금 더 천천히 생각하며 읽어보자고요. 눈앞의 자유에 눈이 멀어 알겠다고 한 아이는 약속을 지키기 위해 기꺼이 두 번째로 천천히 읽는 시도를 하기도 합니다. 어쩌다 한 번이었던 횟수가 점점 늘고 잦아지면 천천히 음미하며 읽는 것도 나쁘지 않다는 걸 경험하면서 차츰 글을 아껴 읽기 시작합니다.

속독을 교정하는 방법

중학년까지는 속독이 크게 문제되지 않습니다. 이 시기에 읽는 쉬운 책, 흥미 위주의 책, 교과서 본문 정도는 속독으로도 어느 정도 이해할 수 있고, 머리 회전이 빠른 아이는 속독만으로도 문해력과 사고력 수준을 높여갈 수 있습니다. 하지만 중학년까지일 뿐, 곧 한계를 만납니다.

고학년 독서는 수준을 높여야 하고, 높아진 수준만큼이나 문해력과 사고력의 발전도 유도해야 합니다. 속독과 다독이 큰 힘을 발휘하지 못하는 시기가 온 겁니다. 우리가 목표하는 복합적인 사고를 유도하는 수준의 글을 읽어내려면 정독이라는 형태의 독서가 필요합니다.

속독은 독서 습관이 자리 잡히는 과정에서 충분히 있을 수 있는 통과 의례 같은 겁니다. 물론 속독하는 아이 중 일부는 그대로 속독만 하는 아이로 남고, 일부는 속독 끝에 정독하는 아이로 바뀝니다. 뒤에 누가 쫓아오는 것도 아닌데 급하게 읽어버리고 끝내는 습관이 고쳐지지 않는다면 점검해보아야 할 몇 가지가 있습니다. 부모의 습관일 수도 있고 아이의 타고난 성향일 수도 있습니다. 부모의 습관이라면 바꾸면 되고, 아이의 성향이라면 존중하면서 최대한 정독을 유도해야 합니다.

오늘부터 교정해볼 몇 가지 방법을 알려드릴게요.

몇 권 말고 몇 분

아직 독서를 즐기지 못하는 아이에게 속독이든 뭐든 일단 읽히겠다는 마음으로 오늘 읽을 책을 정해주며 "이거 다섯 권 읽고 놀아"라고 할 때가 있습니다. 아직 책과 절친이 되지 못한 아이의 목표는 오직 하나입니다. '빨리 읽고 놀아야지.' 천천히 읽을 이유가 없습니다.

속도와 상관없이 읽기만 하면 된다는데 천천히 읽는 것도 이상한 일 아닐까요?

독서 규칙을 정할 때는 '오늘의 권수' 말고 '오늘의 독서 시간'이 기준이 되어야 합니다. 몇 권을 읽든, 몇 장을 읽든 상관없이 읽기로 한 시간을 채워서 읽으면 된 겁니다. 굳이 빠르게 읽어버릴 이유를 아예 차단하는 거죠.

'30분 독서'라는 과제를 줬다면 빠르게 읽든, 천천히 읽든 일단 그냥 두세요. 학원 하나 늘어나듯 과제가 늘었는데 좋다고 할 아이가 어디 있습니까. 싫은데도 참고 읽는 거지, 마음은 유튜브에 가있습니다. 그러니 지적하지 말고 약속한 시간만 지키게 하세요. 처음에는 그 시간을 견디는 것부터가 상당한 고역이겠지만 뭐라도 읽는 습관이 자리 잡히고 나면 30분 정도는 후딱 지나가버립니다. 그렇게 습관이 자리 잡힐 즈음이면 책과 친구가 되어있을 거예요. 친구가 되고 나면 정독은 자연스럽게 시작됩니다. 두고 보세요.

1+1 전략

빠르게 한 권을 다 읽으라고 한 것도 아닌데, 책장을 휙휙 넘기는 아이들은 크게 두 가지 유형입니다. 타고나길 엄청나게 성질이 급하거나 뒷얘기가 너무 궁금해 견디기 힘들거나. 둘 다 제 얘기입니다. 책 한 권을 사면 두 시간 정도 걸려 일단 다 읽어버립니다. 그래서 얼마나 빨리 읽는지, 처음 읽는 책이 맞느냐고 묻는 사람도 있었습니다. 괜찮습니다. 성질이 급하고 궁금한 걸 못 참는데 어떻게 합니까. 일부러 천천히 읽고 궁금한 거 참다가 숨이 넘어가는 것보다는 낫지 않습니까.

핵심은, 여기서 끝이 아니라는 겁니다. 천천히 다시 읽으면 됩니다. 처음부터 끝까지 다시 한 번. 저처럼 급한 아이라면 '두 번 읽기'라는 방법을 시도해보세요. 처음 읽을 때 마음껏 빠른 속도로 읽도록 허용하되, 두 번째 읽을 때는 조금 더 천천히 음미하며 읽기로 미리 약속하는 거죠. (미리 약속해두지 않으면 나중에 반항이 상당합니다. 읽으라 해서 다 읽었는데 왜 또 읽으라고 하냐고요.)

후다닥 한 번 읽어버린 아이는 대략적인 내용과 결말을 아는 상태이기 때문에 두 번째 읽을 때 마음 급할 일이 없고, 차분히 다시 읽다 보니 처음 읽을 때 놓친 부분과 생각해볼 부분을 다시 챙길 수 있습니다. 한 번 더 읽기로 약속만 해놓으면 빨리 읽는 아이를 불안한 마음으로 째려볼 필요가 없어 엄마도 착해집니다.

약간 어렵지만 재밌어 보이는 책

너무 빠르게 읽어버리는 책이라면 혹시 아이에게 너무 쉬운 수준은 아닌지 점검해보세요. 초등 아이가 독서 습관을 잡아가는 시기에 부모가 해야 할 가장 중요한 역할은 아이가 정신 똑바로 차리고 책에 집중하는지 감시하는 게 아니라, 요즘 아이가 관심 있게 보는 책이 무엇인지 살펴서 다음 단계의 책에 대해 알아보는 거예요. 다들 좋다는 책을 사다 주라는 말이 아닙니다. 지금 아이가 읽고 있는 책의 다음 고개에는 대략 어떤 책들이 있는지 알아두라는 거예요. 아이 스스로 파악하기는 어려워요. 엄마는 온라인 서점에 잠깐만 들어가 봐도 대략적인 정보를 얻을 수 있고, 그렇게 얻은 정보를 바탕으로 책의 길을 내줄 수 있어요.

아이가 좋아하는 주제의 책들 중에서 지금 빠르게 휙휙 읽어버리는 책과 같은 주제를 다룬 책들이 있을 겁니다. 그중 아주 약간 어려운 수준의 책을 구해다가 거실 소파 위에 던져놓고 무심한 척 걸려들기를 기다려보세요. 실패했을 때 화날 것 같으면 사지 말고 대출해 오세요. '널 위해 힘들게 고르고 구해온 책이지만 너에게 강요하지는 않겠어. 엄마는 쿨한 여성이니까'라는 마음으로 아이의 반응을 지켜보는 겁니다. 아마 꿈쩍도 안 할 거예요.

그런데요, 신기하게도 이 과정을 꾸준히 반복하다 보면 한두 권씩 걸려드는 책이 생깁니다. 그게 어딥니까. 그 한 권을 못 만나서 지금껏 "심심해"를 반복하며 거실을 맴돌고 있는 거였잖아요. 재미있어 보인다며 선뜻 펼쳐 드는 책 한 권을 제대로 만나면 아이의 인생이 달라질 수 있습니다. 아직 길에 들어서지 못한 아이를 위해 이 정도의 노력은 해줄 수 있지 않을까요?

16

소리 내어 읽으라면 힘들다는 아이

책을 소리 내어 읽는 것이 아이의 문해력에 도움이 된다고 하길래 저희 집도 낭독을 시작했어요. 처음에는 곧잘 읽더니 점점 꾀를 부리네요. 목이 아프다고 하고, 귀찮다고 하면서 안 할 궁리를 하는데 억지로라도 시켜야 할지, 그냥 내버려 둬도 될지 헷갈립니다. 낭독을 안 하면 문해력이 많이 떨어질까요? 하게 하는 방법이 있을까요?

읽기 독립 시기에 독서에 관한 자신감과 흥미를 키워주고 싶다면 낭독(朗讀, 글을 소리 내어 읽는 것)을 시도해봐도 괜찮습니다. 야무지게 소리 내어 잘 읽어내는 아이는 교실에서 수업할 때도 꽤 유리한 게 현실이거든요. 이 정보를 얻은 부모는 아이가 한글을 떼고 나면 기다렸다는 듯이 책을 펼쳐 들고 낭독해보라고 하고, 때로는 강요하기도 하는데요, 그러지 않았으면 합니다. 낭독을 숙제처럼 하면서 부담스럽게 느낀 아이는 오히려 책과 멀어지기도 하거든요. 한 번은 건너야 할 강 같은 존재인 낭독, 초등 시기에 어떻게 진행하면 좋을지 살펴볼게요. 먼저, 낭독이 주는 이로움을 들여다보겠습니다.

문해력을 높이는 낭독

EBS 특별기획 6부작 〈당신의 문해력〉은 홈페이지에 올라온 영상 다시 보기 조회 수가 40만을 기록한 화제의 프로그램입니다. 아직 못 보셨다면 살짝 보고 오세요. 기다릴게요. 또 영상 속 내용과 영상에 담지 못한 자세한 이야기까지 함께 담은 책이 출간되었는데요, 저도 밑줄 그으며 열심히 읽었습니다.

EBS 〈당신의 문해력〉 프로그램

《EBS 당신의 문해력》 책

이 중 4부인 '내 아이를 바꾸는 소리의 비밀' 편에는 낭독이 어떻게 문해력을 높이는지 이해하기 쉽게 설명되어 있습니다. 막연히 '낭독이 좋을 것 같다'라고 생각하던 대부분의 시청자에게 명확한 결론과 확신을 준 계기가 되었죠. 저는 제 아이들에게 낭독을 연습하게 하고, 반 아이들과 매일 국어 교과서를 낭독하던 사람임에도 '낭독이 저렇게까지 좋은 거였다니'라고 새삼스러워하며 한참 집중하여 봤던 기억이 납니다.

초등 교실의 현실, 국어 읽기 왕

문해력을 위한 도구라는 장점 외에, 교실 수업에서 위력을 발휘하는 낭독 연습의 효과도 살펴봤으면 합니다. 초등 교육과정에서 국어 과목은 일주일에 평균 네 번 정도 수업합니다. 전 과목 중 가장 오랜 시간을 배우는 과목입니다. 게다가 하루 중 집중력이 가장 높은 1·2교시에 배치된 경우가 많은 과목입니다. 초등 과목 중 존재감이 최상이라는 뜻입니다. 초등 아이가 등교하여 교실에 앉으면 대부분 국어 공부로 하루를 시작한다고 해도 틀리지 않습니다.

사정이 이렇다 보니 국어를 너무 싫어하거나 어려워하는 아이는 국어가 만만한 아이에 비해 학교생활이 조금 덜 재미있습니다. 일주일에 한두 번 수업하는 미술·음악·실과 같은 예체능 과목보다 국어 과목에 관한 자신감과 흥미가 학교생활 전반에 더 큰 영향을 미칠 수밖에 없습니다.

국어 시간을 조금 더 자세히 들여다볼게요. 국어 교과서의 각 차시에 제시된 일정 분량의 지문을 읽고 내용을 파악한 후 문제를 해결하는 활동을 하는 것이 전 학년 공통 과제입니다. 다음은 현재 적용 중인 2015 개정 교육과정이 반영된 초등학교 학년별 1학기 국어 교과서의 지문입니다. 2학년부터 6학년까지 그 구성은 거의 비슷하지만 제시된 지문의 분량과 수준이 점차 높아짐을 한눈에 볼 수 있습니다. (1학년 1학기에는 지문이라 할 만한 글을 찾아보기 어려워 생략합니다.)

국어 시간에 이 지문을 소리 내어 읽는 낭독이 주요 활동으로 등장합니다. 돌아가며 읽게 하기도 하고, 원하는 아이가 읽기도 하고, 함께 읽기도 합니다. 낭독이 편안한 아이가 국어 시간과 학교생활 전반에 자신감이 높아질 가능성이 있다는 의미입니다.

초등 아이에게 학교생활은 자신감이 전부입니다. 대단히 우수한 성적보다 실제로 도움이 되는 건, 자신 있어 하는 과목이 아이에게

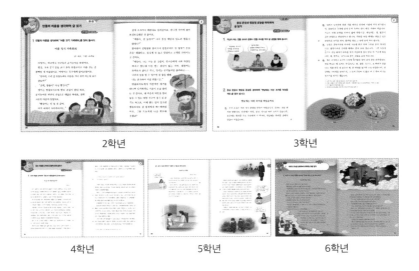

2학년   3학년

4학년   5학년   6학년

각 학년 국어 교과서 속 지문

하나라도 있는 겁니다. 어른 눈에 별것 아닌 것처럼 보이는 작은 성취감과 칭찬이 아이를 달라지게 합니다. 국어 시간에 선생님이 낭독을 시킬까봐 조마조마한 것보다는 언제 어느 쪽을 읽으라고 해도 거침없이 읽을 수 있도록 준비되어 있으면 훨씬 여유롭습니다. 아이가 한글을 늦게 뗐고, 여전히 더듬거리며 서툰 상황이라면 가정에서 매일 낭독을 연습하게 하는 것으로 학교생활 전반의 자신감을 높여줄 수 있습니다.

어떤 책을 낭독해야 할까

가정에서 낭독 훈련을 하려면 어떤 책을 선택해야 할까요? 낭독하기 좋은 책은 따로 없습니다. 당연히 낭독용 책을 따로 살 필요도 없습니다. 집에 있는 책 중 어떤 책은 반드시 낭독으로, 어떤 책은 묵독으로 해야 하는 법도 없습니다. 이렇게 세 가지를 전제로 하고 책을 골라보겠습니다.

낭독용 책을 고를 때는 낭독의 어려움에 주목해야 합니다. 소리 내어 읽는다는 건 눈, 머리, 입, 목이 협응해야 가능한 일입니다. 눈으로만 읽을 때보다 어렵고 복잡하고 집중력이 필요해 힘이 든다는 말입니다. 돌려 말하면 아이들이 낭독하기 싫어할 가능성이 매우 높다는 말입니다. 하기 싫다는 아이에게 어떤 공부나 활동을 권할 때 원칙은 하나입니다. 개중 '그나마 재미있어하는 것'을 활용하는 겁니다. 아이가 요즘 가장 재미있게 읽는 그 책이 낭독에 성공할 확률을 가장 높여주는 책입니다. 낭독을 시작한다면 책은 아이가 선택하는 걸 기본으로 해야 하는 이유입니다.

과유불급

〈당신의 문해력〉이 방송된 뒤로 집집마다 낭독 열풍이 불고 있습니다. 문제는 과하다는 겁니다. 대한민국 학부모의 교육열이 일구어낸 기적 같은 사례도 많지만 과한 욕심으로 그르친 사례가 훨씬 많다는 점을 기억해야 합니다. 아무리 좋은 것도 지나치면 모자라느니만 못합니다. 낭독도 그렇습니다.

아무리 유익한 독서법이라도 책과 멀어지게 한다면 안 하는 게 좋습니다. 낭독이 아무리 좋아도 아이 상황을 살피지 않고 열심을 내다간 결국 울고불고 소리를 높이고 딱딱한 양장본이 거실을 날아다니는 일이 생긴다는 말입니다. 제게 독서와 관련한 상담을 요청해온 꽤 많은 가정의 실제 사례입니다.

낭독을 하루에 10분 이상 하는 건 무리입니다. 아이가 스스로 너무 재미있어하고 잘하고 싶어서 더 하고 싶어 한다면 모를까, 5분만 해도 충분합니다. 좀 더 하면 더 똑똑해지고 문해력이 사정없이 키워질 것 같지만 아이 독서는 마라톤이라 생각해야 성공합니다. 욕심을 살짝 얹어 강요하면 좀 더 읽게 할 수는 있지만 그 때문에 아이가 독서를 힘들어하고 부담스럽게 느낀다면 곤란합니다. 정말 좋은 건 아껴주세요. 아쉬움이 남을 때 끊어주면 내일 또 해볼 만합니다.

17

너무 천천히 읽는 아이

> 한때는 아이가 책을 너무 휙휙 넘겨버리더니 요즘은 책 한 권을 붙들고 있으면 진도가 나가질 않아요. 그래서 다른 아이들이 여러 권 읽을 시간 동안 한 권도 채 못 읽을 때가 많고, 왜 그렇게 천천히 읽냐고 물어보면 별다른 대답을 안 해서 답답해요. 내용을 제대로 이해하는지 확인해보면 그건 또 잘되는 것 같은데, 속도가 이렇게 느려서 괜찮을까요?

빨리 읽어버리는 아이도 한 걱정이지만 너무 천천히 읽는 아이도 마냥 괜찮지는 않습니다. 일부러 천천히 읽으며 깊이 생각하는 중이라면 대환영이지만 그것도 아니고, 속도가 느린 것치고는 본문을 제대로 이해하고 있는지 확신이 서지 않으니, 읽는 시간 대비 읽는 효과를 장담할 수 없어 불안이 생길 수밖에 없습니다.

유독 천천히 읽는 아이들은 몇 가지 유형이 있는데요, 유형별 처방전을 드릴게요. 너무 천천히 읽어 속을 태우는 아이가 어디에 속하는지 확인하면서, 아이의 독서를 앞으로 어떻게 유도해나갈지 고민해봤으면 합니다. '교정'이 아니라 '유도'입니다. '교정'은 부모가 오늘 당장 해야 할 것 같은 과제고요, '유도'는 언젠가 될 일이기에 오늘부터 서서히 분위기를 잡아갈 과제입니다. 초등 독서 습관은 교정하는 게 아니라 유도하는 거예요.

초등 시기에 다독 경험으로 얻었으면 하는 능력은 사고력과 문해력이 1순위지만, 조금 더 빠른 시간 안에 많은 양의 글을 읽어내면서도 내용을 정확하게 파악하여 제시된 문제의 정답을 찾아내는 '문제풀이력'을 조준하기도 합니다. 결국 아이가 실력을 증명하는 건 수능 국어 영역 점수이기 때문입니다. 수능 국어 영역 시험지는 매일 배달되는 신문 지면과 비교해도 크게 다르지 않을 만큼 긴 지문과 빽빽한 문제로 가득 차있습니다. 그걸 지금부터 연습하자는 건 아니고요, 결국 그 문제를 부담 없이 풀어내려면 속도도 어느 정도까지는 갖추는 게 유리하다는 의미입니다.

읽는 속도가 느려 애 태우는 우리 아이, 다음 중 어느 유형에 속하는지 살펴볼게요.

첫 번째 유형, 독서 경험이 적은 아이

자전거를 탄 경험이 많은 아이는 천천히 가래도 점점 빨라집니다. 독서 경험이 풍부한 아이는 읽기 속도를 신경 쓰지 않아도 결국 빨라집니다. 모든 일에서 속도는 경험이 쌓이면 당겨지고 노력하면 더 빨라지지만, 결국 자주 많이 하다 보면 자연스레 해결되는 부분이기도 합니다.

그래서 아직 저학년이거나 본격적으로 혼자 읽기를 해온 지 3년이 넘지 않았다면 느린 속도를 둘러싼 고민은 시기상조입니다. '3년'에 놀라셨나요? 3개월을 잘못 쓴 줄 아셨겠지만 3년이 맞습니다. 초등에서는 뭘 기대하든 최소 3년은 기다려야 보입니다. 왜 달라지지 않고, 왜 발전하지 않는지 다그치기 전에 시작한 지 3년이 되었나를 점검하세요.

독서 초기에는 난독증인가 싶게 글자가 눈에 잘 들어오지 않기는 애나 어른이나 꼭 같습니다. 영상만 보던 사람이 글자를 눈에 담으려 하면 눈과 뇌가 싫어합니다. 귀찮고 복잡하거든요. 그래도 지속해야 합니다. 거부하듯 글자를 밀어내는 눈과 뇌가 꼼짝없이 활자를 입력하는 일에 익숙해질 때까지 아주 적은 양이라도 꾸준히 입력해야 합니다. 그러면 그들도 못 배깁니다. 그게 3년 걸린다는 의미예요.

두 번째 유형, 생각이 너무 많은 아이

책 한 쪽 읽으면서 본문 내용과 관련된 오만 가지 생각이 자꾸 떠올라 진도가 나가지 않는 아이입니다. 실은 제가 바로 이 유형입니다. 어떨 땐 성격이 급해 속독하기도 하지만 또 어떤 날은 한 쪽도 그냥 술술 넘어가지 않습니다. 책 내용에 온전히 집중하기보다 관련된 다양한 생각, 정보, 지식, 경험, 예상, 질문이 자꾸 떠올라 다음 쪽으로 쉽게 못 넘어갑니다. (성인 ADHD 검사를 고려했을 만큼 집중력이 약한 편입니다.)

이런 유형의 아이에게 책은 단순히 지식을 전해주거나 이야기를 들려주는 존재가 아니라 생각할 거리를 가득 담아놓은 상자로 느껴집니다. 이야기의 흐름에 푹 빠진다기보다 소재가 되는 것들을 만나면 멈춰서 하나하나 곱씹어야 끝이 나는 거죠. 사정이 이렇다 보니 책 한 권 읽는 데 시간이 오래 걸리는 건 물론이고, 읽고 나서도 책의 서사를 기억하거나 요약하기가 어렵습니다. 이 아이는 책이 던져놓은 각종 이야깃거리에 마구 걸려들었을 뿐이에요.

제가 담임을 맡았던 교실에도 이런 아이가 있었어요. 동병상련이라고 독서 시간마다 눈길이 가고 마음이 쓰이더라고요. 교정해줘야 할지 고민이 많았지만 그러지 않았고, 지금도 잘한 결정이었다고 여깁니다. 이 아이는 속도를 괘념치 않고 문장 하나, 단어 하나, 에피소드 하나에 머물며 마음껏 생각을 하고 있었거든요. 딴생각을 하는 것처럼 보인 긴 시간 동안 다양하고 깊은 생각을 자발적으로 해가며 생각 근육을 단단하게 만들어내더라고요. 당시 저는 그 아이의 4학년 담임이었는데요, 꾸준히 점점 더 공부를 잘하고 있다는 소식을 듣고서 안도했던 기억이 납니다.

충분히 생각하고 있다면, 몇 쪽을 더 읽고 덜 읽는지는 그다지 중요한 요소가 아닙니다. 독서 분량이 아닌 생각 양에 집중하여 바라보면, 생각하느라 늦게 읽는 아이는 걱정거리가 아니라 기특한 자식이 됩니다.

세 번째 유형, 너무 읽기 싫은 아이

독서에 거부감이 있는 아이는 재미없어 보이는 책을 붙들고 있을 때, 너무 빨리 읽어치우거나 너무 오래 멈춰 있습니다. 아이가 읽기 싫은 책을 너무 빨리 읽는다면 엄마가 두 권 읽으라는 숙제를 냈기 때문입니다. 이것만 끝내면 놀 수 있으니 숙제를 해치우듯 읽어버리는 거죠.

아이가 읽기 싫은 책을 오래오래 붙잡고 있다면 20분 동안 읽으라고 했으니 시간만 때우고 싶은 마음 때문입니다. 정해진 시간만 버티면 되니 눈으로만 읽는 척하는 상황입니다. 내용에는 도통 관심이 생기지 않거든요. 이런 아이가 괘씸하여 소리 내어 읽게 하거나 강제로 두 권을 읽게 하는 등 단호하게 대처하는 게 보통인데요. 이런 방식이 '읽는 중학생'으로 키우자는 큰 그림에 어떤 영향을 미칠지 고민할 필요가 있습니다.

너무 읽기 싫지만 억지로라도 붙잡고 읽는 성의를 보이는 아이에게 독서는 수학 문제집만도 못한 괴로운 숙제겠죠. 그런데 왜 읽냐고요? 엄마가 읽으라고 하니까요. 엄마를 사랑하고, 엄마에게 칭찬받고 싶으니까요. 그래서 읽긴 읽는데 내용에 관심이 가지 않고, 가만히 앉아 까맣고 빽빽한 글자를 쳐다보고 있자니 지루하고 답답할 거예요. 몸이 뒤틀릴 거예요. 그러니 속도가 날 리 있나요.

초등 독서는 그 무엇보다 중요한 공부이자 경험인 건 확실하지만 하루라도 안 하면 큰일 나는 긴급한 일은 아닙니다. 싫은 책을 붙들고 몸을 뒤틀어가며 느리게 억지로 읽을 만큼 독서에 마음이 열리지 않은 아이라면 한동안 쉬어도 괜찮아요. 책을 좋아하는 제 아이들도 길게는 한두 달씩 책을 멀리하는 기간이 종종 있어요. 그대로 영영 책과 멀어지지 않게만 하자는 마음으로 조금 더 의연하게 바라보며 기다려주세요.

18

책은 읽는데
국어 점수가 안 나오는 아이

어릴 때부터 책을 많이 읽어준 편이었고, 읽기 독립도 빨랐고, 지금도
매일 책을 읽는 4학년 아이예요. 그런데 국어 시험에서 백 점을 받은 적
이 한 번도 없어요. 독서를 열심히 했으니 다른 과목은 몰라도 국어 성
적만큼은 자신했는데, 문제를 이해하지 못하는 건지 지금껏 독서를 하
면서 집중하지 않았던 건지 모르겠어요.

독서 경험이 풍부한 아이가 상대적으로 국어를 비롯한 전 과목의
성적을 잘 받는 데 유리한 건 분명한 사실입니다. 1부에서 자세히 설
명해드렸듯이, 다른 아이들보다 상대적으로 좋은 성적을 받게 된다
는 의미가 아니고요, 이 아이가 책을 읽었을 때와 안 읽었을 때를 비
교해야 맞습니다. 그러니 독서는 곧잘 하는데 점수로 연결되지 않는
아이를 바라볼 때도 지금까지 한 오해에서 벗어나야 합니다. 우리 아

이가 옆집 아이보다 책을 더 많이 읽고, 잘 읽고, 책 수준도 높은데 성적이 덜 나오는 상황을 억울하게만 바라볼 수 없는 이유입니다.

그리고 또 하나, 독서는 뇌에 차곡차곡 쌓는 과정이라는 점도 주목해야 합니다. 캔 음료 자판기처럼 동전을 넣으면 몇 초 지나지 않아 톡 하고 나오는 일은 결코 없습니다. 지방이 많고 근육이 적은 사람이 오늘 헬스클럽에 하루 다녀온다고 해서 당장 눈에 보이는 결과가 없는 것과 같습니다. 그런데 꾸준히 다니다 보면 몇 개월 후에는 틀림없이 달라져 있습니다. 독서는 뇌에 저축하는 일인데, 당장 보이지 않지만 확실한 저축이라고 생각하세요.

지금 하는 독서가 점수로 보답하는 때는 지금이 아니라는 점만 명심해도 독서를 중단하는 일은 없을 겁니다. 겨우 몇 달 한 독서로 국어 점수가 드라마틱하게 바뀌길 기대하는 부모가 많습니다. 그래서 실망하고는 슬그머니 중단해버립니다. 읽는 중학생을 보기 어려운 가장 큰 이유입니다.

여유로운 마음이 준비되었다면 중·고등 시기의 국어 점수를 염두에 두고 초등 시기부터 조금씩 시도해보면 좋을 세 가지 습관을 소개합니다. 국어뿐 아니라 전 과목의 문제 풀이에 도움이 될 중요한 습관입니다.

첫째, 문제를 꼼꼼히 읽는 습관

내용을 이해하지 못해서가 아니라 문제를 꼼꼼히 읽지 않아서 정답을 찾아내지 못하는 아이가 의외로 너무 많습니다. 공부는 열심히 했는데 문제를 대충 읽은 탓에 성적이 나오지 않는 아이도 너무 많습니다. 문제만 꼼꼼히 읽었어도 안 틀릴 문제를 기어이 틀려버립니다. 이런 아이들이 단원평가 점수를 확인하고는 억울해서 책상을 주먹으로 마구 칩니다. 몰라서 틀리고, 공부를 안 해서 틀린 거면 잠깐 아쉽고 말 텐데 이건 도무지 억울해서 분이 안 풀리는 거죠. 그 모습을 보고 있으면 얼마나 안타까운지 모릅니다.

그래서 문제 전체 혹은 중요하다고 생각되는 지점 등에 밑줄을 치면서 읽는 습관이 도움이 됩니다. 문제를 연속해 두 번 읽으면서 풀거나 모든 문제를 다 풀고 나서 완전히 새로운 시선으로 다시 읽고 푸는 습관도 참 좋습니다. 평소 덜렁거리며 실수가 잦은 아이에게 이만큼 고마운 습관이 없습니다. 아이에게 이 습관이 얼마나 큰 도움이 될지 대화를 나누고 설득해보세요. 조근조근 말하면 알아듣고 마음을 움직이기도 합니다.

둘째, 교과서로 복습하는 습관

문제집은 열심히 푸는데 교과서에서 거의 그대로 낸 단원평가를 풀면서 힘을 못 쓰는 아이도 있습니다. 어떤 문제집을 푸는지 궁금해 자세히 들여다보면 교과서 내용과 수준에 비해 제법 어려운 수준의 문제집을 푸는 경우도 있습니다. 기특한 일이지만, 아이가 백 점에 도전하는 단원평가는 교과서에서 출제되었거나 교과서 문제를 아주 살짝 변형한 정도라 의외의 실수를 하거나 너무 복잡하게 해석하다가 틀리는 경우도 종종 있습니다.

이런 아이라면 단원평가를 앞두고 교과서를 다시 한 번 읽게 하거나, 교과서에 제시된 문제를 확인하는 단순 복습 형태의 시험 준비가 도움이 될 수 있습니다. 교과서는 너무 쉽다고 우습게 생각하고 독서와 문제집의 단계를 계속 높여가는 아이들이 흔히 겪는 어려움이니 점검해보세요.

셋째, 그럼에도 독서를 유지하는 습관

성적 향상이 눈에 보이지 않는데 고학년이 되어 마음이 급해지니 쫓기듯 독서를 중단하고 국어 학원이나 독서 학원을 가기 시작하는 아이도 많지만 점수와 상관없이 독서를 유지하는 소신이 필요합니다. 꾸준히 쌓아둔 독서는 결코 배신하지 않기 때문이에요. 언제 어떤 모습으로 보답해줄지는 아이마다, 시기마다, 독서의 경험에 따라 다르다는 점만 기억한다면 독서는 이어집니다. 이어져야 합니다. 겨우 성적 하나 때문에 시작한 독서가 아니라는 점, 레이스는 제대로 시작도 안 했다는 점, 지금 국어 학원에 가는 것으로 독서를 대신하기에는 이제껏 들인 수고가 너무 아깝다는 점을 떠올려주세요.

넷째, 아주 살짝 어려운 독해 문제집에 도전하는 습관

시중에 나온 국어 독해 문제집에는 지문 하나당 문제가 3개 정도 제시됩니다. 그중 2개는 술술 풀리고, 한 문제 정도는 살짝 까다롭지만 조금만 생각해보면 풀 수 있는 수준이라야 아이에게 딱입니다. 너무 쉬워도 어려워도 도움이 안 되거든요. 독서량에 비해 문제 풀이를 통한 성적이 따라와주지 않는다면 일주일에 하루 정도는 아주 살짝 어려운 수준의 독해 문제집 풀이를 병행해봤으면 좋겠어요. 문제 푸는 감을 길러주고, 풀이 속도를 높여주기도 하고, 정답을 찾아내는 나름의 요령을 터득할 수 있게 돕습니다.

　그럼에도 독해문제집을 풀게 하기 전에 점검할 게 있습니다. 독서가 우선이고 중심인 상태에서 어디까지나 보조 교재로 활용해야 한다는 점입니다. 책은 읽지만 국어 문제를 자꾸 틀리는 아이에게 가장 빠르고 확실한 길은 독서를 지속하면서 사고력과 문해력의 성장을 기다리는 일입니다. 그 시간을 아주 조금 더 당겨줄 수 있는 방법이 독해 문제집을 병행하는 것입니다.

19

책을 여기저기 펼쳐서 읽는 아이

아이가 유난히 관심을 보이며 읽고 싶다는 책이 있다고 해서 사줬습니다. 그런데 처음 몇 장은 열심히 보는가 싶더니 이내 여기저기를 왔다갔다하면서 정신없이 보고 있어요. 어떤 날은 맨 뒤쪽만 열심히 보고, 또 어떤 날은 봤던 곳을 또 보고, 또 어떤 날은 중간 부분 정도를 펼쳐 읽고 말아버리네요. 아이의 독서를 이해하기가 참 어려워요.

첫 장부터 펼쳐서 차분하고 꼼꼼하게 보질 못하고 잡지 보듯 여기저기 펼쳐서 읽으며 부모의 심기를 건드리는 아이도 있습니다. 천천히 꼼꼼하게 읽지 않고 후루룩 읽어버리는 성격 급한 아이와 얼핏 비슷한 면도 있지만 처방은 조금 다릅니다.

미리 말씀드리자면, 저는 여기저기 펼쳐서 읽기를 즐기는 사람 중 한 명입니다. 모든 책을 그렇게 산만하게 읽는 건 아니지만 모든 책을 순서대로 읽는 것도 아니니 이런 아이들의 심정을 조금이나마 짐작할 수 있습니다. 어떤 책은 여기저기 읽어도 아무 상관이 없고요, 어떤 책은 순서대로 읽어야만 합니다. 이런 독서 습관은 언젠가 적절한 시기가 되면 앞에서부터 차례대로 꼼꼼히 읽어나가는 정독으로 발전해가야 할 과도기적 특징이며, 그 과정과 속도와 시기는 아이마다 다릅니다.

이런 독서 습관을 아이의 속도에 맞춰 교정하도록 유도하려면 어떤 도움이 필요할지 생각해볼게요. 이해를 돕기 위해 지난 2021년 초등 분야 최고의 베스트셀러인《세금 내는 아이들》이라는 책을 예로 들어보겠습니다.

이 책은 실제 한 초등 교실 속 이야기로, '학급 화폐 활동'이라는 소재를 아이들 눈높이에 맞게 재구성한 경제 동화입니다. 동화 속 주인공 친구들의 좌충우돌 경제생활을 쉽고 재미있게 읽으면서 경제 개념을 자연스럽게 익힐 수 있도록 돕습니다. 주인공 아이들이 세금을 계산하고 내는 과정에서 겪는 일들이 흥미진진한 이야기로 구성되어 있어 배울 거리가 많고, 무엇보다 학습서로 보기엔 진짜 재미있습니다.

이야기 흐름이 궁금하고 서사를 이해할 수 있는 아이라면 이 책을 처음부터 읽어나갈 거예요. 주인공인 초등 아이들이 어떤 일을 겪고 결국 어떻게 바뀌는지 예상하면서 순서대로 읽겠

옥효진 글, 김미연 그림 | 한국경제신문사

죠. 하지만 모든 아이가 그렇게 읽진 않습니다.

이야기 초반을 이끄는 서사에 매력을 느끼지 못한 아이라면 궁금한 마지막 부분을 펼쳐 미리 확인해버리거나 이야기 속 갈등이 최고조로 이른 주요 장면에 집중할 거예요. 또 어떤 아이는 장마다 정리된 경제 어휘와 경제 상식 등만 쏙쏙 골라 읽을 거고요. 그것도 순서대로 읽지 않고 여기저기 찾아다니면서 읽거나 빠트리는 곳도 있고, 읽었던 곳인데 다시 읽기도 하고요. 그런 모습을 보는 엄마는 당연히 이해되지 않을 뿐더러 슬슬 의심병이 도집니다. 그러다 아이가 집중하지 않는다는 확신을 갖습니다.

그 마음을 이해하지만 무조건 나무라기 전에 살펴야 할 점이 있습니다. 어떤 아이들은 꽤 오랜 시간 동안 이런 모습으로 독서를 하고, 또 어떤 아이들은 이런 시간을 거쳐 결국 이야기에 집중하여 순서대로 읽어내기도 합니다. 아이가 읽는 책이 이야기의 흐름에 집중하기에는 아직 어려운 수준일 수 있습니다. 그러니 이야기에 관심을 가질 때까지 인내심을 가지고 기다려주세요. 또한 이야기 흐름으로 전개되지 않는 비문학 영역이나 단편 모음집은 관심이 가는 주제와 작품부터 여기저기 펼쳐서 읽는 게 책을 제대로 씹어 먹는 괜찮은 방법 중 하나라는 점도 기억해야 하고요.

차라리 아이에게 마음껏 책 속 여기저기를 쑤시며 구경할 자유를 주는 건 어떨까요? 아직 책의 흐름을 따라가기 부담스럽고 완독이 부담스럽고 조각난 이야기에 겨우 관심을 보이는 아이라면 아예 대놓고 여기저기 펼쳐서 볼 수 있게 허용하는 것도 호기심을 해소하는 방법이에요. 우리도 잡지를 볼 때 목차부터 에필로그까지 순서대로 꼼꼼히 읽지 않잖아요. 관심 가는 기사부터 찾아 읽고 관심 없는 기사를 과감히 뛰어넘는 경험도 책에 관한 훌륭한 경험이 될 수 있어요. 특정 부분이 궁금하고, 결말이 궁금해 지금 읽는 앞부분에 집중하기 어렵다면 호기심과 궁금증을 먼저 해소해주는 거예요. 그 시간이 필요한 아이라는 점을 인정하고 아이의 욕구를 충족시켜 주세요.

이 경험을 충분히 하게 하면서 흥미로운 이야기가 담긴 쉬운 수준의 이야기책을 병행해주세요. 그리고 어떤 책은 관심 가는 곳부터 읽되, 또 어떤 책은 순서대로 차근차근 읽어나가는 경험을 하도록 유도해주면 됩니다.

20

책에 낙서하고 책을 구기는 아이

아이가 책을 읽을 때 저 몰래 밑줄을 긋고 낙서를 한 적도 있어요. 어떤 책은 구겨놓기도 했더라고요. 얻어온 책이나 중고로 사서 보던 책은 괜찮은데, 도서관에서 빌린 책이나 새 책을 그렇게 만들어놓으면 화가 나요. 무엇보다 책을 소중히 여기지 않는 마음인 것 같아서요. 그냥 둬도 될까요?

책을 가만히 두지 못하는 아이가 있어요. 우리 어릴 때는 책을 밟아도 안 되고, 던져도 안 되고 아무데나 둬도 안 되고, 심지어 넘어 다니지도 못하게 했는데 말이에요. (너무 심하게 라떼 타령을 해서 죄송합니다.) 딱히 가르쳐주지 않아도 어떤 아이들은 책을 보물처럼 아끼는데, 어떤 아이들은 장난감처럼 마구 다루고 낙서하고 구기기도 합니다. 잃어버리지만 않으면 좋겠다 싶을 만큼 막 다루는 거죠. 때마다 지적하기도 그렇고, 그냥 두기도 애매한 상황이라면 우리 집만의 책 보관·정리 원칙을 만들어두는 것도 좋습니다.

싸우고 혼날 일이나 묘하게 서로 눈치 살피는 일을 줄이려면 적당한 여유를 가진 울타리가 필요하고, 그 울타리 안에서 아이들은 비로소 자유와 여유를 만끽합니다. 울타리를 만들 때 기준이 될 만한 이야기를 들려드릴게요.

첫째, 빌린 책을 대하는 마음

빌린 책을 더욱 소중하게 다루고 절대 잃어버리지 않아야 함을 강조해서 알려주세요. 빌린 책에 낙서하거나 책이 구겨진 채로 반납하는 아이들도 종종 있는데요, 왜 낙서를 하거나 구기면 안 되는지, 그랬을 때 다른 사람과 도서관에 어떤 피해를 입히는지, 더 나아가 아이 본인과 부모가 어떤 배상을 해야 하는지에 관해 아직 정확히 모르기 때문일 수 있어요.

한 번은 제대로 자세하게 설명해줘야 하고요, 아이가 어릴 때 들었던 설명을 기억하지 못할 수 있어요. 그러니 이런 행동이 되풀이되면 적어도 1년 주기로 다시 설명해주는 번거로움도 감수해주세요. 구기거나 낙서한 책을 슬쩍 반납해버리는 걸 눈감아주지 마세요. 반납할 때 함께 가서 그 부분에 관해 솔직히 말씀드리고 사과하는 게 내 아이를 위한 일입니다. 그래야 같은 잘못을 반복하지 않고, 타인이나 공공의 물건을 소중히 여길 줄도 알게 됩니다.

둘째, 내 책을 대하는 마음

아이에게 사준 책이라면 다를 수 있어요. 빌려 읽었는데, 여러 번 오랫동안 읽고 싶은 책을 만날 수 있습니다. 기념일 선물로 사주기에 이런 책만큼 훌륭한 것도 없어요. 이런 책은 그 어떤 문제집과 학원보다 아이를 크게 성장시키는 도구가 되거든요.

이런 책을 발견한 것 같다 싶을 땐 커피값과 치킨값을 아껴 새 책을 사주세요. 그리고, 이 책을 어떻게 사용하든 뭐라 하지 말아주세요. 밑줄을 칠 수도 있고, 메모를 할 수도 있고, 그림을 그릴 수도 있고, 접어둘 수도 있어요. 때로는 사진을 오려서 보관하기도 하고요.

이 모든 책에 관한 행동은 아이가 이 책에 담긴 내용에 관심이 있고, 이 책에 특별한 애정이 생겼다는 증거로 삼을 수 있으니 탓할 이유가 없지요. 책 한 권 망가지고 너덜너덜해지는 과정을 통해서 아이가 책이라는 존재와 가까워지고, 책을 좋아하게 되는 거잖아요. 아이에게 이 책은 많은 책 중 한 권이 아니라, 나만의 특별한 무엇이 되는 거고, 누구에게 주거나 버리지 않을 소장품이 되곤 합니다.

셋째, 되팔 가능성은 아이와 협의하기

저는 새 책과 중고 책을 반반 비율로 자주 구입하는데, 다 읽은 책 중 다시 읽을 가능성이 없는 책은 저만의 보관 장소에 차곡차곡 모아둡니다. 아이들에게도 다시 안 읽을 책은 그곳에 가져다 두라고 합니다. 한 달에 한 번 정도는 이 책들을 모아 튼튼한 장바구니에 싸들고는 중고 서점에 되팔러 갑니다. 대개 판 책보다 더 많은 중고 책을 사들고 오지만 이 모든 과정은 책에 관한 마음, 돈에 관한 개념을 기르는 데 더없이 생생한 교육이 됩니다.

구입했거나 읽은 모든 책을 평생 다 소장할 수 없고, 그럴 필요도 없으며, 내게 소중하지 않은 책을 나누거나 중고로 파는 건 누군가 소중한 책을 갖게 될 가능성을 높이는 일이라고 생각합니다. 책장 속 책을 한두 달에 한 번씩 주변에 나눌 책, 중고로 판매할 책, 오래 소장할 책으로 구분해보길 권합니다. 그렇다고 아이 책을 부모님 마음대로 갖다 버리거나 팔지는 마세요. 정리할 책들에 관해 협의하고 수시로 책장을 들여다보면서, 이삿날 왕창 내다 버리느라 소중한 책까지 버려버리는 일이 없도록 해주세요.

21

책은 잘 읽는데 수학 문제를
이해하지 못하는 아이

책은 곧잘 읽는 아이고, 2학년까지는 수학 점수도 괜찮은 편이었어요.
그래서 특별히 걱정하지 않았는데 3학년이 되면서 수학 실력이 점점 엉
망이 되어가고 있어요. 책은 꾸준히 읽고 있고, 수학 복습과 연산도 계
속 하고 있는데 왜 이런 건가요? 수학 학원에 보내면 나아질까요?

책을 많이 읽고 국어 성적이 잘 나오면 수학을 비롯한 전 과목 성
적에 긍정적인 영향이 있다는 얘기를 들어봤을 거예요. 사실입니다
만, 책을 잘 읽고 국어 성적이 잘 나오는데 수학 문제를 이해하지 못
해 풀지 못하는 아이도 있다는 것 역시 사실입니다. 이 아이를 어떻
게 도와야 할까요? 하나씩 얽힌 실타래를 풀어봅시다.

첫째, 문제를 대충 읽는 습관이 있는 건 아닐까요?

국어 문제였다면 차근차근 읽었을 텐데 수학 문제라는 이유로 유독 빠르게 휙 읽어버리는 아이들이 종종 있어요. 수학에서 중요한 건 오직 숫자라는 생각에 문제에 제시된 많은 조건 중 숫자에만 집중하는 거죠. 잘 알고 있듯 숫자만으로 해결되는 유형의 문제는 갈수록 줄어드는 반면 길고 복잡한 문장을 이해해야만 비로소 수식을 세울 수 있는 유형의 문제는 늘어나고 있습니다. 그런데 이 긴 문제에서 숫자만 쏙쏙 빼 빠르게 식을 세워보려고 하니, 식을 제대로 세우기 어렵습니다.

문제를 대충 빠르게 읽으려 하면 아무리 수학 문제라도 이해하기 어렵습니다. 천천히 읽자고 해도 그러기 힘든 아이는 문제를 소리 내어 읽는 습관과 문제에 나온 모든 문장에 밑줄을 치면서 빠짐없이 읽는 습관이 도움이 됩니다. 하지만 두 가지 습관 모두 결국 없어져야 할 과도기적 습관이기에 문제가 해결되었다면 중단해주세요.

둘째, 모든 실력은 아쉽게도
일제히 올라가지 않아요

아이가 이제 좀 책을 읽기 시작하고 습관이 되어가는 중이라면 문해력은 분명 나아질 거예요. 하지만 문해력이 수학 성적 향상으로 바로 직결되지는 않아요. 언젠가 연결되겠지만 아직 아니라는 의미예요. 아이마다 걸리는 시간이 다르고 그 시기도 짐작하기 어렵지만, 조바심 내고 재촉한다고 해서 개선될 종류의 문제가 아니기 때문이에요. 그러니 여유로운 마음으로 기다려주세요. 언젠가 수학 실력도 분명히 올라갈 거예요.

셋째, 수학 개념 어휘를 보충해볼까요?

수학에는 수학만의 언어가 있습니다. 수학책에서만 사용되는 어휘가 따로 있다는 말입니다. 그래서 그 어휘에 익숙해지고 그 어휘의 의미를 제대로 이해할수록 문제 풀이에 유리한 건 당연한 일입니다. 아이가 이야기책, 역사책, 자연 관찰 책 등 다양한 분야의 책을 읽었지만 수학 동화를 접해본 경험은 적을 수 있어요. 이런 아이라면 수학 개념 어휘를 자연스레 익힐 기회가 필요하기도 해요. 저학년을 위한 수학 동화를 추천해드립니다.

· **수학 영재들 지구를 지켜라!** 김성수 글, 윤지회 그림 | 주니어김영사
· **왕코딱지의 만점수학** 서지원 글, 박정섭 그림 | 처음주니어
· **분수의 변신** 에드워드 아인혼 글, 데이비드 클락 그림 | 키다리
· **커졌다 작아졌다 콩나무와 거인** 앤 매캘럼 글, 제임스 발코빅 그림 | 주니어김영사

저는 집과 교실에 수학 개념 사전을 구비해두고 아이들이 틈날 때마다 들여다보게 유도하기도 했어요. 안 보는 것 같아도 한 권 있으면 오며 가며 보더라고요. 내가 아는 개념이 나와서 반갑기도 하고, 완전히 새로운 개념이 나와서 신기해하기도 해요. 구성이 마음에 드는 것으로 한 가지만 골라 비치해두고 활용해보세요. 개념 사전은 사회나 과학 같은 과목도 따로 나와 있으니 한번 살펴봐도 좋습니다.

· **개념연결 유아수학사전** 전국수학교사모임 유아수학사전팀 글, 김석 그림 | 비아에듀
· **초등수학 개념사전** 심진경·석주식·최순미 글, 이광호·강문봉·라병소 감수 | 아울북
· **와이즈만 수학사전** 박진희·윤정심·임성숙 글, 윤유리 그림, 와이즈만영재교육연구소 감수 | 와이즈만 BOOKs
· **EBS 중학수학사전** 심진경·EBSMath 제작팀 글, EBS미디어 기획 | 가나출판사

22

계속 같은 책만 반복해서 읽는 아이

책을 두루두루 잘 보던 아이가 글밥이 좀 있는 책을 읽기 시작하면서 책 한 권에 빠져 그 책만 붙들고 있어 걱정됩니다. 좀 더 다양한 책을 봤으면 좋겠어요. 제 학년에 비해 쉬운 수준의 책을 보고 있으니 독서가 정체된 것 같아 걱정스러워요. 그냥 두어도 되는 건지, 제가 어떤 도움을 주어야 하는지 궁금하고 답답하네요.

집착 수준으로 한 책에 꽂혀 그 책만 끼고 사는 아이도 있습니다. 드물다고 보기는 힘듭니다. 실제로 아이마다 신기하게도 어떤 책 한 권에 꽂히는 시기가 있습니다. 이러던 아이가 알아서 여러 책을 보기도 하고, 여러 책을 잘 읽던 아이가 유독 어느 한 권에서 빠져나오지 못하기도 합니다.

먼저, 축하한다는 말씀을 드립니다. 정말 축하할 일입니다. 이건, 건물 지하의 골프 연습장에서 일 년 넘게 스윙 연습을 하던 사람이 필드에 처음으로 나가는 것만큼이나 의미 있고 상징적인 일입니다. 이런 과정을 한 번은 겪어봐야 책 좀 읽는다고 할 수 있을 정도입니다. 계속해 다시 읽고 싶은 책이 생겼다는 건, 책이라는 존재가 정말 좋아졌다는 의미인 동시에 책 한 권을 통해 얻을 수 있는 모든 것을 쏙쏙 다 빼먹고 있다는 긍정적인 신호입니다. 책의 맛을 알았다는 의미이기도 하고, 책과 친구가 되었다는 의미이기도 합니다. 정말 좋아하는 책 한 권으로 문해력과 사고력을 무한히 올려가는 중이라는 의미이기도 하고요. 이런 아이에게 우리는 어떤 말을 건넬 수 있을까요?

그 책이 그렇게 좋아?

그 책이 정말 좋아서 붙들고 있는 아이에게 '좋다'라는 감정을 두드러지게 할 수 있는 매력적인 멘트입니다. '엄마는 그렇게 읽고 있는 네가 정말 기특하고 사랑스럽고 보기 좋고 기대돼'라는 마음을 표현하는 거죠. 이 말을 들은 아이는 우쭐한 마음이 듭니다. 칭찬받고 나니 그 책이 더욱 사랑스럽고, 그 책을 더 좋아해주고 싶은 마음이 들 거예요. 그렇게 우연히 몇 번 들고 보던 책에 진짜 마음을 주게 되고 그 책을 친구로 인정하고 싶어집니다. '내가 이 책을 그렇게 여러 번 보고 있는 줄 몰랐는데, 내가 이 책을 정말 좋아해서 자꾸 보고 있었구나'라는 점을 깨닫게도 되고요.

제 아이들도 여러 번씩 붙들고 보는 책이 있었어요. 어떤 책은 2·3년째 또 꺼내어 보기도 합니다. (물론 저도 마찬가지입니다. 빌려 봤는데 정말 좋으면 사서 읽습니다. 그래 놓고 잊을 만하면 한 번씩 꺼내서 또 읽습니다.) 그때마다 저는 늘 웃으며 묻습니다.

"그 책이 그렇게 좋아?"

비슷한 책 같네?

아이가 좋아하는 책이 생겼다는 건, 그 책에 마음을 뺏긴 이유가 있다는 거예요. 그 책에 매력을 느낀 지점이 있을 텐데요, 그 지점을 정확히 알 수는 없지만 결이 비슷하다 싶은 책을 골라서 아이에게 권해볼 수 있어요. 신기하게도 잘 걸려듭니다. 원래 반복해서 보던 그 책을 당장에 내려놓고 갈아타거나 새로운 영역의 바다를 힘차게 헤엄치지는 않을 거예요. 하지만 이 책이 아니어도 꽤나 재미있는 책들이 또 있다는 사실을 알게 되면서는 조금씩 마음을 열기도 합니다. 같은 작가의 책이나 같은 장르의 책을 권하면 좀 더 쉽게 마음을 열수 있습니다.

그래서 저는 아이들이 여러 번 반복해서 읽는 책이 생기면 그 작가가 쓴 비슷한 주제의 책이 또 있는지 확인하고는 잽싸게 빌려다 깔아둡니다. 깔면서 한마디 합니다. "어, 네가 읽는 책이랑 비슷한 책 같네?" 성공하면 감사할 일이고, 아니면 말지요 뭐.

다시 읽어보니 어때?

반복 독서가 유익하고 의미 있다고 하는 이유는 아무리 같은 책이라도 읽을 때마다 다르게 생각하게 만들고, 다른 깨달음을 주기 때문이에요. 생각해보세요. 초등학생 때 읽은 《작은 아씨들》과 엄마가 된 지금 다시 읽은 《작은 아씨들》은 느낌이 같지 않잖아요. 내용은 똑같은데, 읽는 순간의 경험과 나이와 상황이 다르기 때문이에요.

아이들도 그렇습니다. 같은 책을 반복해서 보는 일은 얼핏 독서가 정체된 것처럼 보이지만, 사실 그 책을 읽을 때마다 내용을 이해하는 폭과 깊이가 달라져 감을 느끼는 매우 중요한 과정입니다. 아이 스스로 그 사실을 실감하지 못해도 상관없습니다. 이미 훤히 아는 내용의 책을 반복해 읽으면서 이전보다 깊고 넓은 생각을 하기 시작한 아이의 머릿속을 부모가 감히 짐작할 수 없으니 불안해하지도, 조급해하지도 마세요. 기특하다는 표정으로 따뜻한 미소를 날리며 이렇게 물어보세요.

"다시 읽어보니 어때?"

23

책은 잘 읽는데 글쓰기가 엉망인 아이

책은 잘 읽는데, 글쓰기가 너무 엉망이에요. 기다리라고 해서 계속 기다리는 중인데, 좀처럼 나아지지 않네요. 이대로 책만 읽고 있으면 되는 건지, 국어 학원에 보내야 하는 건지, 언제까지 기다려야 할지…. 답답하고 불안합니다.

읽기와 쓰기가 단짝인 건 맞지만 읽기만 열심히 해서는 쓰기 실력이 자연스레 향상되진 않습니다. 글쓰기는 그렇게 단순하고 만만한 일이 아니거든요. 그렇기 때문에 일단은 읽어야 합니다. 읽는다고 잘 쓰게 되진 않지만, 안 읽으면서 잘 쓰길 기대하는 건 무리예요. 언젠가 잘 쓸 아이를 기대한다면 지금 일단 읽기는 기본으로 들어가야 해요. 곧잘 읽는데 아직 못 쓰는 아이를 돕기 위한 조언을 드릴게요.

첫째, 쓰기보다 말하게 하기

글은 그 사람의 생각이 글자로 표현된 실체입니다. 글은 곧 생각이에요. 글을 못 쓰는 아이는 많지만 생각이 없는 아이는 없을 거예요. 머릿속에 가득한 생각을 표현하는 과정에서 어려움을 겪는 아이는 많습니다. 그 과정을 툭, 하고 건드려줄 수 있어야 아이의 생각이 머리 밖으로 나올 수 있어요. 그래서 쓰기보다 말하기입니다. 어떻게 생각하는지 말해보라고 하면 종알거리며 즐거워하는데, 네 생각을 써보라고 하면 갑자기 굳어지는 아이가 태반입니다. 당연한 거고, 다들 그렇습니다. 그래서 아이들에게는 쓰기보다 말하기가 먼저입니다. 대뜸 쓰라고 하지 마세요, 제발. 종알거리며 말하는 아이가 읽고 있다면 기다려주세요.

둘째, 쓰게 하면서 기다리기

저는 매일 쓰는 사람입니다. 어떻게 하면 더 잘 쓸 수 있을지를 날마다 고민하고 노력하는 사람이에요. 그래서 매일 책을 읽고, 매일 글을 씁니다. 이 단순한 두 가지를 반복했는데 글쓰기가 여전히 엉망인 경우는 거의 없습니다. 그런데 우리 아이들의 직업은 저와 다르니 매일 읽고 쓰기는 어렵습니다. 그러니 눈에 보이는 성장이 일어나지 않습니다만 일단 읽고 있다면 기대해볼 만합니다.

기다려야 해요. 1년이고 2년이고 기다려야 해요. 읽고 있고 쓰고 있다면 기다려야 해요. 읽기만 해서는 쓰기의 기적이 일어나지 않지만, 읽는 아이가 뭐라도 쓰고 있다면 무조건 터집니다. 언제 어떻게 터질지는 모르겠는데요, 안 터지는 아이는 없습니다. 그래서 읽게 하고 쓰게 해야 합니다. 어르고 달래고 마이쭈를 입에 죽죽 넣어주면서라도 읽게 하고 쓰게 하면서 아무것도 재촉하지 않으면 초등학교를 졸업하기 전에 터지고 맙니다.

엄마표 글쓰기를 도와줄 초등 글쓰기 강의가 담긴 제 유튜브 채널과 교재를 소개합니다. 이것들 덕분에 글쓰기에 성공했다는 아이들이 아주 많습니다. 꼭 한번 해보세요.

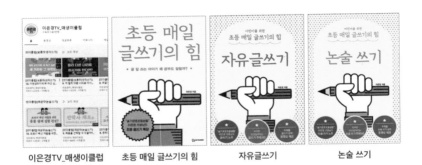

| 이은경TV_매생이클럽 | 초등 매일 글쓰기의 힘 | 자유글쓰기 | 논술 쓰기 |

셋째, 기대를 확 낮추기

글쓰기 공책을 앞에 두고 울고불고 힘들어하는 부모와 아이가 많아지는 이유는 부모의 기대치가 높기 때문입니다. 읽기는 제아무리 두꺼운 책이라도 읽기만 하면 되고, 읽고 나면 잘했다는 칭찬도 듣습니다. 그런데 쓰기는 더 많은 수고를 들였는데도 그 결과물이 탐탁지 않아 툭하면 울음이 터집니다. 어른의 눈높이에서 아이들의 글은 못 나도 너무 못났습니다. 그래서 기대치를 확 낮춰야 합니다.

아이의 글에 자꾸 실망하게 된다면 저를 떠올리세요. 저는 글을 쓰는 사람입니다. 매일 쓰고, 열심히 쓰다 보니 글이 많이 늘었고, 글을 잘 쓴다는 얘기도 자주 듣습니다. 그런 제 눈에 저희 아이들의 글은 얼마나 아쉬운 점투성이일까요? 생각이 일목요연하게 담기지 않았고, 중복되는 내용도 많고, 어휘 수준도 낮고, 분량도 적습니다. 그런데 허벅지를 찔러가며 참습니다. 잘된 점을 들어 칭찬하고, 많이 좋아졌다며 놀라는 척합니다. 그래야 또 쓴다는 걸 잘 알고 있기 때문입니다.

7단계 읽는 어른
: 책을 곁에 두는 어른이 되려면

책을 읽는다는 것은 많은 경우 자신의 미래를 만든다는 것과 같은 뜻이다.
- 랄프 왈도 에머슨

'읽는 중학생'이라는 특별한 학창 시절을 보낸 아이는 입시의 터
널을 지나며 한동안 독서의 침체기를 겪지만 이대로 독서를 중단한
것은 아닙니다. 책이라는 평생의 친구를 알게 된 아이는 다시 책을
손에 듭니다. 그리고 책을 곁에 두고 살아가기 시작합니다. 희로애락
이 부지런히 교차하는 생의 순간마다 책을 읽으며 책이 주는 위로와
지혜와 즐거움을 느낍니다. 그렇게 '읽는 어른'으로 살아갑니다.

[점검] ' 읽는 어른'은 어떤 어른일까?

'읽는 어른'은 어떤 어른인지 점검해볼게요. 요즘 책에 대해 다음
과 같은 모습을 보인다면 이미 읽는 어른이거나 충분히 준비된 상태
라 생각할 수 있습니다. 아이의 미래 모습을 상상하는 동시에 부모인
우리 모습을 점검하는 용도로 활용하세요.

요즘, 혹시 이런 적이 있었나요?

1

사고 싶은 책이 생겼다.

책 읽는 돈이 그렇게 아까웠는데, 사고 싶은 책, 더 정확히 말하면 갖고 싶은 책이 생기기 시작했습니다. 생활비를 아껴서라도 그 책을 갖고 싶은 마음이 듭니다. 구입해서 끝까지 다 읽는 책은 별로 없지만 소장 자체에서 오는 기쁨이 커지기 시작합니다.

☐

2

도서관이나 서점에 들어서면 콧구멍이 벌렁거린다.

읽을 만한 책, 못 보던 책, 새로 나온 책, 재미있어 보이는 책이 눈에 띄기 시작하면 심장 박동이 미세하게 빨라지면서 콧구멍이 벌렁거립니다. 더 빌리고 싶고, 더 사고 싶은 충동이 생겨납니다.

☐

3

한동안 책을 안 읽으면 불안하고 허전하다.

한동안 바빠서 책을 안 읽으면 불안하고 허전한 마음이 듭니다. 그래서 그 마음을 지우기 위해 아무 책이라도 일단 좀 읽으면서 다시 책 읽는 일상으로 돌아갈 때가 있습니다.

☐

4

'읽는 어른'을 만나면 반갑고, 책에 관한 대화가 즐겁다.

주변에 읽는 어른이 거의 없어 책에 관한 대화를 자연스럽게 나눌 기회가 많지 않을 거예요. 어쩌다 그런 기회를 만나면 놓치지 않고 읽었던 책에 관한 이야기를 나누고 싶습니다. 이야기를 나누면서 좋은 책을 알게 되면 투자할 주식 종목을 알게 된 듯 고맙게 느껴집니다.

☐

5

쓰고 싶다는 생각이 든다.

읽다가 읽다가 흘러넘치면 결국 쓰고 싶다는 생각이 들기 시작합니다. 쓰고 싶은 사람들이 모두 실제로 쓰는 건 아니지만, 안 읽던 사람이 쓰는 경우는 극히 드뭅니다. 읽던 사람 중 일부가 쓰기라는 것을 시도하면서 '읽는 어른'이자 '쓰는 어른'의 삶을 경험하게 됩니다.

☐

초등 시기에 책을 많이 읽으면 성적이 오른다는 점에 주목하여, 아이에게 책을 많이 읽히라고 강조하는 이론이 넘쳐납니다. 백번 맞는 말이지요. 저 역시 독서와 성적의 상관관계에 깊이 동감합니다. 하지만 그건 제가 이 책을 통해 드리고 싶은 가장 중요한 이야기는 아니에요. 겨우 성적 하나 때문에 쓴 책이 아니거든요.

독서를 열심히 해서 국어 영역 성적으로 연결한 다음, 자연스럽게 수학 문장제 문제 해결력과 영어 독해 실력까지 높이고 싶은 목적이었다면 잠시 혼란스러웠을지도 모르겠습니다만, 그게 초등 독서의 목표가 아님을 분명히 하고 싶습니다. 초등 독서와 중·고등 내신 성적, 나아가 수능 성적의 관계를 과목별로 연결 지은 다음 독서가 성적으로 보답하고 결과를 내는 과정을 소상히 설명하는 것으로, 안 그래도 마음 급하고 불안한 엄마들을 부추기고 싶지는 않습니다.

부모인 우리는 지금 확률 게임을 하는 중입니다. 아이 교육을 향한 모든 노력과 수고는 아이가 잘 클 가능성을 조금이라도 높이겠다는 기대에서 시작하지만, 그 무엇도 결과를 확실히 보장하진 않습니다. 그럼에도 가정에서는 확률을 높이려 애를 쓸 수밖에 없고, 그 작은 변화가 확률을 눈에 띄게 높이기도 합니다.

역시나 확률 게임 중인 제 바람은 선명합니다. 이 책을 읽고 난 엄마들이 벌떡 일어나 에코백을 주섬주섬 챙겨 도서관으로 향하고, 이번 주말에는 아이들과 서점 나들이를 하고, 오늘 저녁 설거지를 마치고는 온 가족이 책 한 권씩 챙겨 들고 거실을 뒹구는 것입니다. 그런 하루, 한 주, 한 달, 한 해가 쌓이고 쌓여 그 가정의 아이들이 '읽는 어른'으로 성장하는 것입니다.

아이의 인생은 아이의 몫입니다. 부모가 대신 살아줄 수 없고, 언제까지 모든 일을 도와주거나 함께해줄 수 없습니다. 아이가 자기 힘으로 자기 인생을 단단하게 살아내길 바란다면 목숨보다 사랑하는 내 아이에게 책을 들려주세요. 읽다 만 책들로 거실을 너저분하게 만들던 아이를 '읽는 어른'으로 키워낸다면 부모로서 더할 나위 없이 큰일을 한 거라며 만족해도 좋습니다.

유튜브 영상에 흠뻑 빠져버린 아이가 굳이 책을 읽도록 돕느라 애를 썼던 부모는 인생의 고비마다 당연한 듯 책에서 답을 얻고 책으로 위로받는 단단한 어른으로 성장한 아이를 발견하게 될 겁니다. 그런 아이를 지켜보며 아이를 향한 크고 작은 걱정을 거두고 편안한 노후를 맞이하길 진심으로 바랍니다.

이 일에 대한민국의 부모님들이 함께해주세요. 가정마다 경쟁하듯 책임지고 적어도 한 명씩 '읽는 어른'을 배출해주세요. 폭발적으로 늘어나는 유튜브 영상과 조회 수만큼이나 책을 읽는 어른과 아이들, 그들이 읽어내는 책의 양과 종류가 늘어나야 합니다. 그래야 우리가 미래를 기대할 수 있습니다.

'읽는 어른'은 가정에서 아주 작은 변화로 시작됩니다. 거실 안의 따뜻한 기둥인 엄마와 아빠가 그 모든 변화의 출발점입니다. 엄마와 아빠가 달라지면 아이와 가정이 달라지고, 사회가 달라지고 대한민국의 미래가 달라집니다. 아이들이 살아갈 미래는 적어도 지금보다는 더욱 공정해야 합니다. 성적보다 실력으로 평가받아야 하고, 누구나 공정한 기회 아래 재능을 펼치는 사회여야 합니다. 성적을 일렬로 세워 판단하고 경쟁하는 일은 없어져야 합니다. 어떤 수저를 물고 태어났든 자기 인생의 주인이 되어 후회 없이 살아갈 수 있어야 합니다.

'읽는 어른'은 언제나 책의 존재를 의식하며 살아갑니다. 아이를 낳아 키우고 이유식을 만들면서, 내 집을 장만하고 싶어 실거래가의 오르내림을 기웃거리면서, 새로운 여행지를 찾거나 맛집을 찾으면서도 책이라는 존재를 꾸준히 의식합니다.

최신 뉴스가 들어있지 않다는 사실을 알면서도 굳이 책을 찾아 펼쳐 듭니다. 떠도는 이야기나 최신 인터넷 기사만 근거로 삼아 결정하거나 행동하지 않고 굳이 책을 들춰 확인하면서 지식을 채우고 지혜를 넓혀갑니다. 삶의 문제에 대한 많은 답 중 하나를 책에서 찾는 사람이 되어갑니다. 그렇게 읽는 어른이 되어, 읽지 않는 어른이 미처 생각하지 못하고 깨닫지 못하는 것들을 누리며 살아가게 됩니다.

'읽는 중학생'으로 키워야 하는 이유, 이 정도면 충분하지 않을까요?

겨울을 시작하며
간절한 바람을 담아 이은경 드림

책의 즐거움

이규현(중학생)

난 아주 어렸을 때부터 책을 좋아했다고 한다. 엄마가 피곤해할 때도 자꾸만 그림책을 들고 와서 읽어달라고 졸랐다고 한다. 엄마는 그런 내가 무서웠다고 하셨다. 책을 왜 그렇게까지 좋아했는지 모르겠다. 책이 아니라 그냥 그 시간이 좋았던 것 같다.

그때부터 지금까지 책을 읽고 있다. 초등학교 때는 그림책이나 동화책보다 형사물, 추리 소설, SF 소설을 골라서 읽었다. 과학책이나 역사책은 도저히 읽히지 않아서 좋아하는 책만 읽었다. 처음엔《셜록홈즈》와《해리 포터》처럼 재미있고 쉬워 보이는 책을 읽다가 점차《죄와 벌》같은 서양 고전 소설로 넓혀갔다. 고전은 이해되지 않는 내용도 많아서 초등학생용 쉬운 버전부터 원서 버전까지 왔다 갔다 반복하면서 읽어나갔다. 고전 읽는 재미를 느꼈고, 읽고 싶은 책이 많아졌다.

거의 매일 책을 읽은 지 10년이 넘어가니 책에 관한 루틴이 생겼다. 첫 장을 펼치기 전에 표지를 먼저 훑어본다. 과장을 조금 보태서 표현하면, 방금 배달 온 치킨을 먹기 직전처럼 설렘과 기대감이 교차한다. 그러고는 책날개를 펴서 작가의 이력과 작품을 살펴본다. 신상 터는 재미가 있다. 본문에 들어갈 차례다. 작가의 말은 과감히 패스한다(재미없으니까). 목차도 대강 훑어만 보고 바로 본문으로 들어간다.

빠져들어 읽다 보면 책의 반이 훌쩍 지나가버린다. 책이 정말 재미있다면 한 시간이고 두 시간이고 꼼짝하지 않고 책에만 집중한다. 집중할 때 느껴지는 만족감과 뿌듯함은 매번 새롭다. 진짜 재미있는 책이면 절반밖에 안 남아 아쉬움이 들고, 그저 그런 책이면 절반이나 읽었다는 사실에 뿌듯하고 후련한 기분이 든다. 반을 지나고 나면 얼마 지나지 않아 끝이 보이고, 진짜 끝이다. 다 읽었다. 책 뒤 감사의 말은 읽는 편이다. 감사의 말은 영화로 치면 쿠키 영상 같은 거다. 작가가 책을 쓰며 얼마나 힘들었는지 같은 사연이 구구절절 쓰여 있다.

그렇게 다 읽고 나면 책을 덮고 책을 시작할 때 했던 것처럼 한 번 더 천천히 표지를 뜯어본다. 이 과정은 얼핏 복잡해 보이지만 실제로 해보면 간단하다. 시작과 끝에 같은 행동을 하면서는 나만의 완성된 느낌이 들어서 깔끔하다.

책 읽는 아이들이 4·5학년 때까진 좀 있었던 것 같은데 중학생인 지금은 거의 없다. 물론 읽긴 읽는다. 한국 고전이나 서양 고전과 같이 국어 공부를 하는 데 필요한 책은 학원 숙제니까 읽는다. 숙제가 아닌 책을 읽는 아이는 우리 반에 딱 두 명 있다. 나머지 아이들은 책의 즐거움을 모른다. 4·5학년 때까지 읽는 책은 그렇게까지 큰 재미를 느끼기 어려운 것들이기 때문이다. 책 수준이 높아질수록 읽을 수 있는 수많은 진짜 재밌는 책들이 있는데, 4·5학년 수준에서 멈춰버리니 진짜 재미를 모르는 것이다. 나도 4학년 때까지는 습관적으로 책을 잡긴 했지만, 5학년 때부터 본격적으로 엄마와 함께 청소년 소설, 수필집, 서양 고전, 성인 소설을 읽기 시작했다. 그때부터는 정말 책에 환장하게 되었다.

당연하지만 책을 읽다 보면 권태기가 찾아온다. 나도 한참 열심히 읽었지만 책 읽기에 감흥이 떨어지는 순간이 올 때가 있다. 그럴 땐 잠시 책 읽기를 멈추는 것도 괜찮다. 애써 읽지 않아도 된다. 나는 지금도 책이 지루하다 여겨지면 며칠 쉰다. 그러다 다시 재밌는 책을 발견하면 재개하는 과정을 반복하고 있다. 부담 갖지 말고 책 읽기를 쉬엄쉬엄 편하게 생각했으면 좋겠다.

계속 읽었던 이유는 하나인데, 재미다. 중학생인 지금도 읽는 이유는 오직 재밌어서다. 공부를 잘하려고? 호기심이 많아서? 똑똑해지고 싶어서? 전혀 아니다. 그냥 재밌어서 읽는 거다. 책이 재미있지 않다면 절대로 읽지 않았을 것이다. 책은 그것만의 정말 독특한 매력이 있다. 가끔 내가 책을 싫어하고, 책을 읽지 않는 사람이었다면 어땠을지 상상해본다. 그런 상상을 할 때마다 아찔하다. 이 즐거움을 모를 수도 있었다니. 그만큼 책은 나의 매우 큰 즐거움이다.

책은 무조건 재밌어야 한다. 아무리 좋은 책이고 읽어야 하는 책이라도 재미가 없다면 잠시 미뤄둬도 괜찮다. 초등학생 때는 그저 재미있다고 느껴지는 책을 다양하게, 많이 접하면 좋겠다. 무조건 재밌는 책으로 말이다.

참고 문헌

참고 도서

- 《공부가 쉬워지는 초등 독서법》 김민아 | 카시오페아
- 《공부력이 완성되는 초등 독서의 힘》 오선균 | 황금부엉이
- 《공부머리는 문해력이다》 진동섭 | 포르체
- 《공부머리 독서법》 최승필 | 책구루
- 《공부머리를 완성하는 초등 독서법》 남미영 | 21세기북스
- 《교사의 독서》 정철희 | 휴머니스트
- 《김형석 교수를 만든 백 년의 독서》 김형석 | 비전과리더십
- 《대치동 초등 독서법》 박노성·여성오 | 일상과이상
- 《독서력》 사이토 다카시 | 웅진지식하우스
- 《독서의 위안》 송호성 | 화인북스
- 《문해력 수업》 전병규 | 알에이치코리아
- 《인생을 결정하는 초등 독서의 힘》 김지원 | 북카라반
- 《책은 도끼다》 박웅현 | 북하우스
- 《책 읽는 삶》 C. S. 루이스 | 두란노
- 《초등 1학년 공부, 책읽기가 전부다》 송재환 | 위즈덤하우스
- 《초등 공부, 독서로 시작하고 글쓰기로 끝내라》 김성효 | 해냄
- 《초등 독서 수업 끝판왕》 안진수·김도윤 | 교육과실천
- 《초등 독서의 모든 것》 심영면 | 꿈결
- 《초등 완성 생각정리 독서법》 오현선 | 서사원
- 《초등 질문의 힘》 이지연 | 청림Life
- 《EBS 당신의 문해력》 김윤정 | EBS BOOKS

참고 논문

- 〈과학만화 독서가 초등학생의 과학 흥미도, 학업 성취도 및 과학적 태도에 미치는 영향〉 송지정·이형철·유병길 | 한국초등과학교육학회 | 2013년
- 〈초등 독자의 그림책에 대한 흥미 비교 연구〉 유승아·김해인 | 한국초등국어교육학회 | 2015년
- 〈초등 자녀의 독서 실태에 대한 부모의 인식 및 지원 양상 연구〉 이순영 | 고려대학교 한국어문교육연구소 | 2021년

- 〈초등학생의 독서 동기에 대한 교사의 인식 및 지도 실태〉 진선희·김정은 | 한국초등
  국어교육학회 | 2012년
- 〈초등학생의 학습만화 선호 성향이 국어어휘력에 주는 영향 분석〉 김영환·이성인·이
  현아 | 한국교육정보미디어학회 | 2013년

참고 사전
· 표준국어대사전
· 나무위키 백과사전

참고 영상
· EBS 특별 기획 〈당신의 문해력〉

참고 유튜브 채널
· 교육 대기자TV, 교집합 스튜디오, 노을커피, 스몰빅클래스, STUDYCODE
· 이런 경향, 이서윤의 초등생활처방전, 책식주의, 최성호의 6하원칙
· 콩나물쌤, 하쌤엄마TV

참고 기사
· "'언택트+온택트'…학습지 불꽃경쟁 2라운드" (헤럴드경제, 2021. 8. 19.)
  (http://news.heraldcorp.com/view.php?ud=20210819000614)

참고 사이트
아로리(서울대 입학본부 웹진) http://snuarori.snu.ac.kr
통계청 https://kostat.go.kr/portal/korea/index.action